本书系"教育部人文社会科学青年基金项目"资助（项目编号：21YJCZH176）

水资源刚性约束下
流域初始水权与产业结构
优化适配研究

吴 丹◎著

河海大学出版社

HOHAI UNIVERSITY PRESS

·南京·

图书在版编目(ＣＩＰ)数据

水资源刚性约束下流域初始水权与产业结构优化适配
研究 / 吴丹著. -- 南京：河海大学出版社，2024.9
ISBN 978-7-5630-8987-1

Ⅰ. ①水… Ⅱ. ①吴… Ⅲ. ①流域—水资源管理—研
究 Ⅳ. ①TV213.4

中国国家版本馆 CIP 数据核字(2024)第 106099 号

书　　名	水资源刚性约束下流域初始水权与产业结构优化适配研究	
书　　号	ISBN 978-7-5630-8987-1	
责任编辑	成　微	
特约校对	徐梅芝	
封面设计	徐娟娟	
出版发行	河海大学出版社	
地　　址	南京市西康路 1 号(邮编：210098)	
电　　话	(025)83737852(总编室)　　(025)83722833(营销部)	
	(025)83787769(编辑室)	
经　　销	江苏省新华发行集团有限公司	
排　　版	南京布克文化发展有限公司	
印　　刷	广东虎彩云印刷有限公司	
开　　本	718 毫米×1000 毫米　1/16	
印　　张	14.5	
字　　数	276 千字	
版　　次	2024 年 9 月第 1 版	
印　　次	2024 年 9 月第 1 次印刷	
定　　价	79.00 元	

前言

Preface

　　2011 年,中共中央一号文件提出了实行最严格水资源管理制度,建立水资源管理"三条红线"刚性约束。2019 年 9 月 18 日,习近平总书记在黄河流域生态保护和高质量发展座谈会上首次提出把水资源作为最大的刚性约束。这意味着"水"是国家战略中影响经济社会发展模式的关键因素。完善我国水权制度建设,开展流域分水实践,强化水权管理,是加快推进水治理体系与治理能力现代化的迫切要求。国家"十四五"规划提出,加快发展现代产业体系,优化区域经济布局;坚持节水优先,完善水资源配置体系;建立水资源刚性约束制度,推动绿色发展,促进人与自然和谐共生。深刻理解和准确把握把水资源作为最大刚性约束的核心要义,对全面推进新时代水利改革发展具有十分重要的战略和现实意义。

　　党的十八大以来,党中央、国务院对统筹推进自然资源资产产权制度改革作出部署,明确要求建立健全用水权初始分配制度。流域初始水权配置是建立健全用水权初始分配制度的重要内容,实质上是根据流域所辖行政区域的经济社会发展与水资源环境特征,统筹经济社会生态多维目标,明确水权分配规则与原则,完善水权分配指标体系与方法,将流域用水总量控制指标分配给流域内所辖行政区域、产业、行业及最终用水户,推进区域协调发展与产业结构优化升级。实践中,流域初始水权配置主要是以行政手段配置为主。即按照"流域—省区—市区—县区—用户"层级结构,开展流域初始水权配置。

　　2022 年 8 月 29 日,水利部、国家发展改革委、财政部联合印发了《关于推进用水权改革的指导意见》(水资管〔2022〕333 号),提出深入贯彻落实习近平总书记"节水优先、空间均衡、系统治理、两手发力"治水思路和关于治水重要讲话指示批示精神,强化水资源刚性约束,坚持以水而定、量水而行,加快用水权初始分配;强调将推进用水权改革作为落实水资源刚性约束制度的一项重要工作任务。这些政策举措对当前和今后一个时期的用水权改革工作作出了总体安排和部署，有利于加快推进流域初始水权配置。

现有的流域初始水权配置实践中，层级结构具有等级制、行政命令、强制性协调等组织特征，对流域所辖各行政区域之间的集体行动提出了较高的需求。通过层级结构纵向的行政控制，一方面节约了高昂的合作成本，包括搜集合作方相关信息的成本、达成协议的成本；另一方面则需要以付出较高的管理成本为代价，包括水权利益相关者执行契约的成本、监督水权利益相关者履约的成本。因此，流域初始水权配置过程中，为了维持层级结构的稳定性，必须有效降低水权管理成本，在成本收益方面实现持续的优势。为此，亟须创新流域初始水权配置模式，指导我国流域分水实践工作，有效降低流域水权管理成本，并实现流域初始水权与产业结构优化适配，推进流域生态保护和高质量发展。

本书在水资源刚性约束下，以我国流域初始水权配置管理为研究对象，以流域初始水权配置理论与实践为切入点，创新流域初始水权配置模式，构建基于适配模式的流域初始水权"第一优先级分配单元""第二优先级分配单元""第三优先级分配单元"的适配模型；并以适应性管理理论为指导，应用多目标优化决策方法，通过"适配方案设计—适配方案诊断—适配方案优化"的研究思路，开展流域初始水权与产业结构优化适配研究。本书共分为七章，各章的主要内容可概括为：

第一章为绪论。介绍本书的研究背景与意义，提出本书的研究思路与方法，明确了本书的研究内容，制定本书研究内容的技术路线图，确定本书的研究目标与创新点。

第二章为文献综述。从国内外研究动态视角，系统梳理我国水权配置研究进展、流域初始水权配置模式与方法研究进展、流域初始水权配置实践与管理制度研究进展，并对国内外水权配置研究进展进行评述，为深化流域初始水权配置研究提供借鉴与启示。

第三章为流域初始水权与产业结构适配方案设计方法。在初始水权配置模式评判基础上，提出流域初始水权与产业结构优化适配的嵌套式层级结构概念判别模型，确定流域初始水权与产业结构优化适配的层级结构及其规则模式，构建基于适配模式的"第一优先级分配单元""第二优先级分配单元""第三优先级分配单元"的适配模型，设计流域初始水权与产业结构适配方案。

第四章为流域初始水权与产业结构适配方案诊断方法。针对设计的流域初始水权与产业结构优化适配方案，构造"流域—省区"层面适应性诊断准则与模型、公平诊断准则与模型，以及"省区—产业"层面匹配性诊断准则与模型、协调性诊断准则与模型，诊断流域初始水权与产业结构适配方案的合理性。

第五章为流域初始水权与产业结构适配方案优化方法。通过流域初始水权与产业结构优化适配方案的设计与诊断，探索流域初始水权与产业结构优化适配方案的改进和优化路径。针对"流域—省区"层面，明晰流域初始水权与产业结构优化适配的政治民主协商机制，并基于政治民主协商机制，进行"流域—省区"层面适配方案优化。针对"省区—产业"层面，明晰流域初始水权与产业结构优化适配的节水激励机制，并基于节水激励机制，进行"省区—产业"层面适配方案优化。

第六章为黄河流域初始水权与产业结构优化适配研究。在分析黄河流域发展概况基础上，首先明确黄河流域"第一优先级分配单元""第二优先级分配单元""第三优先级分配单元"，并确定黄河流域"第一优先级分配单元"适配方案。然后通过"适配方案设计—适配方案诊断—适配方案优化"的研究思路，进行黄河流域"第二优先级分配单元"和"第三优先级分配单元"适配方案的设计、诊断与优化，并提出黄河流域初始水权与产业结构优化适配方案实施的制度保障。

第七章为结论和展望。介绍本书的主要研究成果，包括提出"流域初始水权与产业结构优化适配"理论框架，构建流域初始水权与产业结构优化适配方案的设计方法、诊断方法和优化方法，开展黄河流域初始水权与产业结构优化适配研究，提出黄河流域初始水权与产业结构优化适配方案实施的制度保障；进一步明确流域初始水权与产业结构优化适配的未来研究方向。

本书在水资源刚性约束下，通过开展流域初始水权与产业结构优化适配方法研究，在理论上可以丰富流域初始水权配置理论，在实践上可以为开展流域分水实践工作提供决策参考。研究成果有利于进一步完善用水权初始分配制度，协调流域上下游、左右岸不同区域的用水权益，促进流域水资源可持续利用和流域生态环境保护，为开展黄河流域初始水权配置提供重要的决策支撑，推进黄河流域生态保护和高质量发展。

本书是教育部人文社会科学青年基金项目"水资源刚性约束下流域初始水权与产业结构优化适配研究（项目编号：21YJCZH176）"的研究成果。鉴于流域初始水权与产业结构优化适配问题属于经济学、社会学、资源环境学、管理学等多学科交叉、多利益群体参与、多目标决策的复杂系统工程，本书写作过程中，参考引用了国内外众多学者的研究成果，在此对学者们在流域初始水权配置领域的研究贡献表示崇高的敬意！同时，受到知识、时间等多方面的限制，本书的研究成果不尽完善，难免存在许多不足之处，殷切期望同行专家和广大读者能够批评指正，从而有助于对流域初始水权配置继续深化研究。希望本书的出版有利于丰富我国流域初始水权配置理论、完善我国水权制度建设及推进流域分水实践。期待与广大同行一起努力,深刻认识我国流域区情与水情,实现流域水资源优化配置,优化流域经济社会综合效益,推进黄河流域生态保护和高质量发展。

本书获得教育部人文社会科学青年基金项目(编号:21YJCZH176)资助,同时获得北方工业大学2024年国家自然科学基金支撑专项资助。

本书从不同角度反映流域初始水权配置理论研究与实践应用,对于关心我国水权管理的读者具有较强的可读性,对于从事我国水资源管理领域研究的相关管理者和研究者具有重要参考价值。

作者

2024年9月于北京

目录

Contents

第一章

绪 论

治国先治水,治水即治国,水治理是中国国家治理的重大挑战之一,而水分配是水治理的核心问题之一。任何一个国家的水权分配制度都取决于该国的政治经济体制和经济社会发展水平。由于我国人多水少、水资源时空分布不均的基本国情与水情,水资源已成为制约我国流域生态保护和高质量发展的先导性与约束性要素。明晰界定水权,建立和完善适应中国国情、水情的水权分配制度,是我国水权制度建设的起点。加强用水权初始分配制度建设,完善水资源合理配置与高效利用体系、水资源保护与河湖健康保障体系,是推动我国流域生态保护和高质量发展的重大国策,为推进国家水治理体系与治理能力现代化提供了重要支撑。

1.1 研究背景与意义

1.1.1 研究背景

2000 年开始,国家将水权制度建设作为深化经济体制改革的重点内容。明晰初始水权,建立和完善适应中国国情、水情的流域初始水权分配制度,是我国水权制度建设的起点。国家"十一五"规划提出了"建立国家初始水权分配制度和水权转让制度",并开展了松辽流域水资源使用权初始分配专题研究以及霍林河流域、大凌河流域省(自治区)际初始水权分配试点工作。2011 年,中共中央一号文件提出实行最严格水资源管理制度,建立水资源管理"三条红线"刚性约束。"十二五"期间,水利部积极响应国家水利政策,先后启动了 59 条跨省江河流域水量分配工作。2014 年,水利部选取宁夏、江西、湖北、内蒙古、河南、甘肃、广东 7 个省(自治区),开展了水资源使用权确权登记和水权交易试点等工作。党的十八届五中全会提出了实行用水总量和强度双控行动,建立健全用水权初始分配制度,作为落实最严格水资源管理制度的重要抓手。这些政策举措标志着我国流域初始水权分配制度进入了实质性的操作阶段。国家"十三五"规划进一步强调,贯彻落实"以水定产、以水定城"绿色发展理念,强化双控行动,建设节水型社会,推动我国经济社会发展方式战略转型。"十三五"期间,《"十三五"水资源消耗总量和强度双控行动方案》《国家节水行动方案》《重点流域水污染防治规划(2016—2020 年)》等政策文件相继出台实施,将"总量强度双控"作为重点行动,确立了坚持双控行动与转变经济发展方式相结合原则,以破解水资源配置利用与经济发展适应性难题。

国家"十四五"规划提出,加快发展现代产业体系,优化区域经济布局;坚持节水优先,完善水资源配置体系;建立水资源刚性约束制度,推动绿色发展,促进人与自然和谐共生。2022 年 8 月 29 日,水利部、国家发展改革委、财政部联合印发了《关于推进用水权改革的指导意见》(水资管〔2022〕333 号),提出强化水资源刚性约束,坚持以水而定、量水而行,加快用水权初始分配;强调将推进用水权改革作为落实水资源刚性约束制度的一项重要工作任务,2025 年用水权初始分配制度基本建立。这些政策举措为"十四五"时期流域水资源配置管理指明了方向,为建立健全流域初始水权分配制度,推动流域经济高质量发展、优化产业结构布局提供了有力支撑。

流域初始水权分配制度作为我国政府管理部门和流域管理机构的重大政策导向,其配置模式实质上是将水权按照"流域—省区—市区—县区"不同层级,由上至下进行逐级分配的科层制结构模式,保障流域内各行政区分水的公平性并兼顾效率性。但现有水权"一分到底"的配置思路与科层制配置模式无法适应流域内各行政区产业结构优化的经济发展需求。为此,亟需立足流域的区情与水情,深入贯彻落实"以水定产"绿色发展理念,因地制宜进行流域初始水权配置,以提高流域初始水权与产业结构优化的适配性。在流域生态保护和高质量发展的战略背景下,如何创新流域初始水权配置思路,优化现有的水权科层制配置模式,破解流域初始水权与产业结构优化适配难题,指导初始水权配置实践,推进产业结构优化升级,推动流域生态保护和高质量发展,成为一个值得深入研究的课题。

实践表明,我国现阶段开展的流域初始水权配置实践与管理制度改革,顺应了水资源配置管理发展的国际趋势。同时,我国流域初始水权配置实践亟须发展适应流域生态保护和高质量发展特点的初始水权配置理论。适应性管理作为水资源管理的新手段,是对新时期流域初始水权配置难题挑战的积极响应,已引起学术界的广泛兴趣,成为新兴的学术领域和研究热点。本书的研究的理论构筑在适应性管理理论基础上，力图创新提出适应流域经济高质量发展特点的初始水权与产业结构优化适配理论分析工具与管理对策。

1.1.2　研究意义

在流域生态保护和高质量发展的战略背景下，如何从理念、思路和方法上，优化现有的水权科层制配置模式，破解流域初始水权与产业结构优化适配难题，推动流域经济高质量发展与产业结构优化升级，成为一个值得深入研究的课题。本书研究的意义主要表现为：

理论意义：①完善初始水权配置理论体系。本书研究贯彻落实"以水定产"绿色发展理念，以适应性管理理论为指导，强化水资源刚性约束，优化现有的水权科层制配置模式，创新提出流域初始水权与产业结构优化适配模式与方法，为推动流域经济高质量发展与产业结构优化布局提供新的研究思路。本书的研究对于丰富初始水权配置理论体系具有重要价值。②提高初始水权配置方法的科学性和适用性。本书研究以流域初始水权配置实践为导向，以创新设计的流域初始水权与产业结构优化适配模式为依托，按照"基于适配模式的适配方案设计—适配方案诊断—适配方案优化""三步走"的适应性管理思路，开展流域初始水权与产业结构优化适配研究。本书的研究进一步验证和提高了初始水权配置方法的科学性和适用性，有利于保障初始水权配置理论与实践的契合性。

实践意义：①切合流域生态保护和高质量发展的战略需求。本书研究在流域生态保护和高质量发展的战略背景下，以流域初始水权配置实践为导向，以"以水定产"绿色发展理念为引领，强化水资源刚性约束，优化现有的水权科层制配置模式，实现流域初始水权配置与产业结构优化升级，推动流域经济高质量发展，切合新时期流域生态保护和高质量发展的战略需求。②完善流域初始水权与产业结构优化适配的政策制度。本书研究从公共政策与公共管理视角，探索保障和落实流域初始水权与产业结构优化适配方案实施的政策建议，组织设计一套较为完善的初始水权与产业结构优化适配方案实施的配套制度。从而进一步提高流域水权配置效率，降低水权市场交易成本，为推进流域初始水权配置实践、推动经济高质量发展与产业结构优化布局提供决策支撑。

1.2　研究思路与方法

1.2.1　研究思路

本书研究通过总结我国初始水权配置的思路和特征，贯彻落实"以水定产"

绿色发展理念,强化水资源刚性约束与双控行动,按照"基于适配模式的适配方案设计—适配方案诊断—适配方案优化"的"三步走"适应性管理思路,深入开展流域初始水权与产业结构优化适配方法研究,并针对黄河流域开展实证研究,对构建的适配方法进行验证与修正。同时,因地制宜进行黄河流域初始水权与产业结构优化适配方案实施的制度创新,提出保障适配方案实施的政策建议,推动黄河流域经济高质量发展与产业结构优化升级。

本书研究的主要内容包括四大模块:流域初始水权配置模式方法与制度研究进展、流域初始水权与产业结构优化适配模式研究、流域初始水权与产业结构优化适配方法研究、黄河流域初始水权与产业结构优化适配方法的验证与应用。本书研究内容的组织逻辑如图1.1所示。

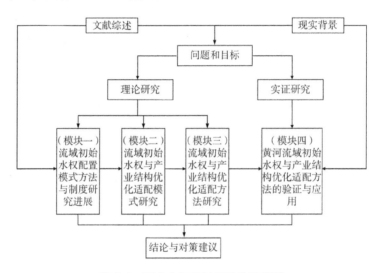

图 1.1 研究内容的组织结构示意图

1.2.2 研究方法

(1)案例研究与经验分析法。针对国内外典型流域广泛搜集资料或开展实地调研,全面梳理国内外初始水权配置和产业结构优化的理论与实践研究成果,总结国内外初始水权配置和产业结构优化方法的研究趋势,提炼典型流域初始水权配置过程中水权利益相关者的关注焦点和利益诉求,为构建流域初始水权与产业结构优化适配方法铺垫基础。

(2)理论模型方法。借鉴国内外初始水权配置和产业结构优化相关理论成果,利用决策理论方法,采用由简到繁的建模技术,构建流域初始水权与产业结构优化适配方法。包括针对适配模式设计,利用潜在成本收益分析和优先级判别模型,构建概念判别模型;针对适配方案设计,利用耦合分析方法和主从递阶优化方法,构建流域多层多级分配单元利益交互的适配模型;针对适配方案诊断,利用系统分析法和多目标决策法,构建"流域—省区"层级与"省区—产业"层级诊断准则;针对适配方案优化,利用群决策方法和博弈论方法,构建流域多层多级分配单元的水权适应性调整机制和利益补偿模型。

（3）实地调查和实证研究法。以黄河流域为案例开展实证研究,实地调查黄河流域已发生的初始水权配置实践,对相关管理部门进行访谈和调研,广泛搜集和整理黄河流域经济社会发展特点、水资源状况等基础资料,获取理论模型参数所需要的相关数据和资料。利用黄河流域已发生的初始水权配置实践,作为验证理论模型的经验材料,检验流域初始水权与产业结构优化适配方法的科学性与可行性,并对模型的合理性进行修正。在此基础上,因地制宜建立一套流域初始水权与产业结构优化适配方案实施的政策制度,提出保障适配方案实施的政策建议。

1.3 研究内容与技术路线

1.3.1 研究内容

（1）流域初始水权配置模式方法与制度研究进展

①流域初始水权配置模式与方法研究进展。结合国内外典型流域,对初始水权配置理论与实践方法进行文献检索或实地调研,全面梳理国内外初始水权配置理念、模式、原则与模型,提炼典型流域水资源利益相关者的关注焦点与利益诉求。

②流域初始水权配置实践与管理制度研究进展。对我国水权制度建设的政策文件进行系统梳理,剖析我国流域初始水权配置思想的演变特征以及水权配置管理制度变迁路径,总结初始水权配置与产业结构优化研究的发展趋势。

（2）流域初始水权与产业结构优化适配模式研究

①适配概念判别模型研究。贯彻落实"以水定产"绿色发展理念,将流域内各行政区、产业、灌区、生态、行业和取水户的水权需求纳入同一框架体系,构建流域初始水权与产业结构优化适配的概念判别模型。利用潜在成本收益分析、优先级判别模型等方法,有效判定流域初始水权与产业结构优化适配的嵌套式层次结构与优先级别,因地制宜确定流域初始水权与产业结构优化适配的多层多级分配单元。

②适配规则模式研究。在确定流域多层多级分配单元的基础上,强化水资源刚性约束与双控行动,构建基于概念判别模型的适配规则模式,明确流域多

层多级分配单元的适配机制与原则,确立一套流域多层多级分配单元的集体行动规则,优化现有的水权科层制配置模式。

(3)流域初始水权与产业结构优化适配方法研究

①适配方案设计方法研究。以设计的流域初始水权与产业结构优化适配模式为依托,在流域生态保护和高质量发展的战略背景下,以流域为整体进行系统性思考,充分体现流域多层多级分配单元的利益诉求,依据确定的流域多层多级分配单元的适配机制与原则,建立流域多层多级分配单元利益交互的适配模型,设计流域初始水权与产业结构优化适配方案,提高流域内多层多级分配单元分水的公平性与效率性。

②适配方案诊断方法研究。依据设计的流域初始水权与产业结构优化适配方案,强化水资源刚性约束与双控行动,将初始水权配置"水量、水效、水质"指标进行耦合,同时纳入经济社会综合考量指标,构造一套完善的初始水权与产业结构优化适配方案诊断方法,进行适配方案的合理性诊断。主要包括"流域—省区"层级与"省区—产业"层级诊断方法:

"流域—省区"层级适应性与公平性诊断方法。针对设计的适配方案,设计表征初始水权配置与经济高质量发展目标相适应的诊断指标体系,构造适应性诊断准则,诊断"流域—省区"层级水权配置与经济高质量发展目标的适应性与公平性,判别导致流域初始水权配置适应度低的分配单元。

"省区—产业"层级匹配性与协调性诊断方法。针对设计的适配方案,设计表征初始水权配置与经济产业结构优化布局相匹配的诊断指标体系,构造匹配性诊断准则,诊断"省区—产业"层级水权配置与经济产业结构优化的匹配性与协调性,判别导致流域初始水权配置匹配度低的分配单元。

③适配方案优化方法研究。以适配方案诊断结果为依据,探寻导致适配方案诊断结果存在不合理性的根源。通过逆向追踪法,识别"不适配的分配单元"和"产业结构升级调整区"。以此为基础,从政府与市场"两手"发力,以市场调节机制为主、政府引导机制为辅,设计流域多层多级分配单元的水权适应性调整机制,构建流域多层多级分配单元利益交互的利益补偿模型。通过采取"适配方案诊断—适应性调整—适配方案优化"的循环耦合方法,进行适配方案调整与优化,直至通过诊断体系。最终,获得流域初始水权与产业结构优化适配的推荐方案。

(4)黄河流域初始水权与产业结构优化适配方法的验证与应用

流域初始水权与产业结构优化适配方法的设计与构建,必须能够指导和推进流域初始水权配置实践。黄河流域先后于1987年和1997年编制了黄河正常来水年、黄河枯水年可供水量分配方案,但面对新时期黄河流域生态保护和高质量发展的重大战略需求与基本水情变化,亟需提出新的思路破解黄河流域初始水权与产业结构优化适配难题。本书的研究拟将提议的适配方法实证应用于黄河流域,以检验新思路和新方法的可行性。同时,基于公共政策与公共管理视角,因地制宜建立一套较为完善的黄河流域初始水权与产业结构优化适配的多层次嵌套制度,以保障适配方案的顺利实施。

1.3.2　技术路线

本书研究框架的技术路线如图1.2所示。

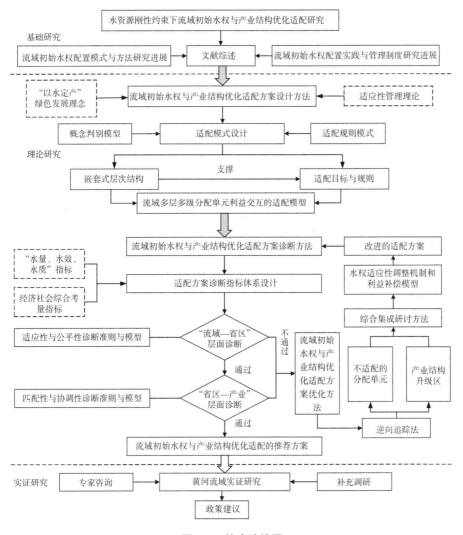

图1.2　技术路线图

1.4　研究目标与创新点

1.4.1　研究目标

（1）创新流域初始水权配置思路

本书研究贯彻落实"以水定产"绿色发展理念,强化水资源刚性约束与双控行动,创新提出流域初始水权与产业结构优化适配模式,优化现有的水权科层制配置模式;并以适应性管理理论为指导,依托设计的流域初始水权与产业结构优化适配模式,开展流域初始水权与产业结构优化适配方法研究。本书的研究成果有利于提高流域初始水权配置方法的科学性和适用性,为流域管理机构和水行政主管部门完善水权配置模式与管理制度提供决策参考。

（2）完善流域初始水权配置理论体系

本书的研究以流域初始水权配置实践为导向,按照"基于适配模式的适配方案设计—适配方案诊断—适配方案优化"的"三步走"适应性管理思路,深入探索水资源刚性约束下流域初始水权与产业结构优化适配方法,提高流域初始水权与产业结构优化的适配性。本书的研究成果对丰富流域初始水权配置理论具有重要价值。

（3）为我国流域初始水权配置实践提供借鉴

本书的研究将构建的流域初始水权与产业结构优化适配方法应用于黄河流域,针对黄河流域开展实证研究。同时,因地制宜提出保障黄河流域初始水权与产业结构优化适配方案实施的配套制度与政策建议,推动黄河流域经济高质量发展与产业结构优化升级。本书的研究成果能够为我国流域开展初始水权配置提供实践借鉴。

1.4.2　创新点

本书的研究属于应用基础研究,其主要特点和创新之处体现在以下几个方面:

第一,前瞻性。流域初始水权配置理论研究是对初始水权配置实践进行反思和总结的产物。本项研究贯彻落实"以水定产"绿色发展理念,强化水资源刚性约束,优化现有的水权科层制配置模式,创新设计流域初始水权与产业结构优化适配模式。按照"基于适配模式的适配方案设计—适配方案诊断—适配方案优化"的"三步走"适应性管理思路,深入研究流域初始水权与产业结构优化适配方法。本项研究的理论构筑在适应性管理理论基础上,又立足流域的具体区情与水情,力图创新提出适应流域经济高质量发展特点的初始水权与产业结构优化适配理论分析工具与管理对策。这在现有研究中属于跟踪性创新和方法创新研究，可为流域初始水权配置实践提供有指导意义的管理理论和分析工具。

第二，应用性。本项研究强调模型方法和先进技术手段的应用，是关于流域初始水权与产业结构优化适配理论的系统性和定量化研究。本项研究坚持理论研究与实证研究相结合的技术路线，将提出的流域初始水权与产业结构优化适配方法实证应用于黄河流域，验证方法的可行性；并因地制宜建立一套较为完善的黄河流域初始水权与产业结构优化适配方案实施的多层次嵌套制度，保障适配方案的顺利实施。通过黄河流域初始水权配置的适应性管理思路创新和政策设计，推动黄河流域经济高质量发展与产业结构优化升级。这在现有研究中属于跟踪性创新和方法创新研究，符合新时期黄河流域生态保护和高质量发展的重大战略需求，能有效支撑今后的黄河流域初始水权配置实践。

第三，基础性。本项研究力求在理论上有所突破和创新，推进流域初始水权配置实践。本项研究结合我国流域初始水权配置实践与理论研究，创新流域初始水权配置思路，从新的视角提出初始水权与产业结构优化适配模式，有效判定流域初始水权与产业结构优化适配的嵌套式层次结构与优先级别，因地制宜确定流域初始水权与产业结构优化适配的多层多级分配单元，明确流域多层多级分配单元的适配机制与原则，确立一套流域多层多级分配单元的集体行动规则；并以适配模式为依托，按照适应性管理思路，构建流域初始水权与产业结构优化适配方法。最终实现将水权分配到流域内各行政区、产业、灌区、生态、行业和取水户等多层多级分配单元，充分体现流域多层多级分配单元的利益诉求。这在现有研究中属于跟踪性创新和方法创新研究，有利于完善流域初始水权配置理论体系。

第二章

文献综述

流域初始水权配置是一个涉及人口、资源环境、经济产业、社会和法律等跨学科的复杂系统工程问题。国外关于此问题的研究,主要是根据具体国家和地区的社会制度、水资源情况、水环境质量、水生态基本特征和文化传统,沿袭具有一定合理性与历史地位的配置模式与规则,并通过立法进行用水户的初始水权配置研究。进入 21 世纪以来,流域初始水权配置成为我国政府管理部门、水行政主管部门和学者们关注的热点。我国流域初始水权配置实践取得了明显进展,水利部开展了水资源使用权确权登记和水权交易试点工作,大力推进跨省江河流域水量分配方案编制。2022 年 8 月,水利部、国家发展改革委、财政部联合印发了《关于推进用水权改革的指导意见》,对当前和今后一个时期的用水权改革工作作出总体安排和部署。学术界众多学者对初始水权分配的配置原则、配置模式、配置模型进行了热点研究和深入探讨。在开展流域初始水权与产业结构优化适配研究之前,亟须对我国水权配置研究进展、现有的流域初始水权配置模式与方法、流域初始水权配置实践与管理制度进行系统梳理。本书结合国内外典型流域,对初始水权配置理论与实践方法研究进行文献检索或实地调研,全面梳理国内外初始水权配置理论、模式、原则与模型,提炼典型流域水权利益相关者的关注焦点与利益诉求;对我国水权制度建设的政策文件进行系统梳理,剖析我国流域初始水权配置思想的演变特征以及水权配置管理制度变迁路径。

2.1 我国水权配置研究进展

为应对严峻的水资源与水环境问题挑战,自 2000 年以来,我国持续深入开展适应中国国情的水权制度体系研究。2005 年国务院将国家水权制度建设作为深化经济体制改革的重点内容;国家"十一五"规划提出了"建立国家初始水权分配制度和水权转让制度"；2011年中共中央一号文件《中共中央 国务院关于加快水利改革发展的决定》提出了实行最严格水资源管理制度，建立水资源管理"三条红线"和"四项制度"，推进水权制度建设；"十二五"至"十四五"时期，国务院、水利部等部门相继出台了《国务院关于实行最严格水资源管理制度的意见》《实行最严格水资源管理制度考核办法》《关于开展水权试点工作的通知》《水权交易管理暂行办法》《国家节水行动方案》《关于推进用水权改革的指导意见》等政策文件，提出了一系列强化水资源管理的政策举措，开展了水资源消耗总量和强度双控行动，以建立健全水权市场制度体系。水权配置作为国家水权制度建设的重要内容，是完善水资源合理配置与高效利用体系、水资源保护与河湖健康保障体系的有效途径，为推进水治理体系与治理能力现代化提供了重要支撑。水权配置研究在水利界和学术界引起了强烈反响，成为新兴的学术领域和研究热点。

随着科学知识图谱技术的不断完善，基于CiteSpace的文献计量可视化分析在农、工、医、教等不同学科领域得到广泛应用。通过文献梳理可知，目前鲜有文献对水权配置研究进行文献计量可视化以明晰我国水权配置研究进展。为此，依据我国水权配置研究成果，本研究借助CiteSpace可视化软件工具，进行科学计量分析。数据样本取自CNKI数据库，其中检索时间为2000—2020年，检索词为水权分配，以核心库（北大核心＋CSSCI＋CSCD）的730篇期刊文献作为文本。通过系统分析水权配置研究文献特征，确定水权配置知识图谱上的引文节点文献和突显关键词所表征的研究前沿热点，并对我国水权配置研究阶段进行合理划分，明晰我国水权配置研究进展，为深化我国水权配置研究提供经验借鉴。

2.1.1　水权配置研究文献特征分析

2.1.1.1　高校和研究机构分布

高校与研究机构的发文量一定程度反映了高校与研究机构在水权配置研究领域的实力，对其进行分析有利于高校和研究机构的研究人员对该领域的研究力量进行科学发掘。2000—2020年，针对我国水权配置研究，高校与研究机构的CNKI核心库（北大核心＋CSSCI＋CSCD）的年发文量见图2.1。

根据图2.1可知，2000—2006年水权配置研究文献的数量迅速增长，并于2006年达到巅峰，随后回落，并逐步趋于稳定。运用CiteSpace可视化分析软件得到排序前10的高校与研究机构发文量（见表2.1）、高校和研究机构合作共现图谱（见图2.2）。

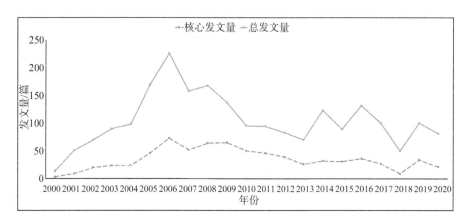

图 2.1　我国水权配置研究的高校与研究机构 CNKI 核心库发文量变化

表 2.1　排序前 10 的高校和研究机构发文量
单位:篇

序号	单位名称	发文量	序号	单位名称	发文量
1	河海大学商学院	62	6	清华大学公共管理学院	9
2	武汉大学水资源与水电工程科学国家重点实验室	17	7	中国科学院地理科学与资源研究所	8
3	河海大学水文水资源与水利工程科学国家重点实验室	14	8	河海大学法学院	8
4	新疆社会经济统计研究中心	12	9	中国水利水电科学研究院水资源研究所	7
5	西北大学经济管理学院	10	10	水利部发展研究中心	7

　　根据表 2.1 可知,从排序前 10 的高校和研究机构的 CNKI 核心库(北大核心+CSSCI+CSCD)发文量看,目前河海大学商学院在水权配置研究领域的实力最强,其发文量占排名前 10 的比例高达 40.26%;武汉大学水资源与水电工程科学国家重点实验室、河海大学水文水资源与水利工程科学国家重点实验室的实力较强,其发文量占比分别达到 11.04%、9.10%。

　　图 2.2 中,节点和字体大小与高校和研究机构发文量呈正相关关系,连线体现了不同高校和研究机构之间的合作关系。连线越粗则合作越紧密,无连线则说明没有合作关系。根据图 2.2 可知,河海大学商学院成为水权配置研究领域最核心的代表性高校机构。同时,清华大学公共管理学院、河海大学水文水资源与水利工程科学国家重点实验室、中国水权交易所、武汉大学水资源与水电工程科学国家重点实验室、新疆财经大学统计与信息学院、山东农业大学经济管理学院等成为次核心的代表性高校与研究机构。此外,目前水权配置研究

领域已形成了 5 个合作较紧密的高校和研究机构团体,分别为:清华大学公共管理学院-水利部发展研究中心-北方工业大学经济管理学院、新疆财经大学统计与信息学院-新疆社会经济统计研究中心、武汉大学水资源与水电工程科学国家重点实验室-中国水利水电科学研究院流域水循环模拟与调控国家重点实验室-清华大学水沙科学与水利水电工程国家重点实验室、中国科学院地理科学与资源研究所-华北水利水电学院、河海大学公共管理学院-河海大学法学院。

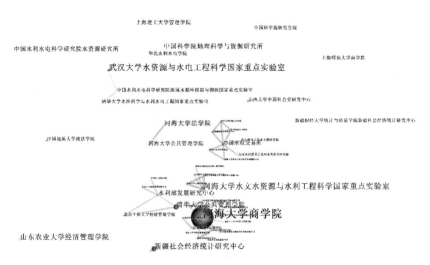

图 2.2　高校和研究机构合作的共现图谱

2.1.1.2　学者合作特征

学术合作有利于促进学者之间的知识交流与共享,实现资源优势互补,提高学者们的水权配置研究成果质量和学术影响力。应用 CiteSpace 可视化分析软件,得到我国水权配置研究文献的学者合作知识图谱(见图 2.3)。

图 2.3 中,节点越大则学者发文量越多,连线越粗则学者合作越紧密。根据图 2.3 可知,学者之间的合作呈现"大分散、小聚集"的特征。首先,2 名学者的紧密合作居多,如孙建光-韩桂兰、吴丹-王亚华、胡继连-葛颜祥、唐德善-何逢标、王慧敏-佟金萍、刘世庆-巨栋、马晓强-韩锦绵、刘红梅-王克强,其中,孙建光、韩桂兰 2 位学者之间的合作最为紧密。其次,形成了少量的 3 名学者合作的学术团体,分别为:吴凤平-吴丹-陈艳萍、吴凤平-陈艳萍-周晔、张丽娜-吴凤平-张陈俊、张文鸽-殷会娟-何宏谋、解建仓-张琛-汪妮;此外,出现节点较大

的部分代表性学者,如田贵良、郑志来、陈进等。

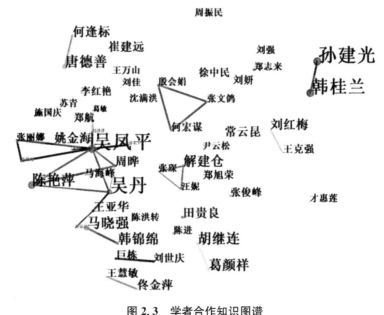

图 2.3　学者合作知识图谱

依据图 2.3,借鉴美国著名科学计量学专家普莱斯对高产学者的界定公式,对水权配置研究文献的核心作者(第一作者)进行筛选。

$$m = 0.749\sqrt{n_{\max}} \qquad (2.1)$$

式(2.1)中,m 为筛选标准,即核心作者(第一作者)发文量的下限值;$n_{\max}$ 为最高产学者(第一作者)的发文量。

根据式(2.1),选取水权配置研究文献中第一作者发文量最大值作为参照值,即 $n_{\max} = 16$,计算得到 $m = 2.996$,即水权配置研究领域的核心作者(第一作者)应满足其 CNKI 核心库(北大核心+CSSCI+CSCD)的发文量不少于 3 篇。为此,确定水权配置研究的核心领域和核心作者(见表 2.2)。

表 2.2　水权配置研究的核心领域和核心作者

核心领域	核心作者(第一作者)
初始水权配置	吴丹(16)、刘妍(6)、陈艳萍(5)、吴凤平(4)、张丽娜(4)、李红艳(4)
可转让农业水权、生态水权	孙建光(14)、韩桂兰(5)
水权运营	姚金海(11)
水权交易	田贵良(10)、吴凤平(5)

续表

核心领域	核心作者(第一作者)
水法	崔建远(10)
水权制度、水权市场	王亚华(9)、马晓强(9)、刘红梅(6)、韩锦绵(4)、常云昆(3)、郑航(3)
适时水权	何逢标(8)
泉域水权	张俊峰(8)
农业水权、水权市场	胡继连(6)、王克强(5)、葛颜祥(4)
水权期权	王慧敏(5)、佟金萍(3)

注:括号中的数字为作者发文量篇数。

根据表 2.2 可知,水权配置研究主要聚焦于初始水权配置、水权交易、水权制度、水权市场、水法、可转让农业水权、生态水权、水权运营等领域,其中,吴丹、孙建光、姚金海、田贵良、崔建远等学者作为第一作者的发文量达到 10 篇以上,为我国初始水权配置、水权交易、可转让农业水权、水权运营、水权交易价格、水法等领域的理论研究与实践探索作出了重要贡献。

2.1.2　水权配置研究热点分析

2.1.2.1　关键词图谱分析

关键词作为学术论文的精髓,是学者对论文核心研究内容的精炼,代表文献的核心议题和研究领域,文献中高频次出现的关键词可视为该学科领域的研究热点。为此,对 2000—2020 年水权配置研究领域的核心文献进行关键词共现分析,得到关键词共现网络图谱(见图 2.4)。

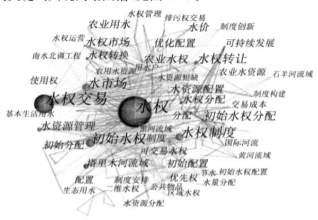

图 2.4　关键词共现网络图谱

图 2.4 中,关键词之间的连线代表两个关键词出现在同一篇文献,连线越粗则共现频次越高。节点的大小与关键词词频成正比,节点越大、关键词字体越大,则该关键词总体频次越高。关键词的中心性用于测度节点在网络中的重要性,若关键词的中心性数值大于等于 0.1,说明该关键词具有高中心性,在合作网络中具有重要影响力。关键词的出现频次与其中心性并不存在必然的相关,即高频关键词并不一定是高中心性关键词,而出现频次与中心性数值均高的关键词在整个知识网络中的作用更为关键。根据图 2.4 可知,节点"水权"在图谱中频次最高,中心性最大,与其他关键词连接线最为密集。同时,"水权交易""水权制度""初始水权""初始水权分配"等词具有高频次和高中心性,成为水权配置研究的核心主题,见表 2.3。

表 2.3 频次排序前 10 和中心性排序前 10 的关键词

序号	频次	关键词	序号	中心性	关键词
1	206	水权	1	0.63	水权
2	103	水权交易	2	0.39	水权交易
3	50	初始水权	3	0.2	水权制度
4	43	水市场	4	0.15	初始水权
5	42	水权制度	5	0.1	初始水权分配
6	24	水资源管理	6	0.09	水权转让
7	22	水权转让	7	0.08	水市场
8	20	初始水权分配	8	0.07	农业水权
9	18	农业水权	9	0.06	水资源管理
10	15	水权转换	10	0.05	水权市场

2.1.2.2 突现关键词分析

应用 CiteSpace 可视化分析软件中的 Citation/Frequency Burst History 功能"膨胀词探测算法",将水权配置研究领域中频次变化率高的突现关键词(Burst Terms)从大量的主题词中探测出来,实现引用突变(Citation Burst)分析,包括突变的年代分布和突变强度(见表 2.4)。

表 2.4 2000—2020 年水权配置研究的突现关键词

关键词	Year	Strength	Begin	End	2000—2020
适时水权	2000	3.11	2006	2007	

关键词	Year	Strength	Begin	End	2000—2020
初始水权	2000	5.79	2007	2012	
水资源管理	2000	3.77	2008	2013	
水权转换	2000	6.27	2009	2013	
初始水权分配	2000	4.76	2012	2020	
流域	2000	4.09	2012	2013	
可转让农用水权	2000	3.43	2013	2020	
水权交易	2000	4.25	2015	2020	
土地流转	2000	3.38	2015	2018	

表 2.4 中，Year 表示该关键词首次出现的时间；Strength 表示突变强度，强度越高则短时间内该关键词出现的频次越多；Begin 表示该关键词成为前沿热点的开始时间；End 表示该关键词成为前沿热点的结束时间。深色线表示突现关键词持续的时间。根据表 2.4 可知，2007—2012 年、2012—2020 年，关键词"初始水权""初始水权分配"突现持续的时间分别最长；2009—2013 年、2013—2020 年、2015—2020 年，关键词"水权转换""可转让农用水权""水权交易"突现持续的时间分别最长。

2.1.3　水权配置研究阶段划分

根据图 2.1 和表 2.4，我国水权配置研究主要可划分为三个阶段。

2.1.3.1　水权配置研究探索期(2000—2006 年)

2000 年，水利部原部长汪恕诚同志提出，流域水资源管理应建立政府宏观调控、民主协商、准市场运作和用水户参与管理的运行机制，为水权管理制度建设提出了有效的操作路径。自此，我国开启了水权市场制度建设进程，水权配置研究年发文量持续快速增长，为建立健全水权市场制度体系提供了重要支撑。

这一阶段为水权配置理论与实践研究的起步阶段，以初始水权配置研究为主、水权交易研究为辅，强调政府主导作用。其中，初始水权配置研究的热点问题包括水权配置原则和水权配置模式。通过借鉴国际经验，总结《中华人民共和国水法》等法律法规政策以及黄河、大凌河、黑河等流域初始水权配置实践，学术界对初始水权配置原则达成共识，主要包括生活用水优先、保障粮食安全、尊重历史与现状、公平与效率兼顾、公平优先、可持续发展等原则；并以人口分布、耕地面积、用水现状、产值效益等因素为依据，提出初始水权配置的基本配置模式，包括人口配置模式、面积配置模式、产值配置模式。

水权交易是采用市场手段调节水资源时空分布不均、实现水资源优化配置的重要手段。2000年，我国开展了首例"东阳-义乌"水权交易实践。用水户可根据用水效率和节水成本的差异，将水权进行有偿交换。2005—2006年，立足我国的基本国情与水情，水利部先后印发《水利部关于水权转让的若干意见》《水权制度建设框架》《水量分配暂行办法》，为学术界深入开展水权配置制度研究提供了政策指导。

2.1.3.2　水权配置研究成长期（2007—2014年）

这一阶段为水权配置理论与实践研究成长阶段，初始水权配置与水权交易研究并重，强调政府与市场两手发力。这一阶段，我国先后开展了松辽流域水资源使用权初始分配专题研究和霍林河流域、大凌河流域省（自治区）际初始水权分配试点工作，长江流域省际典型河流、塔里木河、石羊河等流域初始水权配置实践持续推进，以完善初始水权配置原则，积极探索初始水权配置模式。学术界提出将留有余量原则、生态用水保障原则纳入配置原则框架，形成了更为完善的配置原则框架体系。并将节水激励机制引入初始水权配置实践，提出在初始水权配置过程中嵌入协商、研讨、博弈等机制，以优化初始水权配置模式，完善水权配置制度。

2012年，国务院发布了《关于实行最严格水资源管理制度的意见》，明确了水资源管理"三条红线"，积极培育水市场。我国政府管理部门与学术界将初始水权配置与水权交易的理论研究与实践探索作为研究热点共同推进。学术界构建了最严格水资源管理制度下水权理论框架。2014年，水利部印发《关于开展水权试点工作的通知》，选取宁夏、江西、湖北、内蒙古、河南、甘肃、广东7个省（自治区），开展水权交易试点，试点内容包括水资源使用权确权登记、水权交易流转和水权制度建设。通过水权交易实践，主要形成了"商品水""水票制""取水许可证""水银行"4种形式的水权交易模式。其中：①"商品水"交易模式以舟山水权交易和"东阳-义乌"水权交易为代表，交易客体是一定量的水资源或商品水的所有权。这种交易模式的特点是，在地理位置相近的条件下，供需双方需具备基本的蓄水、输水设施，适用于丰水区和干旱区的水权交易。②"水票制"交易模式以张掖市农业用水户间的水权交易为代表，这种水权交易模式的特点是，通过水票控制各用水户年度用水的总量，鼓励农户节约用水，将多余的水量交易出去以提高收益和水资源利用效率，适用于小范围农业用水户之间的交易。③"取水许可证"交易模式由黄河水利委员会提出,一并出台的还有《黄河取水许可管理实施细则》,自 2009 年 7 月 1 日起施行,以提高黄河水资源利用效率,规范水权交易市场。④"水银行"是在国家水行政主管部门宏观调控下,建立以水资源为服务对象的类似于银行的企业化运作机构,通过"水银行",水权富余者储存剩余的水权,需水者支付资金借贷水权以满足用水需求。

2.1.3.3 水权配置研究发展期(2015—2020 年)

2016 年,水利部印发《水权交易管理暂行办法》,对可交易水权的范围和类型、交易主体和期限、交易价格等做出具体规定。水利部和国家发展改革委联合印发《"十三五"水资源消耗总量和强度双控行动方案》。这一阶段为水权配置理论与实践研究发展阶段,以水权交易研究为主、初始水权配置研究为辅,强调由政府主导转为市场导向,中国水权交易所正式运营。学术界加快推进水权制度建设,一方面提出了多元化水权交易模式,包括:①海水淡化水的 4 种水权交易模式,包括海水淡化水直接进入市政管网模式、海水淡化水直接卖给用户模式、海水淡化水自用后销售模式、海水淡化水置换水权用于扶持重点产业模式。②将合同节水管理与水权交易相结合,提出了"先节水后交易"与"先预售后节水"2 种交易模式,以及收储直销与委托代销两种交易类型。③"以质易量"水权交易模式,即工业企业投资水污染治理工程置换水量,以缓解水质性缺水。④从双变量水权交易的合理性出发,提出双变量综合交易、以质定价和以量定值交易、以质易量交易 3 种交易模式。另一方面,学术界优化初始水权配置模式,提出了双控行动下流域初始水权配置与用水结构调控策略,开展流域水资源消耗结构与产业结构高级化适配性研究。

2.2 流域初始水权配置模式与方法研究进展

2.2.1 国外研究动态

2.2.1.1 初始水权配置模式研究

自 1908 年"流域水资源管理"的概念问世以来,发达国家和学者们对水资源配置模式的积极探索积累了丰富经验。发达国家根据各自的国情与水情特征,分别制定了适合本国的水资源配置模式,涉及行政区域与流域管理相结合、政府与市场结合、供需结合与多目标综合管理、水量水质耦合与可持续水资源管理相结合、资源化与资产化结合等多种分类形式的水资源配置模式,实施采纳的初始水权配置规则主要包括河岸权规则、优先占用权规则、许可水权规则。[1]其中：

①英国实行政府引导的流域水资源统一管理的配置模式,按流域统一管理和水务私有化相结合的管理体制进行水资源配置。英国普通法规定依河岸土地所有权或使用权确定用水归属,但一般适用于水资源较丰富的地区。②美国实行行政区域和流域管理相结合的水资源配置模式,建立市场自发调节的水资源分级管理体制。20世纪美国西部开始使用优先占用权规则,以占用水资源时间的先后来确定用水的优先序位,规定"先占用水体并将其投入有益使用者优先享有水资源使用权"。此类水资源利用规则一定程度上解决了干旱地区水资源配置问题,但对于经济迅速发展、新兴用水户剧增的地区并不适用。③日本实行分部门行政分配与集中协调的水资源配置模式,保障权责清晰和协调完善的"多龙治水"。日本许可水权规则规定通过行政许可的方式明确每个用户的用水上限,作为其水资源的许可使用量。许可水权以政府行政分配为主,可充分发挥政府的监管作用,更好地保障水资源配置的公平性,但一定程度上忽略了用水效率与综合效益作用的发挥。

伴随全球气候变化对水资源的影响,气候变化与水资源系统环境的不确定性研究已成为国际上普遍关心的热点问题。水资源配置已进入以"沟通与协调"为特征的新时期,适应性配置模式应运而生,成为学者们的研究热点。适应性配置模式通过不断调整水资源管理行动和方向,满足水生态系统功能和经济社会发展特征需求方面的变化,确保水资源系统整体性和协调性。[2]在气候变化背景下,强化用水总量与效率控制、集成行政配置与市场配置机制、充分发挥水资源利益相关者能动性、提高水生态系统承载阈值的适应性配置模式已成为主流研究方向,其主要研究成果集中在理念思路、分析框架和方法对策等方面。其中：

①适应性配置模式的理念思路体现为面对大量不确定性因素变化,通过不断优化初始水权配置模式,提升初始水权配置实践能力,以适应社会经济状况与环境的快速变化。[3-7]②适应性配置模式的分析框架主要包括配置主体、配置目标、配置技术体系等内容。[8-10]③适应性配置模式的方法对策重点强调明确水资源系统环境的不确定性与驱动机制,针对未来不同情景下水资源的脆弱性提出适应性对策。[11-13]

2.2.1.2 初始水权配置模型研究

水资源配置理论与模型研究起步于20世纪20年代,20世纪50—80年代得以迅速发展,20世纪90年代至今得到逐步完善。水资源配置过程属于跨学科领域的复杂系统工程问题。国外水资源配置研究主要是在水资源系统模拟的框架下,开发较成熟的水资源优化配置模型与模拟软件。其中,系统分析方法、水资源系统模拟模型技术、大系统多目标水资源分配决策模型先后得到广泛地推广应用。国外水资源配置实践表明,多目标耦合配置模型、利益相关者参与的多阶段耦合配置模型、产业结构优化配置模型、水资源适应性配置模型成为初始水权配置研究的主要发展方向。

①多目标耦合配置模型。初始水权配置的关键是统筹体现社会公平、经济效益、生态保护、风险控制等多维目标,促进水资源的高效利用和水环境的有效保护。国内许多学者对此进行了研究,倾向于构建多目标耦合配置模型。如将水资源管理模型与GIS有机结合,模拟流域水资源优化配置的耦合模型;以各种约束条件下不同时空尺度的供水、地下水水质、生态环境和经济为目标,将地下水模拟模型和多目标优化模型进行耦合的水权配置模型[14];保障荒地流域水资源高效利用的合作式初始水权配置模型[15];系统考虑水资源配置因素、水循环过程和污染物迁移的流域水量水质耦合水权配置模型[16];将水资源模型与水文、经济模型进行耦合,应用于智利Maipo流域的水文-农业-经济模型、水资源-经济-水文模型[17];以实现公平和风险控制为目标,引入基尼系数和条件风险价值的水权配置模型[18-19];以不同消费部门缺水损失最小、利润最大化为目标,应用于伊朗东北部马什哈德市农业、城市和工业水权配置的鲁棒模糊随机规划模型[20];在不确定条件下,经济、社会、环境效益多目标动态均衡的水权优化配置模型[21-22]。

②利益相关者参与的多阶段耦合配置模型。随着研究的进一步深化,学者们指出初始水权配置在统筹体现多维目标的过程中,应重点加强水资源利益相关者之间的利益交互,充分体现水资源利益相关者的利益诉求,以应对复杂水资源系统的不确定性。为此,学者们进一步完善初始水权配置方法。一是提出构建利益相关者参与的耦合配置模型,如应用于德黑兰省利益相关者参与的基于水质的地表水和地下水综合配置模型[23];模拟利益相关者谈判过程、提高水资源配置方案稳定性和可行性的经济学权力指数配置模型[24-25]。二是提出构建利益相关者利益交互的多阶段耦合配置模型,如最大化流域水资源总价值的两阶段动态博弈模型,提高用水户合作的两阶段协作配置模型[15];帮助决策者识别、应对复杂水资源系统不确定变化的区间两阶段规划模型[19,26-27];依据澜沧江-湄公河水资源利用的季节性需求、时空特征及净效用差异建立的跨国多主体合作水资源配置的模糊联盟博弈模型[28]。

③产业结构优化配置模型。初始水权配置重在推进产业结构优化升级,国外学者已经论证了产业结构优化应向水资源利用率高、水环境污染少的方向发展。学者们指出,初始水权配置应充分考虑产业发展与水环境保护的相互协调

性,同时兼顾"降低水资源消耗水平"与"培育环境友好型产业";系统分析产业水耗和水污染排放状况,以减少水资源消耗量大的产业规模并扩大无污染或污染小的产业规模[29-32]。为此,众多学者应用模拟技术、动态规划分析等相关优化理论,结合投入产出模型、模拟仿真技术、多元统计回归分析法、自然资本核算法、基尼系数法等方法,对产业结构优化配置方法进行了深入研究。主要包括基于模拟技术与灵敏性分析的水资源系统规划和管理[29],公共安全、经济等因素对产业结构与水资源优化的影响机理[30],水权结构与产业结构优化模式、机制与路径以及优化仿真模型[19,31-32],区域产业结构和水资源配置结构双向优化的多目标 ITSP 模型[33]。

④水资源适应性配置模型。受气候变化影响,世界各国水文条件不断发生改变,致使国家经济社会发展增加了不确定性风险。因此,学者们提出初始水权配置应重在提高与经济社会发展的适应性。伴随着水资源供给、用水总量、用水关系、用水管理的不确定性,学者们提出、构建的水资源适应性配置模型主要包括:从适应性角度分析水资源配置中主体行为规律和系统演化规律,构建与集体农业用水户行为相适应的水资源配置主体仿真模型[34];气候变化与不确定环境下嵌入自适应机制的水资源适应性配置模型[5-6,21,35]。

国外初始水权配置实践表明,初始水权配置的关键是统筹体现社会公平、经济效益、生态保护、风险控制等多维目标,明确水权结构与产业结构优化模式、机制与路径,推动产业结构转型与优化升级,提高经济产业发展与水资源利用、水环境保护的相互协调性,保障初始水权配置与经济社会发展相适应。

2.2.2　国内研究动态

2.2.2.1　初始水权配置模式研究

建立一种有效促进水资源高效利用的配置模式是加快我国流域初始水权配置实践创新、提高水权配置效率与优化水资源综合效益的关键路径。立足于我国国情与水情,学术界众多学者对初始水权配置模式进行了热点研究和深入探讨。目前水权配置的三种基本模式分别为政府行政配置模式、市场配置模式和用户参与配置模式,其优势分别体现在控制用水总量和提高用水公平性、提高用水效率与排污绩效、减轻用水户负担和提高用水效率与效益方面。但是,政府行政配置模式如何协调水资源利益相关者的利益诉求,提高用水效率;市场配置模式如何强化政府对市场化手段的协调和监督,防止市场失灵;用户参与配置模式如何保障用水者协会接受用水户的监督,并接受政府、业务主管部门的监督、管理和业务指导,是三种水权配置模式面临的主要困境。为此,学者们提出初始水权配置应建立政府宏观调控、准市场运作和用户参与的集成配置模式,通过在初始水权配置模式中嵌入政治协商机制[36-37],加强水资源利益相关者的广泛参与,协调水资源利益相关群体的利益冲突,提高用水效率与整体用水效益,从而为完善初始水权配置方法提供了更为有效的操作路径,为我国初始水权配置实践提供了可行思路。

初始水权配置实践同时受到政治稳定、社会公平、经济发展、技术手段、生态环境保护等多种因素的影响,众多学者借鉴国际经验,对初始水权配置原则的制定提出了各自的见解。生活用水优先原则、保障粮食安全原则、尊重历史与现状原则、可持续发展原则成为学者们达成共识的基本配置原则[37]。随着黄河流域、松辽流域、长江流域省际典型河流、塔里木河、石羊河等流域初始水权配置实践的持续推进,以及学术界理论研究的深化,留有余量原则、生态用水保障原则、以水定产原则已被纳入初始水权配置原则框架体系中,进一步完善了初始水权配置原则[38]。节水激励机制和群链产业合作模式也进一步引入初始水权配置实践中,以优化初始水权配置模式[39]。我国现有的初始水权配置实践表明,初始水权配置机制既非纯粹的市场机制,又非政府强制性的制度安排,而是在公有制框架内合理的市场化运作机制。初始水权配置已由以刚性特征为主的政府主导行政配置模式向具有灵活特征的、"政府调控、市场调节、利益相关者参与"的集成配置模式转变。

此外,伴随着气候变化、人口增长、经济发展和人类活动加剧带来的诸如水资源短缺、水环境污染、水生态退化、水旱灾害频发等水问题,适应性管理为有效解决这些问题和挑战提供了有效途径。"适应性管理"思路被引入我国初始水权配置领域,处于外界条件不断变化的水资源适应性配置研究逐步成为研究热点。学者们主要围绕配置过程、配置机制、配置体系、配置方法等方面展开研究。其中:①适应性配置过程主要包括系统状态识别、计划形成与实施、绩效比较与评价和行为监测四个阶段[40],涉及问题识别、监测、评估、应对、调整等一系列行动[41];②适应性配置机制是行政配置与市场配置相结合的二元机制,是以水权制度变迁为轨迹,以市场化改革为取向的调整、创新和适应过程[42];③适应性配置体系属于多层次复杂结构体系,其指标体系主要包括水资源、经济社会、生态环境和综合性等四大类指标[41];④适应性配置方法主要包括综合集成研讨方法[40]、协同评价法[43]、多目标决策法和成本效益分析法[44]、弹性适配度评价法[45-46]、基于 PSIR 模型的适配性评估法[47]。现有的水资源适应性配置研究虽为我国初始水权配置实践提供了良好的指导作用,但因我国水资源适应性配置理论研究与实践探索起步较晚,在流域生态保护和高质量发展的战略背景下,尚未形成一套完善的流域初始水权与产业结构优化适配模式,因此亟待进行深化研究。

2.2.2.2 初始水权配置模型研究

20世纪60年代开始,我国开展了水资源配置实践与理论方法的深入研究。如1998年黄河水利委员会进行的首次全流域水资源合理分配及优化调度研究、黄淮海流域水资源"三次平衡"合理配置研究、基于GIS的南水北调中线工程水资源优化配置决策支撑系统研究、长江流域大型梯级水库群的水资源优化配置研究等。这些研究成果为深化水资源配置模型研究奠定了良好的基础。

以初始水权配置原则与分配指标体系为指导,初始水权配置模型进一步为初始水权配置实践提供了技术支撑。从现有的初始水权配置模型看,主要围绕三方面展开:一是初始水权配置指标权重与水权配置量的确定。指标权重的确定主要采用层次分析法、熵权法等模型,由于指标权重的确定受到人为因素的干扰,故初始水权配置结果的可接受性较弱;水权配置量的确定主要依据产业结构用水需求与经济社会发展指标的互动反馈,建立系统动力学模型[48]、多目标优化模型[45,49]。二是在初始水权配置模型中嵌入协商博弈、交互研讨等机制。随着研究的深化,为充分体现水资源利益相关者的利益诉求,综合研讨机制、协商博弈机制、供需双侧耦合机制等初始水权配置机制得到不断完善[50-55]。三是在初始水权配置模型中嵌入适配诊断准则体系。为应对水资源系统环境的不确定性,提高初始水权配置与经济社会发展的适应性,适配诊断准则体系的设计成为研究热点[55-56]。

伴随全球气候变化与我国水资源稀缺问题带来的严峻挑战,自2011年我国开始实行最严格水资源管理制度,水管理政策部门和学术界开始逐步深入开展应对水资源系统环境不确定性影响的适应性管理,将其作为新时期初始水权配置方法创新的研究热点。学者们提出,以水资源管理"三条红线"控制约束为准则,依据初始水权配置系统内在耦合关系,追求生态-经济服务价值最大化,提高初始水权配置与区域经济发展的适应性[38];深入探讨气候变化下水资源适应性管理模式与技术体系[44,52,57];并创新提出初始水权配置的政府强互惠理论[52,58-59],注重"系统诊断—政策影响评估—系统再诊断"循环过程,建立最严格水资源管理的适应性政策选择和利用理论框架体系[60-63]。

我国初始水权配置实践表明,初始水权配置的关键是保障流域内各行政区分水的公平性,确定流域内各行政区的用水总量控制指标。同时,提高水权配置效率,实现各行政区产业结构优化布局。初始水权配置必须充分考虑水资源利益相关者之间的利益协调、交互关系,着力设计以水权配置模式为依托,适应经济高质量发展需求和水生态环境承载阈值的水权配置方案。虽然现有的初始水权配置方法为初始水权配置实践提供了有效的技术支撑,但是,在流域生态保护和高质量发展的战略背景下,现有的水权科层制配置模式仍有待完善,对流域初始水权配置方法的指导性作用亟须加强。因此在构建有效、实践可操作的流域初始水权与产业结构优化适配方法方面,亟须进行深化研究。

2.2.3 初始水权配置可视化分析

以 2000—2021 年中国知网和 Web of Science 核心合集数据库收录的 524 篇初始水权配置研究文献作为数据基础,利用 CiteSpace 软件,从文献发表的时间分布、研究机构和代表作者等方面进行文献计量可视化分析,综述了初始水权配置研究热点及演进趋势。结果表明:2005—2012 年中国在该领域的发文量领先,2012 年后国际研究热度明显高于国内;河海大学、中国水利水电科学研究院、清华大学、武汉大学是该领域的领军机构,河海大学发挥着重要的连接作用,吴凤平团队在该领域的发文量明显领先。总体来看,该领域以初始水权分配总体思路、框架体系与量质一体化分配为演进趋势,已经形成了初始水权分配机制与方法、农业水权分配原则与模型、水权交易模式与模型 3 个重要的研究热点和前沿方向。

2.2.3.1 研究方法和数据资源

CiteSpace 是绘制知识图谱的主流研究工具之一,主要以 co-citation 和 path-finder 等方法对文献进行共被引和耦合分析,以节点的大小、节点间连线的粗细来表示重要程度。基于 CiteSpace 可视化软件,通过数据挖掘,对中英文文献中研究机构、作者、关键词等关键信息绘制图谱,可视化展现 2000—2021 年初始水权分配研究热点和趋势。首先,CNKI 以"主题＝初始 and 水权"为检索条件,范围限定为 SCI、EI、CSSCI、CSCD 和北大核心 5 类学术期刊,获取 238 篇中文文献。其次,WOS 以"主题＝initial and water right OR 主题＝water rights and allocation"进行检索,限定为 WOS 的三大引文数据库(SCI-Expanded、SSCI、A&HCI)学术期刊,获取 286 篇英文文献。然后,将中英文文献导入 CiteSpace 5.8R2 中完成数据准备。在 CiteSpace 5.8.R2 软件中,将时间切片设置为 1 年,依次勾选研究机构、作者、关键词进行知识图谱共现分析,以揭示初始水权配置研究进展及潜在问题。

2.2.3.2 文献计量分析

1) 文献数量

2000—2021 年的文献统计数据(见图 2.5)显示,研究初始水权配置的中英文文献数量变化存在一定的特征差异。中文文献数量随着时间变化呈先快速增加后缓慢减少趋势,而英文文献数量总体呈增加趋势。2005—2012 年中文文献数量显著高于英文文献数量,但 2012 年后英文文献数量明显高于中文文献数量。

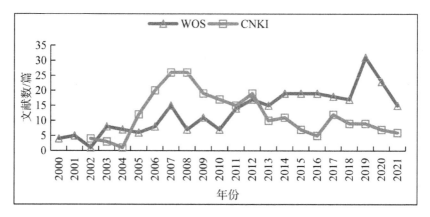

图 2.5　2000—2021 年初始水权配置研究文献统计

CNKI 收录的文献数量变化表明,2000—2021 年该领域研究可划分为 3 个阶段:①萌芽期(2000—2004 年),文献数量和研究成果较少。②快速发展期(2005—2012 年),文献数量快速增加,2007 年和 2008 年达到顶峰,均为 26 篇,之后有所下降。这是因为 2005—2008 年水利部先后颁布并实施了《水利部关于水权转让的若干意见》《关于印发水权制度建设框架的通知》《水量分配暂行办法》,标志着我国开始加快推进水市场建设与开展水权分配。③成熟发展期(2013—2021 年),文献数量呈现从波动性下降到增加的发展态势,近 3 年平均为 8 篇左右。

WOS 收录的文献数量呈现波动性增长趋势,于 2019 年达到顶峰 31 篇,近 3 年平均为 20 篇左右。研究表明,近 20 年,该领域研究逐步深化,2013 年以来初始水权配置研究逐步走向国际化。

2) 研究机构

CNKI 检索文献中发文量较多的 4 大研究机构为:河海大学商学院(36 篇)、中国水利水电科学研究院(10 篇)、清华大学公共管理学院(7 篇)、武汉大学水利水电学院(6 篇)。但各机构间的合作研究较分散,目前仅形成 2 个较大的合作研究群体机构,分别以河海大学商学院、清华大学公共管理学院为中心(见图 2.6)。

（a）CNKI 数据库　　　　　（b）WOS 核心合集

图 2.6　2000—2021 年初始水权配置研究机构图谱

WOS 检索文献中发文量前 7 的研究机构为：Texas A&M Univ（美国，得克萨斯农工大学，14 篇）、Hohai Univ（中国，河海大学，14 篇）、Tsinghua Univ（中国，清华大学，11 篇）、Chinese Acad Sci（中国，中国科学院大学，7 篇）、Oxford Univ（英国，牛津大学，6 篇）、Wageningen Univ（英国，瓦格宁根大学，6 篇）、Int Food Policy Res Inst（美国，国际粮食政策研究所，6 篇）。同时以这些研究机构为中心形成了研究群体机构，群体机构之间合作密切（见图 2.6）。

研究表明，国外研究机构间的合作较集中，而国内研究机构间的合作较分散。国外研究机构发表在 WOS 上的文献，多为研究机构之间合作完成。而国内研究机构发表在 CNKI 上的文献，多为研究机构内部成员之间合作完成。

3）代表作者

基于寻径算法优化合作网络发现，CNKI 检索文献中主要形成了 2 个较大的核心作者团队：河海大学的吴凤平团队、中国水利水电科学研究院的王教河团队（见图 2.7）。

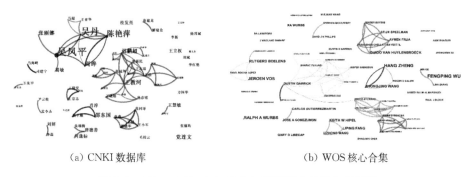

（a）CNKI 数据库　　　　　（b）WOS 核心合集

图 2.7　2000—2021 年初始水权配置研究代表作者图谱

　　节点最大的核心作者是河海大学商学院的吴凤平教授(节点的大小与作者出现的频次成正比,节点之间的线条数量与连线粗细反映了作者之间的合作关系及紧密程度),其 2005—2021 年的发文量高达 23 篇(见表 2.5)。

表 2.5　2000—2021 年初始水权配置研究排序前 10 的作者发文频次

CNKI			WOS		
作者	发文量/篇	开始年份	作者	发文量/篇	开始年份
吴凤平	23	2005	FENGPING WU	7	2016
吴丹	17	2009	HANG ZHENG	6	2009
陈艳萍	9	2010	JEROEN VOS	5	2012
王慧敏	6	2007	RALPH A WURBS	5	2011
唐德善	6	2006	ZHONGJING WANG	4	2009
何逢标	6	2007	GUIDO VAN HUYLENBROECK	4	2010
解建仓	5	2005	RUTGERD BOELENS	4	2016
周晔	5	2011	KEITH W HIPEL	4	2007
王浩	5	2005	LIPING FANG	4	2007
张丽娜	5	2014	JOSE A GOMEZLIMON	3	2020

　　经过算法优化网络发现,WOS 检索文献中形成了 8 个合作密切的核心作者团队,其中发文量 5 篇以上的核心作者团队为:FENGPING WU(吴凤平)团队、HANG ZHENG(郑航)团队、JEROEN VOS 团队和 RALPH A WVRBS 团队(见图 2.7)。节点最大的核心作者是河海大学商学院的 FENGPING WU(吴凤平)教授,发文量达到 7 篇(见表 2.5)。

　　研究表明,该领域研究形成了较稳定的核心作者团队,团队内部合作密切,但团队间合作较少,这在一定程度上不利于该领域研究水平的提升。

2.2.3.3　初始水权分配研究热点分析

　　根据可视化分析结果(图 2.8)可知,CNKI 检索文献出现的热点关键词主要包括初始水权、初始分配、机制、水权交易、水权分配、黄河流域、水权制度、农业水权、投影寻踪等。WOS 检索文献出现的热点关键词主要包括 transaction costs、irrigated agriculture、water rights、water policy、cooperative game theory 等。

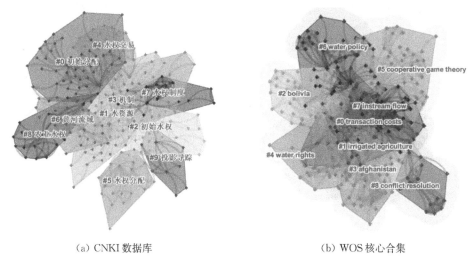

(a) CNKI 数据库　　　　　　　　　　(b) WOS 核心合集

图 2.8　2000—2021 年初始水权配置研究关键词聚类图谱

CNKI 和 WOS 检索文献共同聚焦于农业水权、水权制度和水权交易 3 个热点关键词。但两者对该领域研究方法的侧重点不同,CNKI 检索文献侧重于投影寻踪方法,WOS 检索文献则侧重于合作博弈方法。此外,基于地理因素,CNKI 检索文献聚焦于黄河流域初始水权配置研究,WOS 检索文献中则关于玻利维亚、阿富汗的水权配置研究颇多。当前针对初始水权配置的研究热点主要集中在初始水权配置机制与方法、农业水权配置原则与模型、水权交易模式与模型等方面。

1）初始水权配置机制与方法

①初始水权配置机制。国外实施采纳的初始水权配置规则主要包括河岸权规则、优先占用权规则、许可水权规则。国内学者提出初始水权配置应建立政府宏观调控、准市场运作和用户参与、嵌入政治民主协商的配置机制。生活用水优先、保障粮食安全、尊重历史与现状、可持续发展、留有余量、生态用水保障、以水定产等成为学者们达成统一共识的基本原则。伴随气候变化与水资源系统环境的不确定性,适应性配置机制成为未来国内外研究的热点。

②初始水权配置方法。为统筹体现社会公平、经济效益、生态保护、风险控制等多维目标,多目标耦合配置、利益相关者参与的多阶段耦合配置、产业结构优化配置、适应性配置成为国外初始水权配置的主要发展方向。国内主要是根据配置原则,建立指标体系,将协商博弈、交互研讨等机制和诊断准则体系嵌入配置模型中展开研究。初始水权配置方法主要包括层次分析法、模糊优选模型、投影寻踪模型等。此外,学术界开始逐步深入开展应对水资源系统环境不

确定性影响的适应性管理,将其作为新时期初始水权配置方法创新的研究热点。

2) 农业水权配置原则与模型

中国平均农业用水量占用水总量的 60% 以上,农业水权配置备受学界关注。在农业水权配置研究中,Howe C W 等[64]学者提出应遵循灵活性、安全性、实际机会成本、可预见性、政治和公众的接受性等配置原则。Jerson Kelman[65]探讨了弱肉强食法则、线性配给制、时间法则、经济效益等分配机制,提出了基于不同用水户的机会成本的分配模型。贺天明等[66]提出以促进农业节水为目的,在公平性、效率性、可持续发展以及生态系统优先原则下,构建深层次初始水权配置指标体系,并利用遗传算法投影寻踪模型确定石河子灌区水权配置量。

3) 水权交易模式与模型

2000 年,水利部原部长汪恕诚提出了我国水资源管理运行机制,即政府宏观调控、民主协商、准市场运作和用水户参与管理相融合机制[67]。自此,我国开启了水权交易制度建设进程。从水权交易实践来看,无论是美国、澳大利亚、智利、墨西哥等国家水权市场的发展,还是我国七个水权试点省份的运行实践,都有可能面临市场失灵问题。因此政府在水权交易中起着关键调控作用。

通过 20 多年的水权交易实践探索,我国形成了 4 种主要形式的水权交易模式:水实体交易模式、水票制交易模式、取水许可证交易模式、水银行交易模式[68-69],水权交易规则与模型成为学界研究热点。如王慧敏等[70]应用复杂适应系统理论,建立水权交易 CAS 模型,并通过 SWARM 平台仿真,验证了水权市场机制的有效性。郑航等[71]基于集市型水权交易的基本规则,提出水权交易的集市交易数学模型,研究了集市交易模式下交易者的报价行为和风险规避策略。吴凤平等[72]根据复杂适应系统理论,构建适应性水权交易系统,分析市场导向下的水权交易行为主体,并构建了基于市场导向的水权交易价格形成机制理论框架。

目前,我国已建立了适用于中国国情的水市场理论和相应的成套技术方法,有效促进了水资源的高效集约利用。然而,目前的水市场研究尤其是交易模型对复杂水文条件和水资源利用特征考虑不足,实用性不强,未来的重点研究方向之一是建立面向水市场的、基于水联网数据驱动的流域"水文-生态-经济"集成模型[73]。

2.2.3.4 初始水权配置研究演进趋势分析

CNKI 检索文献中初始水权配置研究的演进趋势大致分为 3 个阶段:①总

体思路形成期(2002—2006 年)。②框架体系构建期(2006—2012 年)。③量质一体化分配期(2013—2021 年)。见图 2.9。

图 2.9 2002—2021 年初始水权配置研究的 CNKI 检索文献关键词时区图谱

1)初始水权配置总体思路

该阶段的代表性关键词包括水权、初始分配、分配原则、分配层次、水权制度、分配程序、松辽流域、大凌河。通过开展松辽流域水资源使用权初始分配专题研究,霍林河流域、大凌河流域省(自治区)际初始水权分配试点工作等,明晰了初始水权配置层次、原则和程序。如吴凤平等[74-75]提出我国初始水权配置呈现科层结构特征,可从"流域—区域"和"区域—行业"两个层次展开研究。尹明万等[76]初始分配应遵循社会公平、尊重现状、基本生态需水优先、重要性和效率优先、适量预留、权利和义务相结合、民主协商、适时调整等原则。王晓娟等[77]提出初始水权分配程序划分为准备、方案制定和水权授予三个阶段,突出广泛参与和民主协商机制,提高可操作性。该阶段研究的总体思路为后续研究的有序开展奠定了重要基础。

2)初始水权配置框架体系构建

该阶段的代表性关键词包括指标体系、判别准则、水权配置、模糊决策、水权管理、制度创新、博弈模型等。通过划定用水总量、用水效率和水功能区限制纳污"三条红线",为水权配置指标体系构建提供了重要指导。如吴丹等[78-79]结合我国实行的最严格水资源管理制度,基于三条红线控制约束,构建了流域初始二维水权耦合配置的主从递阶优化模型与判别准则,实现流域初始取水权与排污权在不同区域及其部门之间的合理配置。王婷等[80]以最严格水资源管理制度为指导,构建了包含目标、准则、指标及方案4个层次的初始水权配置指标体系,利用投影寻踪模型确定分水比例。刘玒玒等[81]对黑河流域内各县的取水量进行实践探究,运用博弈理论构建分水模型,有效解决了分水冲突。该阶段研究多结合最严格水资源管理制度和数理模型,探索初始水权配置框架和模型方法,研究结果丰富。

3)初始水权量质一体化配置

该阶段的代表性关键词包括利益补偿、生态效益、经济效益、农业用水、水质、以供定需等。通过初始水权的量质一体化配置,满足不同用户的水质要求。如张丽娜等[59]面向最严格水资源管理制度的约束,借鉴二维初始水权配置理念,将水质影响叠加耦合到水量配置,构建基于GSR理论的省区初始水权量质耦合配置模型,形成太湖流域9种省区初始水权量质耦合配置方案。刘佩贵等[82]从水量与水质二维角度出发,构建了城市二维初始水权配置评价指标体系与优化模型,开展合肥市初始水权配置研究,为提高水资源利用效率和制定科学排污水量提供科学依据。袁缘[83]基于构建多目标水资源量质一体化模型,并采用以供限配、按需分质、由质定供的方法,缓解水质型缺水危机,提高灌区水权配置的经济效益。

WOS检索文献中初始水权配置研究的演进趋势大致分为4个阶段:①2000—2005年,关键词数量较多,研究较为广泛,如water market、water right、water allocation、police、efficiency、irrigation等,为后续研究的深入探究奠定了基础。②2006—2010年,重点开展了初始水权配置决策支持系统与模型研究,平衡各方利益,代表性关键词包括policy、simulation、decision support system。③2011—2016年,研究更趋成熟,主要集中在分配模型、生态气候影响和水资源管理方面,代表性关键词包括model、climate、resource、impact等。④2017—2021年,聚焦水市场、水权交易方面研究,代表性关键词包括water rights trading、sustainability、market design。见图2.10。

研究表明,国外初始水权配置研究起步较早,且早期研究结果丰富。结合各时间段出现的关键词及其演化路径,未来国外该领域研究将聚焦在水权市场、水权定价等方面。虽然国内研究起步较晚,但在我国政府管理部门和学界的大力推动下,水权制度不断完善,水市场日趋成熟发展,未来国内该领域将研究集中在生态效益、社会效益、水质改善、水权定价等方面,与国外形成大趋同趋势。

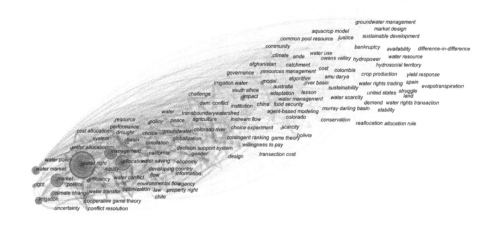

图 2.10 2000—2021 年初始水权配置研究的 WOS 检索文献关键词时区图谱

2.3 流域初始水权配置实践与管理制度研究进展

科斯第二定理提出,"在交易成本大于零的情况下,不同的产权制度会产生不同的资源配置效率"。从人类社会发展的历史进程看,水资源稀缺情况的出现和加剧,导致水资源价值的提高,并由此引起水权配置管理和交易成本的增加,是水权分配制度产生和变迁的根本动因。因此,对国内外水权分配制度进行系统梳理,能够为我国现代水权分配制度的建设和完善以及水资源配置利用效率的提高提供重要的借鉴作用。

2.3.1 国外研究动态

由于受水资源条件及社会、经济、历史、法律和政治制度等的影响,世界各国均根据本国国情特征进行水权配置。美国、澳大利亚等一些发达国家的水权水市场建设起步较早,他们结合本国国情,开展了水权配置实践,建立了相对完善的水权制度体系和水管理体系。智利、斯里兰卡等一些发展中国家有关水权配置由用水户协商的做法相对成熟,有效地缓解了用水户之间的冲突。

2.3.1.1 发达国家研究动态

1)美国

美国水权管理历史悠久,水权管理经验较为丰富。美国水权法最初为殖民时期的河岸法(Riparian Doctrine),到了19世纪,西部干旱区采用的是优先占用法(Prior Appropriation Doctrine)。用水权的优先次序由各州政府认定。美国西部水权配置以加利福尼亚州为代表,其配置特点主要有以下几方面:

(1)组织机构。各州政府相继建立管理机构,以执行由相应的立法机构制定的水权法规,如加利福尼亚州设立水资源控制理事会,负责本州内水资源领域的仲裁和管理工作。

(2)水权的申请。1872年以前,加利福尼亚州的水权仅仅通过水的引取和有效利用即可获得,以实质性用水的时间先后进行排序。1872—1914年,则规定在拟引水地点张贴准备引水的告示,并把告示副本送政府备案,以此来获得水权。1914年后,任何人打算从河道内取水,无论是直接用水或是蓄入水库备用都必须向州水资源控制理事会提出申请。

(3)水权的优先顺序和裁定。申请人根据申请日期的先后,即"时先权先"原则,获得水权的优先顺序,但居民生活用水申请无论提出的先后顺序如何,都优先于任何其他申请。与美国西部大多数州一样,加利福尼亚州通过两种方式来裁定未明确的或存在争议的地表水使用权,第一种是由一个或多个要求使用本河系水资源的申诉人向水资源管理理事会提出申请;第二种是由法庭向水资源管理理事会提出委托书,此委托书表明这是一件发生在申诉人之间的民事案件。裁决内容包括:向每一个当事人明确水权、优先权、水量、用水季节、水的用途、用水地点、引水地点及其他必要的事项。

2)日本

日本的《河川法》作为该国创立的第一部有关河川水资源的法规,在经过100多年的实践及两次修改后,已形成了较完善的水权法律体系,从而为日本的河川行政提供了政策法规的保障。日本水权配置的特点主要表现为以下几方面:

(1)日本《河川法》规定河流属于公共财产,不允许将河流水资源归为私有。根据用水目的的不同,水权分为灌溉水权、工业水权、市政水权、水电水权和渔业水权等几种。除上述水权外,还有惯例水权,惯例水权是在干旱时期村民团体间发生水资源冲突时,由群众授权的团体在解决冲突的过程中建立和确认的。对于引水,还建立了上游优先权和原有稻田优先权的地方惯例。

(2)水权的授予遵循"时先权先"的总原则,同时新水权的授予不能扰乱现行用水和渔业经营活动。除这个总原则外还有以下三种情况:地方传统原则胜过"时先权先"总原则。如上游优先原则、原有水田优先原则就是这种特殊的传统水权;用户如果得到了水库用水权就不再受"时先权先"原则的约束,因为他们得到了水库中部分蓄水的使用权;临时水权或丰水年临时水权不遵从"时先权先"原则,因为它是一种有条件的水权。

(3)对水资源用途的限定。水权拥有者不能改变取水用途,如需改变,要放弃原有的水权,再重新申请新用途的水权。

(4)尊重历史习惯,尊重已形成的权属格局。日本《河川法》规定,新增用水使原水权方蒙受损失时,须由获许可的一方补偿损失。

3)英国

英国是实行河岸权的传统国家,最初水资源受国家普通法管辖,水权属于沿岸土地所有者所有。1963年,英国《水资源法》规定:"水属于国家所有。"除了政府所规定的获得使用水的权利外,任何人不得从水管理当局管辖范围内的任何水源取水,除非持有经主管当局批准的许可证方可按照许可证上的条款进行取水活动。而在用水优先顺序方面,还未作出特别规定,只对公益用水使用权有比较明确的规定:

(1)民用水。地表水两岸土地的占有者以及地下水资源含水层上面土地的占有者,为其生活和家庭一般用途目的,可以不受限制地自由用水。

(2)城市用水。对城市用水必须以地方当局和供水公司所达成的规则和协议供应相应的水量,收取相应的水费。对未达成协议的,将按照负责环境的国务大臣的裁决决定供水。

(3)农业用水。指用于农业目的,包括灌溉和牲畜饮用水。使用地表水进行喷灌,并非一定要获得许可证,但抽取地下水进行喷灌就需要获得许可证。

4)澳大利亚

澳大利亚最早的水权制度来源于英国的习惯法,实行河岸权制度,并且水权可以继承。20世纪初,由于认识到河岸权制度不适合相对缺水的实际情况,该国逐步推行了水资源国有制度。澳大利亚是联邦制国家,各州都可以通过立法来管理本行政区内的水资源,州内地表水、地下水、降水属州政府所有,并由政府控制水的分配使用及跨州河流水资源的使用,在联邦政府的协调下,由有关各州达成分水协议。水权从州到城镇到灌区到农户被层层分解。《维多利亚水法》把水权分为三种类型:批发水权、许可证、用水权。批发水权和许可证的取得一般要经过申请人提出申请、缴纳费用,由具有批发水权的管理机构按规定通过征求意见、调查研究,决定批准或不予批准申请、发布授权命令。对于获得批准拥有用水权的用户,附加有必须遵守的义务条件,包括取水比、用途、最大取水量、按时支付水费、承担河道保护和环境保护的责任、采取有效利用水资源的措施、补偿对他人的不利影响、计量设施的安装和使用等。

从以上几个典型发达国家的水权配置实践可以看出,基于实际水资源管理历史、目的以及水资源状况等因素,各发达国家在设计水权制度时都考虑到两个基本问题:①优先权问题。各国都遵循生存、生活、生态到生产的优先顺序,加大关乎民生的公共、安全领域和重点行业部门的水权优先力度,以利于实现水资源的合理有效利用。②公平基础上的效率问题。以上各国的水权制度都体现了公平性原则,但在水量不能同时满足同等级别的用水需求时,还将用水的有益性和效率纳入考虑范围以确定取舍。如日本《河川法》规定,对于两个以上相互抵触的用水申请,审批效益大者,不再考虑先提出者优先的传统做法。

2.3.1.2 发展中国家研究动态

1)智利

智利在实施初始水权配置时,特别强调分配的公平性,在尊重历史用水的基础上,集中实施了水权的重新分配,并由国家公共部门对初始水权的分配情况进行登记,充分发挥用水户协会的作用。在智利,用水户协会在水资源分配中发挥了重要作用,用水户协会负责管理水利设施、监督水资源的分配,并对一定条件下的水权转让进行审批,为水权转让相关利益主体提供了协商的平台,化解了各类水事冲突。

2)尼泊尔

在尼泊尔,利益相关者对水源的现有水权格局感到不满意,一是因为他们拥有水权却并没有取到水或者所获得的水权份额小于自认为应有的份额;二是因为现有水权关系是政府官员、政治家或者有控制权的利益相关者强加给他们的。因此,他们都要试图改变已存在的水权关系格局。这样一来,水权关系就不是永久性的,而是暂时性的,这就成为水权问题经常要协商的焦点。而协商只是其中的一个方法,这种方法在争议者双方关系友好的时候,才能发挥作用。在水权问题被放在一边或者转变为取水问题的时候,协商的方法很可能得到使用并取得成功,同取水的问题相比,水权问题很难通过协商的方式得到解决。

3)印度尼西亚

在印度尼西亚的巴厘岛,Subak 是带有社会宗教性质的一类农业团体,负责水资源管理、农作物生产,特别是与稻米种植相关的事务。协商存在于用水竞争的 Subak 之间,协商主要集中在水的配置和分送、耕种方式和种植计划等方面。①共用取水口的 Subak 之间的协商。Subak 内部成员之间已经确立了按比例的水权分配,但不同的 Subak 之间的水权分配并没有达成共识,Sungsang 灌区由曾有各自取水口的两个 Subak 合并而成,因此,政府决定促成两个

Subak 组成一个新共同体 Subak-gede,取得双赢,使双方共同合作和相互帮助,但由于合并后各自会有损失,因此两个 Subak 不愿意合并,所以需要进行协商。②上下游之间的协商。在 Tabanan 区,有很多 Subak 都从 Ho 河引取灌溉水。与 Subak 用水相关的协商焦点主要有两个:一是引水堰之间相互借水的程序过于烦琐,下游的一些 Subak 常常因为水得到太晚而耽误播种,因此需要通过 Subak-agung 内的协商加以简化;二是种植模式和种植计划不协调。

以上分析了智利、尼泊尔、印度尼西亚等发展中国家的水资源分配实践中存在的一些争议与冲突,以及相应的解决原则与方法。从以上发展中国家的水权争议解决过程可以看出:发展中国家将协商作为解决用水冲突的主要手段,其一,协商是一个长期的过程,不可能通过一次会谈就能解决所有问题;其二,协商不仅包括谈判桌上起草的协议、制定交易计划以及处理不太明显的取水争议,还包括用水户对国家机关或其他用水户和分水方式的意见。这些发展中国家与我国水资源条件、灌溉用水状况及社会经济发展水平都有相似之处,对于我国的水权配置研究具有一定的借鉴性。

2.3.2　国内研究动态

2.3.2.1　水权配置实践研究

我国水资源管理调配长期采用计划经济的手段,因水权界定不明晰,水资源严重短缺、用水浪费、污染严重、用水效益不高、生态环境用水不足等现象并存。2000 年 10 月 22 日,时任水利部部长的汪恕诚在中国水利学会第一届学术年会暨七届二次理事会上做了"水权和水市场——实现水资源优化配置的经济手段"的重要报告,正式提出了水权和水市场理论。

近年来,我国水权和水市场交易处于不断探索与完善阶段,先后在黄河、黑河、大凌河等流域开展了水权配置实践方面的探索,取得了明显进展。继1987 年编制黄河正常来水年及 1997 年编制黄河枯水年可供水量分配方案之后,2005 年以来,我国先后开展了许多流域的水权分配试点研究,试点流域包括塔里木河、黑河、石羊河、霍林河、大凌河、黄河、晋江、抚河、东江以及内蒙古沿黄六盟市。试点流域取得的实践经验和成效,值得我国其他流域参考借鉴。水权分配试点强有力地推动了我国水权分配制度的基本建立,促进了水权分配制度与中国基本国情水情、经济社会发展阶段总体相适应。

1) 黄河流域水权配置实践

黄河是中华民族的母亲河,同时也是我国西北、华北的重要水源。其以占全国河川径流 2%的有限水资源,担负着全国 12%的人口、17%的耕地和沿黄

50多座大中型城市的供水任务。随着沿黄地区经济社会的快速发展,引黄用水量大幅度增加,加之缺乏统一管理,黄河自1972年开始出现断流,20世纪八九十年代断流现象加剧。

针对黄河流域水资源存在的问题,1987年,国务院批准了《黄河可供水量分配方案》,首次明确了沿黄各省(自治区)的用水总量,为黄河水资源统一管理奠定了坚实基础。《黄河可供水量分配方案》作为正常来水年的水量分配方案,制定时主要考虑了黄河最大可能的供水能力、大中型水利工程的调节、河道输沙及河道内生态环境用水量等主要因素,将黄河水量580亿 m^3 分为两部分,一部分是输沙等生态用水210亿 m^3,剩余370亿 m^3 的黄河可供水量分配到流域内9个省(自治区)及相邻缺水地区(如河北省、天津市),为协调各省(自治区)之间的用水矛盾提供了依据。《黄河可供水量分配方案》实际上界定了沿黄各省(自治区)的初始水权。

经国务院批准,1998年12月14日国家计委、水利部联合颁布了《黄河可供水量年度分配及干流水量调度方案》和《黄河水量调度管理办法》,规定根据正常来水年份可供水量分配指标与当年可供水量比例,确定各省区年度分配指标,各月份分配指标原则上同比例压缩,按照年度分配指标对各省区实行总量控制,并规定了特殊干旱情况下的水量调度制度,为黄河水量统一调度提供了依据。这一系列的制度安排,事实上已经在流域各省区之间形成了完整的水权分配机制。

目前,关于黄河流域各省区内部不同行政区域之间的初始水权配置工作,宁夏、内蒙古两地的做法比较成熟。两地在进行初始水权配置时基本遵循了以下几项原则。

(1) 需求优先原则

以人为本,优先满足人类生活的基本用水需求;保障水资源可持续利用和生态环境良性维持,维系生态环境需水优先;尊重历史和客观现实,现状生产需求优先;遵循自然资源形成规律,产业布局与发展状况相同的情况下,水资源生成地需求优先;尊重价值规律,在同一行政区域内先进生产力发展的用水需求优先、高效益产业需求优先;维护粮食安全,农业基本灌溉需求优先。

(2) 依法逐级确定原则

根据水资源国家所有的规定,按照统一分配与分级管理相结合,兼顾不同地区的各自特点和需求,由各级政府依法逐级确定。

(3) 宏观指标与微观指标相结合原则

根据国务院分水指标,逐级进行分配,建立水资源宏观控制指标;根据自治区用水现状和经济社会发展水平,制定各行业和产品用水定额,促进节约用水,提高用水效率。重点关注的指标有:生态环境用水、现状用水、水源生成地用水、万元产值耗水量、粮食安全、农业产值。

（4）公开、公平、公正原则

为体现"公开、公平、公正"原则,流域建立了有效的协调和协商机制。在黄河水量调度过程中,采取召开年度、月水量调度会议的形式,沟通情况,协调问题,商定调度预案和方案。根据需求,在关键调度期还采取分河段召开协调会议或临时协商会议的形式,协商处理不同河段的用水矛盾或突发紧急事件。

（5）宏观调控原则

黄河干流水量统一调度和管理措施,使自20世纪70年代以来连续多年频繁断流的黄河实现了连续枯水年份不断流,有效协调和保证了黄河下游两岸的生活、生产用水,使黄河下游地区生态环境得到了明显改善。但是由于黄河水资源总量匮乏,沿黄各省区经济社会不断发展,供需矛盾依然长期存在,河道断流潜在威胁依然存在,为了缓解用水压力,国家启动了南水北调工程。

2）黑河流域水权配置实践

黑河是我国西部地区一条较大的内陆河,发源于青海省祁连山区,流经青海、甘肃、内蒙古三省区,流域总面积14.3万 km^2。黑河干流以莺落峡、正义峡为界,分为上、中、下游。上游位于青海省祁连山区,是黑河干流的径流产流区;中游位于甘肃省走廊平原区,土壤肥沃,光热资源充足,是依赖灌溉的农牧业经济区。其中,甘肃省张掖地区,地处古丝绸之路和今欧亚大陆桥之要地,农牧业开发历史悠久,享有"金张掖"之美誉;下游额济纳旗有我国重要的国防科研基地——酒泉卫星发射中心和长达507 km 的边境线。黑河下游沿岸和居延三角洲地带的额济纳绿洲,地处我国西部戈壁沙漠和巴丹吉林沙漠的中部,是阻挡风沙侵袭、保护生态的天然屏障。黑河流域生态环境的好坏,事关流域经济发展、民族团结、国防稳固的大局。长期以来,由于人口增长、经济发展、农牧业开垦面积不断扩大、经营方式粗放,中游地区用水数量持续增加,致使进入下游水量急剧减少,导致下游地区森林死亡、草场退化、沙漠化扩展,成为中国北方地区沙尘暴的主要沙源地之一。

为了保护人类赖以生存的生态环境,国家决定加大黑河流域治理力度,实施流域水资源统一管理。1997年,水利部转发了经国务院审批的《黑河干流水量分配方案》,在黑河流域实行用水总量控制,即在莺落峡多年平均年来水量15.8亿 m^3 时,分配正义峡下泄水量9.5亿 m^3。通过实施规划、编制年度用水计划和加强调度等措施,优先控制了流域用水总量,改善了下游生态环境,取得良好效果。

黑河流域水权配置实践充分考虑自身的特殊情况,遵循以下主要原则。

(1) 经济社会可持续发展原则

黑河流域第一层次水权配置是将上游山区下泄的水量在中游和下游之间进行配置。中游地区主要是农业灌溉用水,下游主要是生态用水和酒泉卫星发射中心国防用水。黑河流域水权配置实践是在黑河下游额济纳旗的几场沙尘暴持续袭击我国北方广大地区的背景下正式启动的,下游干涸的居延海和频繁出现的沙尘暴,成为黑河下游生态环境恶化的重要标志,加之北方其他河流的干旱断流,河流干涸带来的周边生态恶化问题影响了我国社会经济的发展,因此,经济社会可持续发展原则被列为黑河流域初始水权配置时要考虑的最重要原则之一。

(2) 提高用水效率和调整农业结构原则

黑河流域初始水权配置是在现状用水基础上,采取多种节水措施充分压缩中游的水量,为下游留有足够的水量。提高水资源综合利用效率,是黑河流域初始水权配置实践的又一原则。中游用水大户主要是农业,其灌溉方式和灌溉技术一直沿用历史传统的低效率模式,为了节约水资源、改善下游生态环境,流域管理机构要求各个灌区将初始水权明晰到用水户,积极开发利用节水技术并制定节水目标;调整农作物种植布局,减少高耗水的作物种植;增加退耕还林还草、饲草料基地建设、胡杨林栽培等,从而起到涵养水源的作用,增加生态环境初始水权。

(3) 分步实施、逐步到位的原则

由于黑河现状用水历史久远,调整难度较大,农业节水技术从投入到利用需要时间,因此,黑河流域初始水权方案在具体实施时,没有采取一步到位的方法,而是根据各区域具体情况,采取分步实施、逐步到位的原则,从 2000 年到 2003 年四年间,每年逐渐降低中游水权,最后一年实现了配置方案的要求。

黑河流域水权配置方案一出台就得到了下游额济纳旗百姓的拥护,因此,水权配置方案的执行主要在于和中游各农业经济区的协调。黑河水权配置方案提出,在来水偏枯的情况下,各地之间允许有±10%的偏差,若超出这个量,地方水行政部门将强制进行调整。

3) 大凌河流域水权配置实践

大凌河流域是水利部确定的首个初始水权分配试点流域,选取大凌河作为初始水权分配试点流域的原因主要表现在:首先,大凌河是一条独流入海、相对完整的流域,适宜单独开展初始水权分配工作;其次,大凌河流域面积为 2.38 万 km^2,多年平均地表水资源总量为 18.41 亿 m^3,初始水权分配规模较为适中;然后,大凌河跨河北、内蒙古、辽宁三省区,属跨界河流,初始水权分配具有典型代表性;同时,大凌河流域存在水事纠纷,但矛盾不算突出,初始水权分配易于操作;此外,大凌河流域内各省区的行业用水定额已编制完成,《松辽流域水资源综合规划》也已取得初步成果,为全面开展初始水权分配奠定了坚实基础;更为重要的是,作为大凌河流域内的主要省份和经济大省,辽宁省对初始水权分配的实际需求日益迫切。这六大原因促成了大凌河成为水利部开展的第一个初始水权分配试点流域。

继 2004 年 7 月水利部会同中国工程院组织召开大凌河流域初始水权分配实施方案专家咨询会之后,水利部于同年 11 月将大凌河正式确定为初始水权分配试点流域。2008 年 11 月 17 日,经国务院授权,水利部批复了《大凌河流域省区际水量分配方案》,该方案成为中国第一个严格按照水法规定的程序编报、由国务院授权水利部审批的省区际水量分配方案,并印发给流域内河北省、辽宁省和内蒙古自治区人民政府组织实施。该方案的批复标志着大凌河流域初始水权分配试点工作取得了重要的阶段性成果。《大凌河流域省(自治区)际水量分配方案》是一个较为完整的流域初始水权分配实践典范。

(1)水权配置原则

在征求大凌河流域辽宁省、河北省、内蒙古自治区各水行政主管部门的意见后,松辽委根据大凌河流域的具体情况,在编制水权配置方案时,主要考虑的配置原则有:

①水资源统一配置原则。大凌河流域地跨辽宁、河北和内蒙古三省区,在进行省区际初始水权配置时,松辽委始终坚持水资源流域统一配置的原则。依据松辽流域水资源综合规划、水资源调查评价、水资源开发利用情况调查评价、发展指标预测和需水量预测等工作成果,从流域整体情况出发,统筹兼顾生活、生产和生态用水,综合协调地表水、地下水、上下游、左右岸、干支流、开发利用和节约保护之间的关系,在三省区间公平地配置初始水权,促进水资源的可持续利用。

②公平、公正、公开原则。在初始水权配置过程中尊重各方的意见,以符合各省区人民群众的根本利益为出发点和落脚点,通过充分的民主协商,形成各方认可的初始水权配置方案,保证水权配置的公平性。

③水资源现状利用和发展需水统筹考虑原则。大凌河流域省区际初始水权配置将现状用水和发展需水统筹考虑,首先以松辽流域水资源综合规划、水资源开发利用情况调查评价成果为基础,通过用水合理性分析,明晰各省区现状初始水权,然后根据松辽流域水资源综合规划水权配置方案,确定各省区的发展需水限额。

④政府宏观调控、民主协商原则。大凌河流域初始水权配置实践框架以公

共管理、行政授权为主,民主协商机制为辅,水权交易为补充。配置过程坚持民主决策、科学决策,通过自下而上、自上而下的协商—反馈—再协商—再反馈—再平衡方式,充分发扬了民主,吸收了各方面的合理化意见和建议,切实保障了各方利益。在充分发扬民主基础上,局部利益服从整体利益。

⑤以供定需为主原则。流域社会经济发展和产业布局根据水资源条件,以水定发展。尊重社会发展、资源形成规律,相同产业发展水源地需求优先满足。

⑥总量控制与定额管理相结合原则。松辽委对各行政区域制定生活、生产、生态用水定额,根据流域和行政区域的水资源量和可利用量,制定水资源宏观控制指标,由上至下逐级进行各地区、各行业间的水权配置。

⑦分级确认原则。根据《取水许可和水资源费征收管理条例》,按照分级管理的原则,对初始水权进行重新确认,换发取水许可证。

⑧遵从生活、生态、生产用水的序位规则。大凌河流域在水权配置实践中,按照生活需水,最小生态环境需水,第二、三产业需水、农业灌溉需水的序位规则配置水权。

(2) 协商调整事项

2006年4月,松辽委编制完大凌河流域省区际水量分配方案征求意见稿后,松辽委多次征求各省区意见,若各省区所提意见合理,则对相关内容进行协商调整;若所提意见不合理,没有科学依据,则按照原来方案强制执行。协商调整的事项主要有:

①经济社会发展指标问题。河北省建议修改该省的流域城镇人口和牲畜数量,内蒙古自治区建议修改规划年的社会经济发展指标、需水定额和需水量,松辽委调查研究后修改了相关数据。

②现状用水问题。现状用水是历史上各种复杂用水因素联合作用形成的结果,一定程度上反映了各种力量的均衡,尊重现状原则是指水量分配时要充分、认真地考虑现状水平年的实际情况,对过高的用水定额和用水量适当核减,对因某些特殊原因造成的过低的用水定额和用水量适当调高。葫芦岛市对《辽宁省大凌河流域水量分配方案(征求意见稿)》中确认的该市现状用水量有异议,认为意见稿中的现状用水量偏低,松辽委核实后,增加了葫芦岛市现状用水量。

③用水定额确认问题。在制订未来发展用水时,城镇及农村生活用水定额应遵循就高不就低的原则,在《辽宁省大凌河流域水量分配方案(征求意见稿)》制订的这几年中,朝阳市城市化发展速度加快,未来预期达到辽宁省城市化的平均水平,松辽委在拟定该市未来发展用水时没有考虑到该情况,朝阳市和其协商,想通过减少农业用水量增加城市用水量,松辽委批准了该市的要求。

④水源地需求优先满足问题。在征求意见过程中,河北省建议初始水权配置应体现地域优先原则,水源地和上游地区具有使用水资源的优先权。根据大凌河省际水量配置"以供定需"原则,松辽委接受了这一意见。以供定需原则要求流域社会经济发展和产业布局考虑水资源条件,以水定发展;尊重社会发展、资源形成规律,相同产业发展水资源生成地需求优先满足。

在通过多次协商调整,各省区充分理解并普遍接受配置方案后,国务院授权水利部发文批复大凌河流域初始水权分配方案,各省区必须遵照执行水利部批复的方案。

以上三大流域初始水权配置实践都经历了酝酿、产生、批准和实施四个阶段,为缓解各流域具有水资源需求紧张,保障经济、社会、生态环境可持续发展起到了非常重要的作用,有力地促进了我国水权制度建设的进一步发展。由于三大流域具有水资源供求紧张、生态环境恶化、用水冲突不断、开发不当、浪费严重等共性特征,因此其对于其他流域初始水权配置实践具有一定的指导意义。

2.3.2.2　水权管理制度研究

1) 新中国成立前水权管理制度

在人类社会的原始阶段,水资源相对充裕,往往处于开放利用状态,即取即用,因而也缺乏相应的水权分配与管理制度。然而随着人类社会规模的扩大,人口数量相对于水资源的数量增长时,不可避免地会出现用水竞争局面,水资源利用的矛盾越来越尖锐,上下游和左右岸之间、地表水与地下水之间、工业用水和农业用水之间、经济用水与生态环境用水之间的冲突越来越明显,相应的水权分配与管理制度便应运而生。

我国自古以来一直以农业为主要生产形式,作为农业命脉的水资源则相应地占有突出地位,水权分配主要是农业灌溉用水权的分配。贯穿整个古代社会的灌溉用水权分配的总原则是"均平"。平均分配、均衡受益的思想见于各种水事法规和地方志中。

春秋战国时期,我国开始出现人工灌溉技术,人们最初利用的是井灌,而后开始使用引水灌溉。诸侯各国为了增强自身的实力,十分重视通渠灌田,竞相修筑堤防等水利工事。各诸侯国之间为了调整水利矛盾,在其盟会盟约中制定了一些相关的水利条文和协议。如齐、宋的"无障谷"条约;齐、陈、楚的"毋堕堤"条约等。尽管这一时期对水资源管理已经有了相应的管理活动和制度,但往往是一种随意的、非正式的制度,同时缺乏专门的、正式的管理机构。

自秦朝统一各国后,开始强调用统一的制度来统治和管理国家,对于水事管理,由中央政府派出机构和官员专职督办江河治理。西汉时期,国家设立了比较完善的水事管理机构,中央设都水长、丞,并在少府等官职下设都水官。

汉朝时期,国家对用水进行严格的限定,制定了我国最早的农田灌溉用水制度。据《汉书·倪宽传》记载,汉武帝元鼎年间,倪宽首次制定了灌溉用水制度"定水令,以广灌田",进一步促进了人们合理用水,扩大了浇田面积,这标志着我国古代水利成文法规的正式产生。在用水制度的法令中,明确了用水顺序权,即首先满足生活用水、漕运、润陵等统治阶级的特殊用水需要;其次满足灌溉用水需要。

唐代时期,为了保证整个灌区的均衡受益,颁布了《水部式》,规定分水的原则"务使均普,不得偏并"。在用水优先权上,明确以灌溉用水最为优先,航运用水次之,水磨最后。在控制用水和水量调配上,唐代的关中地区用水管理措施细、制度严,灌溉工程用水管理靠斗门节制。此外,唐代开始实行有偿用水制度,水利工程的建设和维护主要靠用水受益户进行分摊。

宋代时期,颁布了《农田水利约束》,从法律上加强了水的公有性,提出完善水资源管理制度,鼓励兴办农田水利,并将此作为政府官员考核的重要内容。元朝的水资源管理政策、法规更为周详,强调政府在分水、均水方面起主导作用,将土地面积作为水量分配的主要依据,颁布了《用水则例》,提出采用"申贴制"进行水管理。宋元时期在人、耕地、经济生活等因素上与唐朝时期无明显变化,因此,水资源管理制度实质上主要还是沿用了唐朝的水管理制度,只是在内容的表述上更加详细具体。

明清时期,用水管理制度最明显的变革是水权与地权的关系发生了实质性的转变,用水管理制度由"申贴制"演变为"水册制",水资源的分配原则是"按地定水",水权分配的依据是地权,即"水随地行"。用水管理形式转变为由地方政府参与管理与民间自主管理相结合的方式。如汾河、渭河流域灌区出现了灌区选举的民主管理方法。

民国时期,借鉴西方先进国家的水利管理规章制度,实行公共水权制度,水资源所有权归国家,水资源使用权采用申请登记制度管理。1942年,国民政府颁布了《水利法》。《水利法》第十三条将"水权"定义为"依法对地面水或地下水取得使用或收益之权"。第十五条对用水次序进行了规定:①家用及公共给水;②农田用水;③工业用水;④水运;⑤其他用途。此外,民国政府发布了《水利法施行细则》,详细阐述了水权登记步骤、临时用水权的申请获得和撤销。

20世纪30年代前后,国民政府在主要江河设置了流域管理机构,如扬子江水利委员会、黄河水利委员会、导淮委员会、华北水利委员会、珠江水利局、太湖流域水利委员会,并着手编制流域综合规划。流域管理机构主要在治理河患方面统一管理,而引水灌溉则由地方管理,各自为政。这反映了当时的政府有意愿实施统一管理与流域管理相结合的管理制度,但由于经济、技术落后及长期战乱,各流域综合规划尚未完成和实施,大部分江河流域未得到治理、开发。

2) 新中国成立后水权管理制度

新中国成立以来,随着国民经济和社会的快速发展,用水总量已经远远超过水资源承载能力,缺水成为常态,引发了河流断流、湖泊萎缩、湿地退化、地面沉降和海水入侵等一系列生态与环境问题。同时,我国正处在工业化、城市化高速发展阶段,经济快速发展,城市人口不断增加,用水需求仍呈刚性增长趋势。为满足经济社会发展用水需求的快速增长,改善生态环境,在党中央新时期治水方针的指引下,我国积极创新水资源管理体制和机制,完善水权分配与管理制度建设,以指导水权分配与管理实践。水利部相继出台了水量分配、水权转换等政策框架或指导性意见,主要包括《中华人民共和国水法》《水利部关于印发水权制度建设框架的通知》《水利部关于水权转让的若干意见》《取水许可和水资源费征收管理条例》《水量分配暂行办法》《关于实行最严格水资源管理制度的意见》《水污染防治行动计划》等政策法规。同时,制定完成了重要江河湖泊的水量分配方案,逐步完成其他江河湖泊的水量分配方案。这些成果丰富和健全了我国的水权制度建设理论体系,同时也为水权市场的建立与实践探索提供了积极的指导作用。

(1)《中华人民共和国水法》

a.《中华人民共和国水法》(1988年版)

《中华人民共和国水法》是中国调整水事关系的基本法律,对制定水的长期供求计划、调蓄径流和水量分配做了明确规定,于1988年7月1日起施行。《中华人民共和国水法》第三条规定:"水资源属于国家所有,即全民所有。农业集体经济组织所有的水塘、水库中的水,属于集体所有。国家保护依法开发利用水资源的单位和个人的合法权益。"第九条规定:"国家对水资源实行统一管理与分级、分部门管理相结合的制度。国务院水行政主管部门负责全国水资源的统一管理工作。国务院其他有关部门按照国务院规定的职责分工,协同国务院水行政主管部门,负责有关的水资源管理工作。县级以上地方人民政府水行政主管部门和其他有关部门,按照同级人民政府规定的职责分工,负责有关的水资源管理工作。"

《中华人民共和国水法》第十一条规定:"开发利用水资源和防治水害,应当按流域或者进行统一规划。规划分为综合规划和专业规划。"第十三条规定:"开发利用水资源,应当服从防洪的总体安排,实行兴利与除害相结合的原则,兼顾上下游、左右岸和地区之间的利益,充分发挥水资源的综合效益。"第十四条规定:"开发利用水资源,应当首先满足城乡居民生活用水,统筹兼顾农业、工业用水和航运需要。在水源不足地区,应当限制城市规模和耗水量大的工业、农业的发展。"

《中华人民共和国水法》第二十五条规定:"开采地下水必须在水资源调查评价的基础上,统一规划,加强监督管理。在地下水已经超采的地区,应当严格控制开采,并采取措施,保护地下水资源,防止地面沉降。"第三十五条规定:"地区之间发生的水事纠纷,应当本着互谅互让、团结协作的精神协商处理;协商不成的,由上一级人民政府处理。在水事纠纷解决之前,未经各方达成协议或者上一级人民政府批准,在国家规定的交界线两侧一定范围内,任何一方不得修建排水、阻水、引水和蓄水工程,不得单方面改变水的现状。"

综合《中华人民共和国水法》的法规条例来看,一方面,明确了水资源属于国家所有,国家对水资源实行统一管理与分级、分部门管理。水资源利用强调了流域统一规划的重要性,提出了必须兼顾上下游、左右岸和地区之间的利益,充分发挥水资源的综合效益。另一方面,随着新中国成立后工业的快速发展和人民生活用水的增加,水资源利用强调首先满足城乡居民生活用水,统筹兼顾经济发展的农业、工业用水和航运需要,严格限制城市规模和耗水量大的工农业发展,并提出了严控地下水开采的重要性。此外,初步引入协商机制解决地区之间的水事纠纷,并强调由上级政府部门进行行政仲裁处理。但总体来看,这一时期的《中华人民共和国水法》尚不完善,并没有明确制定水量分配的具体政策措施以及不同行业之间用水的优先序位,未指明生态环境用水在经济社会发展中的重要性,对水资源利用的公平性与效率性缺乏综合考虑。

b.《中华人民共和国水法》(2002 年修订版)

2002 年 8 月 29 日,修订后的《中华人民共和国水法》发布,并于 2002 年10 月 1 日起施行。修订后的《中华人民共和国水法》是对 1988 年实施的《中华人民共和国水法》的进一步完善。修订后的《中华人民共和国水法》第三条规定:"水资源属于国家所有。水资源的所有权由国务院代表国家行使。农村集体经济组织的水塘和由农村集体经济组织修建管理的水库中的水,归各该农村集体经济组织使用。"

修订后的《中华人民共和国水法》第四十五条明确规定:"调蓄径流和分配水量,应当依据流域规划和水中长期供求规划,以流域为单元制定水量分配方案。跨省、自治区、直辖市的水量分配方案和旱情紧急情况下的水量调度预案,由流域管理机构商有关省、自治区、直辖市人民政府制订,报国务院或者其授权的部门批准后执行。"第五十六条规定:"不同行政区域之间发生水事纠纷的,应当协商处理;协商不成的,由上一级人民政府裁决,有关各方必须遵照执行。"第五十七条规定:"单位之间、个人之间、单位与个人之间发生的水事纠纷,应当协商解决;当事人不愿协商或者协商不成的,可以申请县级以上地方人民政府或者其授权的部门调解,也可以直接向人民法院提起民事诉讼。"

综合修订后的《中华人民共和国水法》的法规条例来看,一方面,修订后的《中华人民共和国水法》虽未明确提出水权界定的概念,但其指明了水权分配需要以流域为单元,明确规定水量分配方案经批准后,有关地方人民政府必须执行。水量分配方案实际上就是流域内各省、自治区、直辖市获得的水资源使用权。同时,修订后的《中华人民共和国水法》以1988年实施的《中华人民共和国水法》为基础,进一步明确了发生水事纠纷时水权协商的重要性。另一方面,修订后的《中华人民共和国水法》明确了水资源在生活、生产、生态环境"三生"系统中是不可或缺的要素,强调总量控制与定额管理相结合。水资源的生态性和公共服务性,使得水资源具有较高的公共物品性,水资源使用时会表现出较多的外部性。水资源的战略地位使得政府对水资源保持较强的控制,一定程度上政府需要通过加强集中管制,调节水资源在时空分布上的不均衡性造成的不公平性。

总体来看,修订后的《中华人民共和国水法》进一步细化了水权分配的宏观调控与相关法律法规等政策措施,强调水量分配不仅是不同区域之间或不同用户之间的分配,更包含人与自然的分配,凸显了生态环境用水的重要性。该法规条例是新中国成立后在政府宏观调控的主导作用下,对早期形成的水权分配制度的强制性制度变迁。

(2)《水利部关于印发水权制度建设框架的通知》

2005年1月11日,水利部发布了《水利部关于印发水权制度建设框架的通知》(水政法〔2005〕12号),编制了《水权制度建设框架》,提出了从水资源所有权、使用权和水权流转三个方面建设中国水权制度。《水权制度建设框架》作为开展水权制度建设的指导性政策文件,要求各级水利部门充分认识水权制度建设的重要性,结合实际,有重点、有步骤、有计划地开展相关制度建设,逐步建立适合我国国情、水情的水权制度体系。在《水权制度建设框架》中,进一步明确了水权分配的基本原则,主要包括:

①可持续利用原则。水资源配置要考虑代际间分配的平衡和生态要求,以水资源承载力和水环境承载力作为水权配置的约束条件,利用流转机制促进水资源的优化配置和高效利用。

②统一管理、监督的原则。实施科学的水权管理的前提是水资源统一管理。水资源统一管理必须坚持流域管理与行政区域管理相结合、水量与水质管理相结合、水资源管理与水资源开发利用工作相分离的原则。

③优化配置原则。要按照总量控制和定额管理双控制的要求配置水资源。

根据区域行业定额、人口经济布局和发展规划、生态环境状况及发展目标预定区域用水总量,在以流域为单元对水资源可配置量和水环境状况进行综合平衡后,最终确定区域用水总量。区域根据总量控制的要求,按照用水次序和行业用水定额,通过取水许可制度的实施,对取用水户进行水权的分配。各地在进行水权分配时要留有余地,考虑救灾、医疗、公共安全以及其他突发事件的用水要求和地区经济社会发展的潜在要求。国家可根据经济社会发展要求对区域用水总量进行宏观调配,区域也要根据技术经济发展状况和当地可利用水量,及时调整行业用水定额。国家还要建立水权流转制度,促进水资源的优化配置。

④权、责、义统一的原则。清晰界定政府的权力和责任以及用水户的权利和义务,并做到统一。

⑤公平与效率的原则。建立健全水权制度,公平和效率既是出发点,也是归属。在水权配置过程中,充分考虑不同地区、不同人群生存和发展的平等用水权,并充分考虑经济社会和生态环境的用水需求。合理确定行业用水定额、确定用水优先次序、确定紧急状态下的用水保障措施和保障次序。

⑥政府调控与市场机制相结合的原则。建立健全水权制度,既要保证政府调控作用,防止市场失效,又要发挥市场机制的作用,提高配置效率。

此外,《水利部关于印发水权制度建设框架的通知》提出了我国水权制度建设包括建设流域水资源分配的协商机制以及区域用水矛盾的协调仲裁机制。提出建立利益相关者利益表达机制,如听证等,通过政府调控和用水户参与相结合,完善水权分配的协商制度。

综合《水利部关于印发水权制度建设框架的通知》的政策指导意见来看,一方面,水权分配重点强调政府宏观调控的主导作用,明确在用水总量控制制度约束下,以国民经济和社会发展规划为依据,加强政府统一管理与监督,实施总量控制与定额管理制度相结合,以用水公平优先、兼顾效率为主要原则,实现流域水资源的可持续利用;另一方面,水权分配强调坚持流域管理与行政区域管理相结合,建立健全流域水权分配协商机制与协调仲裁机制,以充分体现流域内所辖区域水权相关利益主体的利益诉求。同时,充分发挥政府"有形之手"和市场"无形之手"的共同作用,政府调控与市场机制相结合,既防止市场失效,又有效利用市场机制提高水资源的配置效率。《水利部关于印发水权制度建设框架的通知》为进一步完善我国水权分配制度、加快推进我国水权配置实践提供了重要指导。

(3)《水利部关于水权转让的若干意见》

为健全水权转让的政策法规,规范水权转让行为,促进水资源的高效利用和优化配置,实现水资源可持续利用。2005年1月11日,水利部颁布了《水利部关于水权转让的若干意见》(水政法〔2005〕11号),自公布之日起生效。《水利部关于水权转让的若干意见》提出解决我国水资源短缺的矛盾,最根本的办法是建立节水防污型社会,实现水资源优化配置,提高水资源的利用效率以及社会、经济与生态环境的综合效益。该政策明确了水权转让的基本原则,主要包括:

①水资源可持续利用的原则。水权转让既要尊重水的自然属性和客观规律,又要尊重水的商品属性和价值规律,适应经济社会发展对水的需求,统筹兼顾生活、生产、生态用水,以流域为单元,全面协调地表水、地下水、上下游、左右岸、干支流、水量与水质、开发利用和节约保护的关系,充分发挥水资源的综合功能,实现水资源的可持续利用。

②政府调控和市场机制相结合的原则。水资源属国家所有,水资源所有权由国务院代表国家行使,国家对水资源实行统一管理和宏观调控,各级政府及其水行政主管部门依法对水资源实行管理。充分发挥市场在水资源配置中的作用,建立政府调控和市场调节相结合的水资源配置机制。

③公平和效率相结合的原则。在确保粮食安全、稳定农业发展的前提下,为适应国家经济布局和产业结构调整的要求,推动水资源向低污染、高效率产业转移。水权转让必须首先满足城乡居民生活用水,充分考虑生态系统的基本用水,水权由农业向其他行业转让必须保障农业用水的基本要求。水权转让要有利于建立节水防污型社会,防止片面追求经济利益。

④产权明晰的原则。水权转让以明晰水资源使用权为前提,所转让的水权必须依法取得。水权转让是权利和义务的转移,受让方在取得权利的同时,必须承担相应义务。

⑤公平、公正、公开的原则。要尊重水权转让双方的意愿,以自愿为前提进行民主协商,充分考虑各方利益,并及时向社会公开水权转让的相关事项。

⑥有偿转让和合理补偿的原则。水权转让双方主体平等,应遵循市场交易的基本准则,合理确定双方的经济利益。因转让对第三方造成损失或影响的必须给予合理的经济补偿。

此外,《水利部关于水权转让的若干意见》进一步明确了水权转让的限制范围、水权转让的转让费、水权转让的年限、水权转让的监督管理等政策内容。

综合《水利部关于水权转让的若干意见》的政策指导意见来看,水权转让制度是中国水权制度建设的重要组成部分,着眼于培养水权交易市场,对通过水权市场交易完成的二次配置进行规范,在区域取水许可总量的控制指标内配置取水限额。一方面,水权转让的前提是明晰界定水权,各级政府及其水行政主管部门依法对水资源实行管理,统筹兼顾生活、生产、生态环境用水。流域及其所辖区域的水资源可利用量应优先满足自身发展的用水需求,其中首先满足城乡居民生活用水,充分考虑生态环境系统的基本用水,保障农业用水的基本要求,确保粮食安全、稳定农业发展。当流域及其所辖区域的水资源可利用量无法满足自身用水需求时,不得进行水权转让。同时为保障水资源的可持续利用,生态环境分配的水权不得转让。此外,在地下水限采区开采的地下水资源可利用量,不得进行水权转让。另一方面,水权转让的目的是适应国家经济布局和产业结构调整的要求,推动水资源向低污染、高效率产业转移,同时防止片面追求经济利益,有利于建立节水防污型社会。此外,水权转让必须充分发挥平等协商的作用,对第三方造成损失或影响时,必须给予合理的经济补偿。

(4)《取水许可和水资源费征收管理条例》

2006年2月21日,国务院颁布了《取水许可和水资源费征收管理条例》,并于2006年4月15日起施行。《取水许可和水资源费征收管理条例》第五条明确规定:"取水许可应当首先满足城乡居民生活用水,并兼顾农业、工业、生态与环境用水以及航运等需要。省、自治区、直辖市人民政府可以依照本条例规定的职责权限,在同一流域或者区域内,根据实际情况对前款各项用水规定具体的先后顺序。"第六条规定:"实施取水许可必须符合水资源综合规划、流域综合规划、水中长期供求规划和水功能区划,遵守依照《中华人民共和国水法》规定批准的水量分配方案;尚未制定水量分配方案的,应当遵守有关地方人民政府间签订的协议。"

《取水许可和水资源费征收管理条例》第十五条规定:"批准的水量分配方案或者签订的协议是确定流域与行政区域取水许可总量控制的依据。跨省、自治区、直辖市的江河、湖泊,尚未制定水量分配方案或者尚未签订协议的,有关省、自治区、直辖市的取水许可总量控制指标,由流域管理机构根据流域水资源条件,依据水资源综合规划、流域综合规划和水中长期供求规划,结合各省、自治区、直辖市取水现状及供需情况,商有关省、自治区、直辖市人民政府水行政主管部门提出,报国务院水行政主管部门批准;设区的市、县(市)行政区域的取水许可总量控制指标,由省、自治区、直辖市人民政府水行政主管部门依据本省、自治区、直辖市取水许可总量控制指标,结合各地取水现状及供需情况制定,并报流域管理机构备案。"

《取水许可和水资源费征收管理条例》第十六条规定:"按照行业用水定额核定的用水量是取水量审批的主要依据。省、自治区、直辖市人民政府水行政主管部门和质量监督检验管理部门对本行政区域行业用水定额的制定负责指导并组织实施。尚未制定本行政区域行业用水定额的,可以参照国务院有关行业主管部门制定的行业用水定额执行。"第三十九条规定:"年度水量分配方案和年度取水计划是年度取水总量控制的依据,应当根据批准的水量分配方案或者签订的协议,结合实际用水状况、行业用水定额、下一年度预测来水量等制定。"

此外,《取水许可和水资源费征收管理条例》第二十五条规定:"取水许可证有效期限一般为 5 年,最长不超过 10 年。有效期届满,需要延续的,取水单位或者个人应当在有效期届满 45 日前向原审批机关提出申请,原审批机关应当在有效期届满前,作出是否延续的决定。"

综合《取水许可和水资源费征收管理条例》的政策指导意见来看,一方面,取水许可必须以水资源综合规划、流域综合规划、水中长期供求规划和水功能区划为指导依据,按照修订的《中华人民共和国水法》规定批准的水量分配方案进行取用水。同时,结合实际用水状况、行业用水定额、下一年度预测来水量等,制定年度水量分配方案和年度取水计划。另一方面,取水许可必须以总量控制指标为指导约束,按照"流域—省区—市区—县区"的层级结构,制定行政区域的行业用水定额,进行层层分解配置。此外,进一步明确了取水许可证的有效期限为 5 年,最长不超过 10 年。

(5)《水量分配暂行办法》

2007 年 12 月 5 日,水利部颁布了《水量分配暂行办法》,并于 2008 年 2 月起施行。《水量分配暂行办法》第二条规定:"水量分配是对水资源可利用总量或者可分配的水量向行政区域进行逐级分配,确定行政区域生活、生产可消耗的水量份额或者取用水水量份额。"第三条规定:"本办法适用于跨省、自治区、直辖市的水量分配和省、自治区、直辖市以下其他跨行政区域的水量分配。跨省、自治区、直辖市的水量分配是指以流域为单元向省、自治区、直辖市进行的水量分配。省、自治区、直辖市以下其他跨行政区域的水量分配是指以省、自治区、直辖市或者地市级行政区域为单元,向下一级行政区域进行的水量分配。"

《水量分配暂行办法》第五条规定:"水量分配应当遵循公平和公正的原则,充分考虑流域与行政区域水资源条件、供用水历史和现状、未来发展的供水能力和用水需求、节水型社会建设的要求,妥善处理上下游、左右岸的用水关系,协调地表水与地下水、河道内与河道外用水,统筹安排生活、生产、生态与环境用水。"第六条规定:"水量分配应当以水资源综合规划为基础。尚未制定水资源综合规划的,可以在进行水资源及其开发利用的调查评价、供需水预测和供需平衡分析的基础上,进行水量分配试点工作。跨省、自治区、直辖市河流的试点方案,经流域管理机构审查,报水利部批准;省、自治区、直辖市境内河流的试点方案,经流域管理机构审核后,由省级水行政主管部门批准。水资源综合规划制定或者本行政区域的水量份额确定后,试点水量分配方案不符合要求的,应当及时进行调整。"

《水量分配暂行办法》第七条规定:"省、自治区、直辖市人民政府公布的行业用水定额是本行政区域实施水量分配的重要依据。流域管理机构在制订流域水量分配方案时,可以结合流域及各行政区域用水实际和经济技术条件,考虑先进合理的用水水平,参考流域内有关省、自治区、直辖市的用水定额标准,经流域综合协调平衡,与有关省、自治区、直辖市人民政府协商确定行政区域水量份额的核算指标。"第八条规定:"为满足未来发展用水需求和国家重大发展战略用水需求,根据流域或者行政区域的水资源条件,水量分配方案制订机关可以与有关行政区域人民政府协商预留一定的水量份额。预留水量的管理权限,由水量分配方案批准机关决定。预留水量份额尚未分配前,可以将其相应的水量合理分配到年度水量分配方案和调度计划中。"

此外,《水量分配暂行办法》第九条规定:"水量分配应当建立科学论证、民主协商和行政决策相结合的分配机制。水量分配方案制订机关应当进行方案比选,广泛听取意见,在民主协商、综合平衡的基础上,确定各行政区域水量份额和相应的流量、水位、水质等控制性指标,提出水量分配方案,报批准机关审批。"

综合《水量分配暂行办法》的政策指导意见来看,《水量分配暂行办法》首次对跨行政区域的水量分配原则、机制作了较全面的规定,要求在统筹考虑生活、生产和生态与环境用水的基础上,将一定量的水资源作为分配对象,向行政区域进行逐级分配,确定行政区域生活、生产、生态环境的水量份额。同时,重点强调规划先行,在水资源综合规划的基础上,国家通过法定程序把水资源使用权授予各个地区、各个部门以及单位和个人,实现水资源使用权的分配。

(6)《关于实行最严格水资源管理制度的意见》

2009年1月,全国水利工作会议明确提出"从我国的基本水情出发,必须实现最严格的水资源管理制度"。2009年3月,时任水利部部长陈雷同志就实行最严格水资源管理制度作了全面动员和部署,指出当前的重点任务是建立并落实水资源管理的"三条红线"。2011年中央1号文件《中共中央 国务院关于加快水利改革发展的决定》明确要求,实行最严格水资源管理制度,主要任务是建立四项制度,确立并落实水资源管理"三条红线",并建立和完善水资源监控系统。同时提出,水利设施薄弱仍然是国家基础设施的明显短板,要落实最严格水资源管理制度,必须要加快水利设施建设,夯实管水基础。

同年,国务院批复了《全国重要江河湖泊水功能区划》(国函〔2011〕167号),按照河湖水域功能,设置了水质目标,作为水资源保护的重要依据,其中81%的水功能区水质目标确定为Ⅲ类或优于Ⅲ类。水功能区限制纳污红线,是以全国重要江河湖泊水功能区划为基础,按照水功能区保护设定的水质目标,推算出河流或湖泊容纳污染物的最大容量,并按照这一容量,严格控制进入江河湖泊水体的污染物总量。

2012年1月,国务院发布了《关于实行最严格水资源管理制度的意见》,确立了"三条红线",即水资源开发利用控制红线、用水效率控制红线、水功能区限制纳污红线。其中,水资源开发利用控制红线是一个时期内,流域、区域开发利用水资源的上限;用水效率控制红线是区域、行业的用水效率应达到的下限;水功能区限制纳污红线是控制入河湖排污总量的上限。《关于实行最严格水资源管理制度的意见》进一步明确了2030年水资源管理的阶段性目标:一是确立水资源开发利用控制红线,到2030年全国用水总量控制在7 000亿m³以内。二是确立用水效率控制红线,到2030年用水效率达到或接近世界先进水平,万元工业增加值用水量降低到40 m³以下,农田灌溉水有效利用系数提高到0.6以上。三是确立水功能区限制纳污红线,到2030年主要污染物入河湖总量控制在水功能区纳污能力范围之内,水功能区水质达标率提高到95%以上。

同时,《关于实行最严格水资源管理制度的意见》确立了四项制度:一是用水总量控制制度。加强水资源开发利用控制红线管理,严格实行用水总量控制,包括严格规划管理和水资源论证,严格控制流域和区域取用水总量,严格实施取水许可,严格水资源有偿使用,严格地下水管理和保护,强化水资源统一调度。二是用水效率控制制度。加强用水效率控制红线管理,全面推进节水型社会建设,包括全面加强节约用水管理,把节约用水贯穿于经济社会发展和群众生活生产全过程,强化用水定额管理,加快推进节水技术改造。三是水功能区限制纳污制度。加强水功能区限制纳污红线管理,严格控制入河湖排污总量,包括严格水功能区监督管理,加强饮用水水源地保护,推进水生态系统保护与修复。四是水资源管理责任和考核制度。将水资源开发利用、节约和保护的主要指标纳入地方经济社会发展综合评价体系,县级以上人民政府主要负责人对本行政区域水资源管理和保护工作负总责。

综合《关于实行最严格水资源管理制度的意见》的政策指导意见来看,《关于实行最严格水资源管理制度的意见》是继2011年中央1号文件和中央水利工作会议明确要求实行最严格水资源管理制度以来,国务院对实行该制度作出的全面部署和具体安排,提出了实行最严格水资源管理制度的指导思想、基本原则、主要目标、管理和保障措施,是指导当前和今后一个时期我国水资源工作的纲领性文件。一方面,国家将水资源要素作为经济布局、产业发展、结构调整的约束性、控制性和先导性指标,并通过确立"三条红线"、建立"四项制度",规范、约束和引导用水行为,倒逼经济发展方式转变,以水定产、以水定发展、用好水资源调控这一"闸门",实现水资源合理开发、高效利用和有效保护,促进经济社会发展与水资源水环境承载能力相协调。另一方面,最严格水资源管理制度体系的最大亮点,是建立水资源管理责任和考核制度,作为落实最严格水资源管理制度的根本保障,对各项制度实施情况进行严格监管,对分阶段目标的实现情况进行考核,强化用水需求和过程管理,确保实现"三条红线"的目标。

(7)《水污染防治行动计划》

2015 年 2 月,《水污染防治行动计划》(简称"水十条",最早叫"水计划",对应已经出台的"大气十条",改为"水十条")获得国务院常务会议通过,4 月 2 号正式印发。

《水污染防治行动计划》明确了具体的工作目标:"到 2020 年,全国水环境质量得到阶段性改善,污染严重水体较大幅度减少,饮用水安全保障水平持续提升,地下水超采得到严格控制,地下水污染加剧趋势得到初步遏制,近岸海域环境质量稳中趋好,京津冀、长三角、珠三角等区域水生态环境状况有所好转。到 2030 年,力争全国水环境质量总体改善,水生态系统功能初步恢复。到本世纪中叶,生态环境质量全面改善,生态系统实现良性循环。"

《水污染防治行动计划》确立了主要指标:"到 2020 年,长江、黄河、珠江、松花江、淮河、海河、辽河等七大重点流域水质优良(达到或优于Ⅲ类)比例总体达到 70%以上,地级及以上城市建成区黑臭水体均控制在 10%以内,地级及以上城市集中式饮用水水源水质达到或优于Ⅲ类比例总体高于 93%,全国地下水质量极差的比例控制在 15%左右,近岸海域水质优良(一、二类)比例达到 70%左右。京津冀区域丧失使用功能(劣于Ⅴ类)的水体断面比例下降 15 个百分点左右,长三角、珠三角区域力争消除丧失使用功能的水体。到 2030 年,全国七大重点流域水质优良比例总体达到 75%以上,城市建成区黑臭水体总体得到消除,城市集中式饮用水水源水质达到或优于Ⅲ类比例总体为 95%左右。"

《水污染防治行动计划》第三条重点提出了着力节约保护水资源,具体内容包括:

①控制用水总量

第一,实施最严格水资源管理。健全取用水总量控制指标体系,加强相关规划和项目建设布局水资源论证工作,国民经济和社会发展规划以及城市总体规划的编制、重大建设项目的布局,应充分考虑当地水资源条件和防洪要求。对取用水总量已达到或超过控制指标的地区,暂停审批其建设项目新增取水许可。对纳入取水许可管理的单位和其他用水大户实行计划用水管理。新建、改建、扩建项目用水要达到行业先进水平,节水设施应与主体工程同时设计、同时施工、同时投运。建立重点监控用水单位名录。到 2020 年,全国用水总量控制在 6 700 亿 m³ 以内。(水利部牵头,发展改革委、工业和信息化部、住房城乡建

设部、农业部等参与）

第二，严控地下水超采。在地面沉降、地裂缝、岩溶塌陷等地质灾害易发区开发利用地下水，应进行地质灾害危险性评估。严格控制开采深层承压水，地热水、矿泉水开发应严格实行取水许可和采矿许可。依法规范机井建设管理，排查登记已建机井，未经批准的和公共供水管网覆盖范围内的自备水井，一律予以关闭。编制地面沉降区、海水入侵区等区域地下水压采方案。开展华北地下水超采区综合治理，超采区内禁止工农业生产及服务业新增取用地下水。京津冀区域实施土地整治、农业开发、扶贫等农业基础设施项目，不得以配套打井为条件。2017年底前，完成地下水禁采区、限采区和地面沉降控制区范围划定工作，京津冀、长三角、珠三角等区域提前一年完成。（水利部、国土资源部牵头，发展改革委、工业和信息化部、财政部、住房城乡建设部、农业部等参与）

②提高用水效率

第一，建立万元国内生产总值水耗指标等用水效率评估体系，把节水目标任务完成情况纳入地方政府政绩考核。将再生水、雨水和微咸水等非常规水源纳入水资源统一配置。到2020年，全国万元国内生产总值用水量、万元工业增加值用水量比2013年分别下降35%、30%以上。（水利部牵头，发展改革委、工业和信息化部、住房城乡建设部等参与）

第二，抓好工业节水。制定国家鼓励和淘汰的用水技术、工艺、产品和设备目录，完善高耗水行业取用水定额标准。开展节水诊断、水平衡测试、用水效率评估，严格用水定额管理。到2020年，电力、钢铁、纺织、造纸、石油石化、化工、食品发酵等高耗水行业达到先进定额标准。（工业和信息化部、水利部牵头，发展改革委、住房城乡建设部、质检总局等参与）

第三，加强城镇节水。禁止生产、销售不符合节水标准的产品、设备。公共建筑必须采用节水器具，限期淘汰公共建筑中不符合节水标准的水嘴、便器水箱等生活用水器具。鼓励居民家庭选用节水器具。对使用超过50年和材质落后的供水管网进行更新改造，到2017年，全国公共供水管网漏损率控制在12%以内；到2020年，控制在10%以内。积极推行低影响开发建设模式，建设滞、渗、蓄、用、排相结合的雨水收集利用设施。新建城区硬化地面，可渗透面积要达到40%以上。到2020年，地级及以上缺水城市全部达到国家节水型城市标准要求，京津冀、长三角、珠三角等区域提前一年完成。（住房城乡建设部牵头，发展改革委、工业和信息化部、水利部、质检总局等参与）

第四，发展农业节水。推广渠道防渗、管道输水、喷灌、微灌等节水灌溉技术，完善灌溉用水计量设施。在东北、西北、黄淮海等区域，推进规模化高效节水灌溉，推广农作物节水抗旱技术。到2020年，大型灌区、重点中型灌区续建配套和节水改造任务基本完成,全国节水灌溉工程面积达到 7 亿亩(1 亩 = $1/15\ hm^2$)左右,农田灌溉水有效利用系数达到 0.55 以上。(水利部、农业部牵头,发展改革委、财政部等参与)

③科学保护水资源

第一,完善水资源保护考核评价体系。加强水功能区监督管理,从严核定水域纳污能力。(水利部牵头,发展改革委、环境保护部等参与)

第二,加强江河湖库水量调度管理。完善水量调度方案。采取闸坝联合调度、生态补水等措施,合理安排闸坝下泄水量和泄流时段,维持河湖基本生态用水需求,重点保障枯水期生态基流。加大水利工程建设力度,发挥好控制性水利工程在改善水质中的作用。(水利部牵头,环境保护部参与)

第三,科学确定生态流量。在黄河、淮河等流域进行试点,分期分批确定生态流量(水位),作为流域水量调度的重要参考。(水利部牵头,环境保护部参与)

综合《水污染防治行动计划》的政策指导意见来看,《水污染防治行动计划》进一步明确了水利部的政治责任、政治目标、政治任务以及参与的相关部门(见表2.6)。

表 2.6　水利部的政治责任、政治目标、主要任务以及参与部门

政治责任	政治目标	主要任务	参与部门
着力节约保护水资源	控制用水总量	实施最严格水资源管理	发展改革委、工业和信息化、住房城乡建设部、农业部等
		严控地下水超采	发展改革委、工业和信息化、财政、住房城乡建设部、农业部等
	提高用水效率	建立用水效率评估体系,把节水目标任务完成情况纳入地方政府政绩考核;将再生水、雨水和微咸水等非常规水源纳入水资源统一配置	发展改革委、工业和信息化、住房城乡建设部等
		抓好工业节水	发展改革委、住房城乡建设部、质检总局等
		加强城镇节水	发展改革委、工业和信息化、水利部、质检总局等
		发展农业节水	发展改革委、财政部等
	科学保护水资源	完善水资源保护考核评价体系	发展改革委、环境保护部等
		加强江河湖库水量调度管理	环境保护部
		科学确定生态流量	环境保护部

此外,面对我国日益复杂的水资源管理问题,十八届五中全会提出实行水资源消耗总量和强度双控行动,建立健全用水权初始分配制度,助推供给侧结构性改革、加快转变经济发展方式。"十三五"规划强调,强化双控行动,落实最

严格水资源管理制度,以水定产、以水定城,建立健全用水权初始分配制度,推动我国经济社会发展方式的战略转型。2017 年中央 1 号文件明确提出,加快水权水市场建设,加快完善国家支持农业节水政策体系。这为"十三五"期间水资源管理指明了方向,体现了国家对水资源管理的战略需求和制度安排。

2.4　研究评述

水权配置制度属于宏观战略层面的制度体系研究,水权配置受政治、法律、社会、经济、文化、生态环境和技术水平等多方面要素的共同制约,这些要素最终决定了一个地区的生产关系、文化和制度的形成。首先,水权配置问题是政治问题,充分反映了水权相关利益主体的利益诉求,需要各利益主体之间通过政治民主协商形式,强化水权配置的合理性,从而充分体现和保障各方利益主体的利益诉求。其次,水权配置属于法律范畴考虑的问题之一,通过法律形式对水权分配的公平利益加以明确,强化了水权分配的合理排序。然后,水权配置问题是社会问题,一方面,水权配置要兼顾发挥政府宏观调控与市场资源配置作用,加大政府"有形之手"和市场"无形之手"的共同作用,同时水资源作为公共资源,水权配置必须坚持政府宏观调控作用;另一方面,在"水资源开发利用控制"红线刚性约束下,水权配置要兼顾用户作用和需求导向作用,鼓励社会公众参与,明确用户水权需求,提高水权配置的公平性,缓解水资源稀缺的瓶颈。再者,水权配置问题是经济问题,在"用水效率控制"红线刚性约束下,通过采用有效的经济手段和实施各种保障措施,对水资源进行合理配置,有利于提高水资源利用效率和综合用水效益。此外,水权配置问题是生态环境问题,在"水功能区限制纳污控制"红线刚性约束下,重点强调水资源的自然属性,保障河流持续健康发展。最后,水权配置是技术水平问题,通过水利工程对水资源可利用量进行调配,保障水权分配方案的具体实施。近几年,我国水权水市场改革实践加快推进,水权配置必须将国际经验与国内实践有机结合起来,在最严格水资源管理制度的"水资源开发利用控制""用水效率控制""水功能区限制纳污控制"三条红线刚性约束下,进一步明确水权配置的指导思想与基本原则,确定水权分配的目标集,完善水权分配的协商机制,创新水权配置模式。

2.4.1　借鉴

2.4.1.1　水权配置的指导思想

1)明晰产权归属

国内外水权配置实践表明,要实现科学合理配置水权,首先必须清晰界定产权,确认归属。如英国、法国、澳大利亚等是实行河岸权的传统国家,水权原本属于沿岸土地所有者所有,但它们先后都颁布了"水资源属于国家所有"的法律,进而将对水权的规定从对土地权属的规定中独立出来。美国关于水资源的管理、控制和利用权力是归属于各州的,因而各州形成了各自的水权制度体系。此外,各国普遍实行水权登记和取水许可证制度,还对用水优先序位、水权登记和取水许可证实施的范围和办法、用户义务、有偿用水原则等方面作出了明确的规定,以强化国家对水权的管理与所有者地位。

2)尊重历史与现状

从各国水权配置实践来看,水权配置与各国各地区的实际情况紧密相关。一方面,各国各地区水权分配制度的变迁都尊重历史习惯,结合本国本地区地理、气候、水资源特征等实际情况,并以现实需要为依据。比如,水资源较为丰富的欧洲、美国东部地区大多采用河岸权制度,而干旱缺水、水资源紧张的美国西部地区采用优先占用权制度。另一方面,各国的水权配置均考虑了现状用水因素,现状用水是基于历史上各种复杂因素共同作用而形成的结果,体现了各国各地区的经济发展水平和需水规模,在一定程度上反映了水权配置的均衡。因此,在借鉴国外水权配置理论与实践经验时,我国水权分配应当因地制宜,实事求是,结合我国的国情与具体实践。

3)保障水资源可持续利用

水资源是一种在承载能力范围内具有可再生性的资源。在水资源刚性约束下,水资源分配要有效保护流域生态环境、保护水资源的再生能力、提高用水效率、使水资源的利用满足可持续性。从国内外水权配置实践来看,几乎所有国家和地区都会考虑水资源的可持续利用。如从20世纪80年代开始,随着水资源供需矛盾的进一步突出,澳大利亚可授权的水量越来越少,新用户很难通过申请获得水权,从而立法开始允许水权交易,进而保障水资源的可持续利用。美国、英国、法国及一些发展中国家等均通过立法,强调了水资源集中管理和保护生态环境的必要性与重要性,进而保障水资源的可持续利用。

4)强化政府宏观调控作用

水权配置属于政策性较强的行为,在水权配置中坚持政府宏观调控是国家所有权的体现。随着社会经济的发展,用水需求不断增加,水资源在时间、空间上的短缺日益加剧,供需矛盾日趋尖锐,配置过程中的协调难度越来越大。要实现水权的科学配置,政府应该强化宏观调控作用,保证水权配置过程的公平合理,以推进配置方案的顺利实施。尤其要考虑地区开发、水土保持、粮食安全和重要灌区的保护和发展、贫困地区的投资承受和公众支付能力等因素,采用必要的政策倾斜,实现政府宏观调控。政府宏观调控关系到人与自然的和谐,关系到经济社会的可持续发展,关系到落后地区的开发和社会整体协调发展。

5)确定水权配置优先序位

各个国家和地区都对水权的优先序位作出了相关规定。如美国、日本等国家确定了"时先权先"原则,即申请人将根据申请日期的先后,获得水权的优先顺序。但也存在一些例外,即居民生活用水具有绝对的优先权。如美国市政府提出,居民生活用水申请无论提出的先后顺序如何,都优先于任何其他申请。日本提出:①地方传统原则胜过"时先权先"原则;②用户如果得到了水库用水权,就不再受"时先权先"原则的约束;③临时水权或丰水年临时水权不遵循"时先权先"原则。

2.4.1.2 水权配置的主体、对象与范围

1)水权配置的主体

在流域初始水权配置过程中,各个水权的权利主体(包括代表区域水权的地方各级政府、拥有取水权的取水权人和拥有灌区水权的灌区用水户等)就是拥有权利的决策主体,包括水权供给主体和水权需求主体。针对流域内各省区之间的初始水权配置,水权供给主体为流域管理机构,水权需求主体为流域内各省区的省政府、省区的水行政主管部门。而针对省区内各用水行业之间的初始水权配置,水权供给主体是省政府、省区的水行政主管部门,水权需求主体是社会用水部门、生态环境用水部门、经济用水部门。

在水权配置主体方面,流域管理机构和流域内各省区的省政府、省区的水行政主管部门均享有投票权,水权供给主体和水权需求主体共同构成了水权配置的主体。一方面,水权需求主体之间有很强的独立性,追求自身用水利益的最大化。另一方面,水权需求主体之间有一定的关联性,影响流域整体的水资源配置利用效率与综合用水效益。因此,流域初始水权配置强调各水权需求主体的广泛参与,期望广泛吸收各水权需求主体的利益诉求和意见,坚持政治民主决策分水,将各水权需求主体的利益诉求和意见反馈至流域协调委员会,经过协商重新调整水量,再听取各水权需求主体的反馈意见,通过不断的反馈、协商,并经流域管理机构进行协调,充分吸收各水权需求主体的利益诉求和意见。

2)水权配置的对象

水权的客体是现有技术经济条件下,可以利用或有可能被利用的一定数量的水资源。根据流域水资源的供给情况,初始水权配置的对象主要涉及两大类,即地表水水权和地下水水权。初始水权配置时,地表水和地下水的水权要同时建立,地表水和地下水联合利用。如果只针对其中一类,会导致另一类水的过度开发。其中:①初始水权的配置以地表水水权为主,在地表水资源无法

满足水权相关利益主体的用水需求时,通常都是通过开采地下水水资源的方式补给其用水需求;②为防止河流生态恶化,地下水资源不能无节制地开采。因此,地下水水权的利用必须加以严格控制,有效遏制水资源的无序开采现象。

3)水权配置的范围

根据水权配置的层级制度结构,初始水权配置主要分为三个层级,即国家层水权、流域层水权和地区层水权。其中:①国家层水权强调水资源为国家所有,国家层水权配置主要指水资源使用权的初始配置;②流域层水权主要指初始水权以流域为单元进行配置;③地区层水权主要指流域内各个地区配置的初始水权,包括省区层水权、市区层水权、县区层水权、用户层水权。我国流域初始水权配置实践表明,初始水权的配置主要按照"省区—市区—县区—用户"层级制度结构的用水需求展开。

根据用水主体的属性,可将初始水权配置的范围分为两大类,即宏观水权和微观水权。其中:①宏观水权不针对具体用水户,主要指地区水权和行业水权。地区水权的主体是一个具体地区,代表着一个地区内所有个人、集体、单位等用水户,如省区水权、市区水权、县区水权等。行业水权的主体是一个具体行业,代表着一个行业内所有个人、集体、单位等用水户,如生活水权、农业水权、工业水权、服务业水权等。②微观水权针对具体用水户,主要指个人水权、集体水权和特别水权。个人水权的主体是个人。集体水权的主体是一个具体集体或单位,如灌区、工业企业等。特别水权的主体是某些特殊用户,一般是中央政府或地方政府依法授权委托的具体机构,主要指国家为公益用途专门设置的水权用户,如生态环境水权。

2.4.1.3 水权配置的类型

1)按需求分类

根据国民经济和社会发展的用水需求,可将初始水权分为三大类,即经济水权、社会水权和生态环境水权。其中:①经济水权主要以保障粮食生产安全的农业基本灌溉水权和促进经济增长的生产水权为主。一方面,用以维持农业生产、满足人类生存需要;另一方面,按生产力布局,维持工业生产、服务业发展。②社会水权主要以居民饮水权和基本生活用水权为主,用以满足人类的生存和基本生活需要。③生态环境水权主要以河流生态水权和环境建设水权为主,用以维持河流生态基流和满足环境建设的需要。生态环境水权强调生态与人类的生活、生产一样具有同等的用水权利。

2)按用途分类

根据水资源用途,初始水权可统称为"三生"水权,即生活水权、生产水权和生态环境水权。其中：①生活水权包括城镇居民水权和农村居民水权，生活水权的弹性系数小且水质要求高。②生产水权包括农业水权、工业水权、服务业水权，农业水权主要指农田灌溉水权、林牧渔畜水权；工业水权主要指非火电工业水权和火电工业水权；服务业水权主要指建筑业水权、第三产业水权。生产水权表现为多样化，且生产水权的弹性系数和水质也呈现出多样化。③生态环境水权包括河流生态水权和环境建设水权，环境建设水权主要指城镇环境建设水权和农村环境建设水权，其中，城镇环境建设水权包括城市河湖补水、环境绿地用水等；农村环境建设水权包括湿地及泡沼湖泊补水。生活水权、生产水权与河流生态水权一样，在所需要的资源的具体形式上都是一定量与质组合的水资源，所不同的是，前者需要从流域中引出，而后者则不需要。

2.4.1.4　水权配置的基本原则

1）人水和谐共生原则

水是生命之源，水权配置的本质是满足人的用水需求，因此，人水和谐共生是首要原则，必须正确处理水资源开发、利用和保护中的水权相关利益主体之间的关系，全面保障人民群众的合法权益。基本生活用水关系到人类的生存权，为了维护社会安定，生活用水部门的基本用水需求具有绝对优先权。同时，生态环境是人类赖以生存的基础，水资源是生态之基，是保护生态环境的一个重要的基本要素。因此，水权配置需要尊重自然，处理好人与自然的关系，保障人水和谐共生。2011年发布的"中央一号文件"，明确要求实行最严格水资源管理制度，在"水资源开发利用控制""用水效率控制""水功能区限制纳污控制"三条红线刚性约束下，从制度上推动人水和谐共生。人水和谐共生原则即必须正确处理经济社会发展和水资源的关系，既要满足经济社会发展合理用水需求，又要维持河湖生态健康需求。

2）公平优先原则

水权分配的公平重点体现在规则的公平，包括水权界定充分、水权的权利与义务关系清晰、水权收益分配合理等。从我国水权配置实践来看，大凌河流域、淮河流域、松辽流域等流域都遵循了公平原则。国外很多国家的"时先权先"原则，以及居民用水的绝对优先权，也都体现了水权配置的公平性。英国1963年制定的《水资源法》强调，除了政府所规定的获得使用水的权利外，任何人不得从水资源管理当局管辖范围内的任何水源取水，除非持有经主管当局批准的许可证方可按照许可证上的条款进行取水活动；在美国，1914年以后，任何人打算从河道内取水，无论是直接用水或是蓄入水库备用都必须向州水资源控制理事会提出申请，其目的在于明确新用户的水权和保证老用户的水权不受影响。这些都体现了在水资源使用的权利方面人人平等,当代人无权剥夺下代人的水资源利用空间。

3)公平与效率兼顾原则

在水资源刚性约束下,制定任何有效的政策都必须遵循公平与效率兼顾的原则,水权管理因涉及面广、制约因素多、内容复杂,更应按照公平与效率兼顾原则制定和完善水资源管理制度,力争实现经济社会综合效益最大化。国家多次强调提高水资源在时间和空间上的调控能力,全面推进节水型社会建设,提高用水效率。水权分配的效率是经济效率、生态环境效率和社会效率的统一。经济效率就是通过水权的分配和使用,获取更多的经济效益,使水资源在经济发展中发挥"基础性""先导性"等控制作用。生态环境效率就是使水资源在生产、生活、生态环境等领域实现科学合理的配置,不至于存在水资源的不合理利用或存在水资源浪费的现象。社会效率就是水权分配能够实现人与水、人与自然、水与自然的和谐发展。因此,提高用水效率是水权配置的重要目标之一。在优先考虑公平原则的基础上,需提高水权分配的效率以及综合效益。

4)统筹兼顾、因地制宜原则

水资源不仅是生命之源、生态之基,也是生产之要。在水资源刚性约束下,水权配置必须在保护生态环境和水资源可持续利用的前提下,统筹兼顾,协调好生活、生产和生态环境用水,协调好上下游、左右岸、干支流、地表水和地下水的关系,统筹城乡水资源开发利用,兼顾当前发展用水和长远用水需要。同时,水权配置应因地制宜,根据各地区的区情、水情,针对流域区域实际,实行分类指导,完善水资源管理体制和机制,创新管理方式方法和配置模式,注重制度实施的可行性和有效性。

2.4.2 启示

2.4.2.1 水权配置的目标集

综合已有的国家政策法规和水权分配制度建设成果来看,现有水权主要是在"水资源开发利用控制""用水效率控制""水功能区限制纳污控制"三条红线刚性约束下,按照"流域—省区—市区—县区—用户"的层级结构进行初始配置。在用水总量控制的制度约束下,流域初始水权配置的决策过程中,一方面,流域初始水权总量在下级层面各省区之间的分配,与各省区的经济社会发展和产业结构布局密不可分,主要通过加强各省区之间的政治民主协商,由流域管理机构进行行政仲裁分配。同时,省区初始水权总量在下级层面各市区之间的分配,与各市区的经济社会发展和产业结构布局密不可分,主要通过加强各市区之间的政治民主协商,由省区管理机构进行行政仲裁分配;另一方面,市区初始水权总量在下级层面生活、生产和生态环境"三生"用水行业或用户之间的配额取水许可,制约市区的产业结构布局和行业发展。反过来,流域整体的社会经济综合效益必须依赖于下级层面各省区、市区的经济社会发展和产业结构布局,以及各用水行业或用水户的发展需求。因此,流域初始水权配置实质上是以上级层面分配为主、下级层面分配为从,形成一主多从、多层递阶结构的水权分配过程。在流域初始水权分配的多层递阶决策过程中,"流域—省区"层面的目标、"省区—市区"层面的目标、"市区—县区—用户"层面的目标共同构成了流域初始水权分配的目标集,以支撑流域社会、经济以及生态环境之间的持续协调发展。流域初始水权分配的多层递阶结构框架见图2.11。

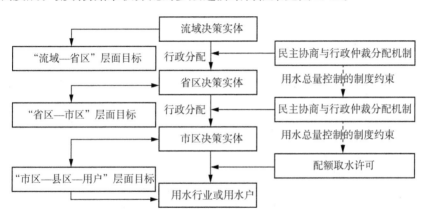

图 2.11　流域初始水权分配的多层递阶结构框架

根据图2.11,流域初始水权分配具体包括流域决策实体对各省区决策实体的水资源配置权、省区决策实体对各市区决策实体的水资源配置权、市区决策实体对各用水行业或用户决策实体的水资源配置权。流域不同层面决策实体的分配目标可表述为:

1)"流域—省区"层面的目标

根据流域初始水权分配的多层递阶结构框架,流域初始水权分配必须以流域水资源承载能力为限制,在用水总量控制的制度约束下,加强水资源与社会、经济以及生态环境之间的协调发展。"流域—省区"层面目标具体可分解为三个方面:①社会目标:关注民生,优先保障上下游、左右岸之间人类生存发展的优质用水需求,体现流域内各省区之间取用水的公平性与效率性,实现省区之间的公平、协调发展,保障流域水资源的可持续利用。②经济目标:调整流域产业布局与优化流域经济结构,发展流域内各省区的节水低耗产业,严格控制流域用水总量,提高流域水资源利用效率和社会经济综合用水效益。③生态环境目标:从全流域的角度优先保障河道内的生态用水需求,维持河流生态基流与健康发展,同时兼顾河道外环境用水需求,实现流域生态环境的良性循环。

2)"省区—市区"层面的目标

根据流域初始水权分配的多层递阶结构框架,在"流域—省区"层面目标的引导作用下,"省区—市区"层面目标具体可分解为三个方面:①社会目标:同时兼顾省区内各市区的用水需求,最小化各市区因过度取水、缺水导致的冲突事件数量,体现各市区之间取用水的公平性与效率性,实现市区之间的公平、协调发展。②经济目标:调整省区产业布局与优化省区经济结构,发展省区内各市区的节水低耗产业,严格控制省区用水总量,提高省区水资源利用效率和社会经济综合用水效益。③生态环境目标:同时兼顾各市区的生态环境用水需求,改善各市区的生态环境。

3)"市区—县区—用户"层面的目标

根据流域初始水权分配的多层递阶结构框架,通过对"流域—省区"层面与"省区—市区"层面的目标进行逐层分解,将最终目标落实到具体用水行业和用水户。"市区—县区—用户"层面的目标,即在市区的用水总量控制范围内,确定市区内生活、生产以及生态环境"三生"用水行业或用户的用水优先序位规则,按照取水许可制度,对用户的取水实施定额管理。"市区—县区—用户"层面目标具体可分解为三个方面:①社会目标:初始水权分配时必须保证人人均平等地享有生存发展的用水权利,优先保障城镇和农村居民的基本生活用水需求。②经济目标:在保障市区的社会稳定和粮食安全基础上,保障"三产"的稳定发展,提高用水行业或用水户的水资源利用效率与用水效益。③生态环境目标:满足市区一定的河道外环境用水需求,加强市区的河道外环境建设与景观绿化建设,改善其生态绿化程度。

流域初始水权配置的多层递阶结构实际上是由上级层面作为水权供给主体、下级层面作为水权需求主体所构成的一个行政控制系统结构,具有等级制、行政控制和强制性协调等基本特征。基于流域不同层面决策实体的分配目标,上级层面决策实体可以根据需要对下级层面决策实体进行干预。下级决策实体之间关于初始水权的配置,主要依赖于上级层面决策实体的偏好决定。流域初始水权以行政手段配置为主,并嵌入政治民主协商与行政仲裁分配机制,确保上级层面决策实体对下级层面决策实体的水资源使用权的配置合理。

2.4.2.2 水权配置的协商机制

从流域初始水权配置的多层递阶结构来看,流域初始水权配置涉及流域所辖省区用水行业和用水户的切身利益,是有组织的团体行为和集体行动,也是一项政策性强、敏感性高的工作。随着流域所辖省区的人口增长与社会经济发展,其水资源供需矛盾日趋尖锐,各省区之间的水权分配协调难度不断增大。国家政策法规中提出的政治民主协商机制,为妥善解决水权分配过程中出现的各种分歧和争议提供了有力保障,有利于提高水权配置的公平合理性。

1) 加强配置过程中的协商调整

现有流域初始水权配置方案基本按行政手段进行层级划分,在流域初始水权配置的各个层面,缺乏水权相关利益主体之间的广泛沟通,政治民主协商参与不够,协商机制不健全水权分配,带有一定的强制性。在流域初始水权配置方案的实施过程中,经常出现用水过量或失控问题,水量分配得不到广泛认同。因此,为了使初始水权配置方案能为各方所接受,在技术层面定量计算出水权分配定额后,还需要进入政治民主协商阶段,对水权分配的技术方案加以调整完善。

当然,在技术层面定量计算中考虑的影响因素越全面,流域所辖省区之间以及水权的相关利益主体之间的用水矛盾、用水冲突就会越少,那么在政治民主协商阶段就越容易达成水权相关利益主体认同的结果。政治民主协商过程是一个需要水权的相关利益主体之间进行反复沟通、协调和博弈的过程。在政治民主协商过程中要广泛听取各个用水组织、取水户的利益诉求,坚持民主决策,将用水户的利益诉求反馈至水权协商组,经过协商重新调整水量,再反馈给各个用水组织、取水户并听取他们的意见。如此自下而上、自上而下,通过不断地反馈和协调,直至获得水权相关利益主体一致认同与支持的水权分配方案。协商未达成一致性的结果则由流域管理机构进行水权分配协调,必要时对水权分配满意度低的省区采取利益补偿机制,进而使流域初始水权配置方案顺利实施。

2) 发挥政府宏观层面的调控作用

国家拥有对水资源的所有权,流域初始水权配置属于政策性较强的行为。在流域初始水权配置中坚持政府宏观调控是国家所有权的体现。随着我国人口的增长、社会经济的持续发展,水资源在时间、空间上的短缺日益加剧,供需矛盾日趋突出。要想实现流域初始水权配置的科学性,政府必须有清晰的关注焦点,进而在协商调整的过程中,有效地发挥宏观调控作用。

①总量控制。由于我国可利用水资源是紧缺的,因此在进行流域初始水权配置时,必须遵循总量控制原则,进行统一配置,防止超量使用水权,防止各用户重复使用,促进节约用水。政府及相关主管机构应以流域可利用的水资源量作为水量分配的总量,以分配总量作为控制指标。

②政策倾斜。政府应从宏观层面全局考虑流域整体的经济社会发展与生态环境保护目标,针对不同地区及特殊产业制定相应政策,比如地区优先开发

政策、水土保持政策、粮食安全和重要灌区的保护与发展政策等,它直接关系到人与自然和谐共生,关系到经济社会的整体协调、可持续发展等方面。

③弱势群体保护。流域初始水权配置一定要综合考虑上下游、左右岸在水权配置中处于弱势的群体,他们的利益如果得不到有效保护,容易引起不满情绪,不利于社会稳定。这里所说的弱势群体主要指一些因地理位置不佳、经济发展落后、生态环境恶化等原因在水权配置中不可避免地处于弱势地位的局部地区的用水户。政府应该通过采取利益补偿机制等宏观调控的方式来实现对弱势群体的保护。

2.4.2.3 水权配置模式的创新

我国流域初始水权配置实践表明,现有初始水权主要是在"水资源开发利用控制""用水效率控制""水功能区限制纳污控制"三条红线刚性约束下,按照"流域—省区—市区—县区—用户"层级制度结构进行配置。由于水资源时空分配不均,流域多年平均水资源可利用量十分有限,无法满足日益增长的水权相关利益主体的用水需求,因此,在复杂的中国国情、水情背景下,利用这种层级制度结构进行水权配置时,如何有效降低水权管理成本至关重要。为了降低高昂的水权配置成本,我国借鉴国际经验,积极探索建立水权交易市场,水权相关利益主体之间的水权转让逐步成了中国特色的水权交易模式。目前我国水权转让主要包括三种类型:第一类是地区之间的水权转让,如浙江东阳与义乌的水权转让,提高了综合用水效益,但水资源的利用效率并没有得到明显提高;第二类是行业内的水权转让,如甘肃张掖农民用水户之间的水权转让,强化了农民用水户节水意识,推动了农业种植结构调整,提高了水资源利用效率,但综合用水效益并没有得到明显提高;第三类是行业之间的水权转让,如宁夏灌区与火电企业之间的水权有偿转让,火电企业给予灌区一定的补偿经费,灌区利用水权转让的补偿经费,提高农业水利科技支撑水平,加强农业灌溉定额管理,实现农业高效节水,既提高了水资源利用效率,也提高了综合用水效益。

三类水权转让实践表明,水权转让是水权相关利益主体对现状持有水权的再调整及其利益重新分配的过程,一定程度上提高了水资源配置效率和综合用水效益。但是,在有效降低水权配置成本的同时,伴随着交易成本的增加。由于利用市场方式分配水权面临着高昂的交易成本,为了提高水权相关利益主体持有水权的质量,优化水资源配置,提高水资源配置效率和综合用水效益,实践中仍然有必要在政府宏观调控的主导作用下,以市场以外的方式对现有水权进行分配,在成本收益方面实现持续的优势。为此,需要改变现有的水权分配模式,即创新初始水权配置模式,既保障、提高水资源利用效率和综合用水效益,又有效降低水权管理成本。

2.4.3 评述

在当前初始水权配置研究中,其配置理念、配置思想与配置理论框架为流域初始水权配置实践起到了良好的指导作用。流域初始水权配置实践表明,初始水权配置已逐步实现从基于配置规则的混合配置模式到基于配置原则的多目标耦合配置方法,再到基于多层次、多目标耦合与协商博弈机制的集成配置方法等的方向发展。面向"以水定产"绿色发展理念、水资源刚性约束、双控行动等新形势,目前流域初始水权配置思路和方法的局限性表现为:

①有关初始水权配置模式研究。目前流域初始水权配置实际上采用"省区—市区—县区"科层制配置模式,保障流域内各行政区分水的公平性,兼顾效率性。但现有的水权科层制配置模式亟需深入贯彻落实"以水定产"绿色发展理念,形成一套完善的流域初始水权与产业结构优化适配模式,以初始水权与产业结构优化的适配性。因此,如何在流域生态保护和高质量发展的战略背景下,贯彻落实"以水定产"绿色发展理念,强化水资源刚性约束,创新流域初始水权配置思路,提出流域初始水权与产业结构优化适配模式,以优化水权科层制配置模式,为构建流域初始水权与产业结构优化适配方法、指导流域初始水权配置实践提供有力支撑,亟待进行深化研究。

②有关初始水权配置方法与实践应用研究。目前流域初始水权配置主要是依据现有的水权科层制配置模式,明确水权配置原则,开发一套水权分配指标体系,构建复杂的目标函数与优化模型,确定流域内各行政区用水总量控制指标。但现有的水权科层制配置模式仍有待完善,对流域初始水权配置方法的指导性作用亟须加强。因此,如何在流域生态保护和高质量发展的战略背景下,以创新设计的流域初始水权与产业结构优化适配模式为依托,构建有效、实践可操作的初始水权与产业结构优化适配方法,以完善现有的初始水权配置方法,指导流域初始水权配置实践,为实现流域初始水权与产业结构优化适配、推动流域经济高质量发展与产业结构优化升级提供有力支撑,亟待进行深化研究。

为此,贯彻落实"以水定产"绿色发展理念,强化水资源刚性约束,开展流域初始水权与产业结构优化适配研究显得十分必要。本书的研究旨在充分借鉴国内外已有的初始水权配置理论成果,深化国内这一领域的理论研究,探索适应性管理理论在流域初始水权配置实践中的应用,开展流域初始水权与产业结构优化适配模式与方法研究。

第三章

流域初始水权与产业结构优化适配方案设计方法

流域初始水权配置是在水资源刚性约束下，按照"流域—省区—市区—县区—用户"层级制度结构，以行政手段配置为主。在现有的流域分水实践中，层级结构具有等级制、行政命令、强制性协调等组织特征。层级结构通过纵向的行政控制，一方面节约了高昂的合作成本，包括搜集合作方相关信息的成本、达成协议的成本；另一方面在节约合作成本的同时，需要以付出较高的管理成本为代价，包括水权利益相关者执行契约的成本、监督水权利益相关者履约的成本。因此，在流域初始水权配置过程中，为了维持层级结构的稳定性，必须加快推动产业转型升级和实现产业结构优化布局，有效降低水权管理成本。为此，需要进一步优化现有的流域初始水权配置模式，创新提出流域初始水权与产业结构适配模式，指导我国流域分水实践工作，既体现公平分水、保障水资源利用效率提升和优化经济社会综合效益，又有效降低水权管理成本，推进产业结构优化。

3.1 流域初始水权与产业结构优化适配模式设计

3.1.1 初始水权配置模式评判

3.1.1.1 水权界定成本

明晰水权的成本主要包括合作成本、管理成本、社会机会成本和政治成本。水权界定的成本具体可表述为：

1) 合作成本

合作成本包括搜集市场信息的成本、谈判和制定契约的成本。其中：①搜集市场信息的成本。明晰水权需要了解水权相关利益主体需求的水权数量和质量及对公众和生态环境的影响等市场信息。这些信息会随着时间、空间的变化而发生相应的变化，因而搜集这些信息的成本相当大。②谈判和制定契约的成本。初始水权使用可能产生严重的外部性，负外部性表现在因初始水权配置导致争端而引起的纠纷，正外部性表现在初始水权配置可带来很大的规模经济。如果初始水权界定不清晰，将会增加用水户利用政治谈判机制的成本，给用水户带来很大的谈判和制定契约的成本。总体来看，现有水权按照"流域—省区—市区—县区—用户"层级制度结构进行初始配置时，随着水权配置结构层级化程度的降低，生活、农业、工业、服务业以及生态等不同行业的用水户数量逐渐增多，合作成本将进一步增加。

2）管理成本

管理成本包括执行契约和监督管理的成本及管理制度结构变化的成本。信息不对称性是影响制约管理成本的根源之一。①执行契约和监督管理的成本。水权执行监督包括两层含义：一是水权使用需要通过采集、运输、处理设施和计量设备，由政府加强监督管理来实现。政府对水权使用者进行控制、监督和协调。二是水权实施必须得到公众认可，否则水权无法实施。②管理制度结构变化的成本。流域初始水权按照"流域—省区—市区—县区—用户"层级制度结构进行配置时，水权配置结构层级化程度越高，越能够获得更大的公平性、安全性保障。同时，能够从技术上对流域初始水权配置利用进行统筹规划，为水权相关利益主体之间的利益冲突调解提供更多的强制性执行机制，获得更大的规模效应，但也进一步增加了管理成本。此外，水权配置结构层级化程度的提高，会降低下层决策实体的激励，决策实体履行水权配置指令的激励往往不足，并且为了自身利益倾向于扭曲信息，使得管理效率下降。

3）社会机会成本

社会机会成本源于集体行动参与者的机会主义倾向，主要是指上游水权相关利益主体为了能获取更多利益补偿，可能通过超最大值使用水权，利用不完全信息障碍，迫使下游水权相关利益主体提高利益补偿，进而获取超额收益，从而导致水权使用的经济社会综合效益受到损失。

4）政治成本

政治成本，主要是指由于上游水权相关利益主体优先取用水导致了社会不公，在矛盾激化后容易造成社会不稳定，水权相关利益主体之间会因用水发生冲突。

从水权界定成本可看出，流域初始水权与产业结构优化适配能够重点强调水权相关利益主体对用水安全性、公平性与产业结构优化的关注，其中：①用水安全性包括生活饮用水安全、粮食安全、生态环境安全及经济社会用水安全。根据流域的基本需求用水、生态需求用水和多样化需求用水三部分水资源用途,生活饮用水安全和粮食安全属于基本需求用水范畴,生态环境安全属于生态用水范畴,经济社会用水安全属于多样化需求用水范畴。②公平性是保证不同地区、不同相关利益群体生存和发展的平等用水权,充分考虑水资源在上下游、左右岸、不同地区等水权相关利益主体之间平等、均衡配置,使水权相关利益主体易于接受。③产业结构优化是保证流域初始水权配置能够加快推动产业转型升级,实现产业结构优化布局,促进经济高质量发展。

为此,在水资源刚性约束下,流域初始水权配置需要流域所辖各省区水权相关利益主体之间展开集体行动,确立一套集体选择规则和相应的组织原则,既能够保障用水安全性和公平性,又能够推进产业结构优化。由于利用市场的外部成本非常高,市场机制不可能形成公平性的分水方案,也不能兼顾用水安全的需要。同时,由于不同地区、不同产业和不同用户之间的社会经济特征差别甚大,流域初始水权配置不可能形成完全竞争性市场,也不可能自发形成均衡价格,但相对于市场的分配机制,政府在保障用水安全和分水公平方面具有天然优势,因此,流域初始水权配置通常采用行政方式,在制度安排上易于执行。

但从流域初始水权配置实践来看,采用行政方式对初始水权进行界定时,存在较高的合作成本和管理成本,容易出现"搭便车"现象和权力寻租现象。从流域初始水权配置的潜在成本收益角度分析,当水权配置的潜在成本超过潜在收益时,用水权益最大化是水权相关利益主体倾向采取的主要行动策略,由此所产生的成本就有可能让水权共同体内的其他相关利益主体来承担部分成本,"公地悲剧"现象就会发生。因此,为了调解水权相关利益主体的用水冲突,同时提高水权相关利益主体持有水权的质量,以及水权配置利用效率和经济社会综合效益,实现水资源优化配置,流域初始水权配置时必须选择约束条件下成本最小化的制度安排。

3.1.1.2　初始水权科层制配置模式评判

由于水资源涉及所有人的利益,伴随着大量的利益冲突,在水资源刚性约束下,流域初始水权配置需要集体行动,而且通常是大规模的集体行动,涉及流域所辖各省区之间经常性的谈判、协商或强制性协调。为此,在采用行政方式的基础上,加强各省区水权相关利益主体之间的政治民主协商,可以有效降低合作成本和管理成本,避免"搭便车"现象和权力寻租现象。

因此,流域初始水权与产业结构优化适配思路就是:在水资源刚性约束下,坚持发挥政府宏观调控与市场资源配置作用,满足水权相关利益主体对用水安全、用水公平与产业结构优化的关注,因地制宜确定一套集体选择规则和组织原则,选择约束条件下成本最小化的制度安排,使所有水权相关利益主体均有收益的集体行动得到实现,并把水权配置到水资源利用效率和综合用水效益高的地区或行业,最终加快推动产业转型升级,实现产业结构优化布局,促进经济高质量发展。为此,可将"是否提高了流域初始水权与产业结构优化适配性"作为对现状流域初始水权科层制配置模式是否具有合理性的主要判别依据。

现有流域初始水权科层制配置模式主要包括人口配置模式、面积配置模式、现状配置模式、产值配置模式以及混合配置模式。为进一步验证现有流域初始水权科层制配置模式是否具有合理性,参考流域初始水权与产业结构优化适配思路,对现有流域初始水权科层制配置模式进行判别分析。现有流域初始水权科层制配置模式判别分析的具体结论为:

1)人口配置模式强调以人口为基数进行初始水权分配。这种配置模式有效保障了流域内各省区之间水权的公平性分配,满足了水权相关利益主体对用水公平的关注,易于被社会接受。因此,可作为流域初始水权配置的选择规则和组织原则。但是,人口配置模式无法把水资源配置到流域内水资源利用效率和用水效益高的地区或用水行业,难以有效推进产业结构优化布局。

2)面积配置模式提出将耕地面积作为初始水权配置的重要参考依据。这种配置模式有效保障了流域内各省区之间的用水安全,满足了流域内各省区关于农业灌溉以及人类生存和生活的用水需要。但是,面积配置模式同样无法实现将水资源配置到流域内水资源利用效率和用水效益高的地区或用水行业这一目标。同时,这种配置模式也无法保障流域各省区人口之间的用水公平。

3)现状配置模式主要是按照流域内所辖各省区的用水现状,确定流域内各省区之间的水权配置比例。这种配置模式有效保障了流域内各省区关于生活、生态和生产的现状用水需要。但是,现状配置模式没有考虑到流域内各省区的未来产业发展规划,无法有效推进产业结构升级和实现产业结构优化布局。同时,这种配置模式也无法实现水资源利用效率的提升和用水效益的提高。

4)产值配置模式主要是按照流域内所辖各省区的生产总值占流域总产值的比重,确定流域内各省区之间的水权配置比例。这种配置模式有效保障了水资源配置到流域内水资源利用效率和用水效益高的地区或用水行业,容易获得流域用水规模效益,有效推进产业结构升级和实现产业结构优化布局。但是产值配置模式无法满足水权相关利益主体对用水安全与用水公平的关注,同样不易于被社会接受。

综上所述，人口配置模式、面积配置模式、现状配置模式和产值配置模式等基本配置模式，需要通过水权市场交易的方式，进一步调整各省区或用水行业的水权需求，以满足水权相关利益主体对用水安全、用水公平与产业结构优化的关注，但会相应提高水权管理成本。因此，四种配置模式均无法满足约束条件下成本最小化的要求。

5）混合配置模式主要以人口分布、耕地面积、用水现状、产值效益等因素为依据，是对人口配置模式、面积配置模式、现状配置模式、产值配置模式等基本配置模式的集成创新。一方面，混合配置模式满足水权相关利益主体对用水安全、分水公平与产业结构优化的关注；另一方面，这种配置模式有利于提高流域水资源利用效率和经济社会综合效益。但是，由于人口分布、耕地面积、用水现状、产值效益等因素共同影响着流域各省区的水资源利用效率和经济社会综合效益，而初始水权配置时人口分布、耕地面积、用水现状、产值效益等因素的重要性受到人为因素的干扰，导致省区、灌区、用水户协会或者取水户之间的用水需求与水权配置矛盾较难统一协调，较难成为约束条件下成本最小化的制度安排。

此外，值得关注的问题是，混合配置模式更为注重流域内各省区之间的利益分配，导致生活、生态和生产等"三生"水权配置成为流域所辖各省区进行水权配置的独立性行为，没有从全流域的角度考虑因地制宜进行"三生"水权配置。因此，现有的流域初始水权科层制配置模式均无法与提出的"流域初始水权与产业结构优化适配思路"相契合，亟需创新提出流域初始水权与产业结构优化适配模式，因地制宜地发展一套解释和描述流域初始水权与产业结构优化适配思路的概念判别模型。

3.1.2　初始水权与产业结构优化适配的概念判别模型

3.1.2.1　嵌套式层级结构概念模型

根据提出的流域初始水权与产业结构优化适配思路，应对现状初始水权科层制配置的层级结构进行调整与优化，破除现状水权按照"流域—省区—市区—县区—用户"层级制度结构进行配置的机械化操作模式。为此，在水资源刚性约束下，应贯彻落实"以水定产"绿色发展理念，将流域内各行政区、产业、灌区、生态、行业和取水户的水权需求纳入同一框架体系，构建流域初始水权与产业结构优化适配的概念判别模型，有效判定流域初始水权与产业结构优化适配的嵌套式层次结构与优先级别，因地制宜确定流域初始水权与产业结构优化适配的多层多级分配单元。通过建立一种新型嵌套式层级结构的流域初始水权与产业结构优化适配模式,形成"总量控制、定额管理、规划引导、因地制宜、用水户参与"的适配机制,从而得到保障水权相关利益主体对用水安全、用水公平与产业结构优化的分水方案。

为此,从"第一优先级分配单元""第二优先级分配单元""第三优先级分配单元"三个层级,创新设计流域初始水权与产业结构优化适配模式,建立流域初始水权与产业结构优化适配的嵌套式层级结构概念模型,见图 3.1。

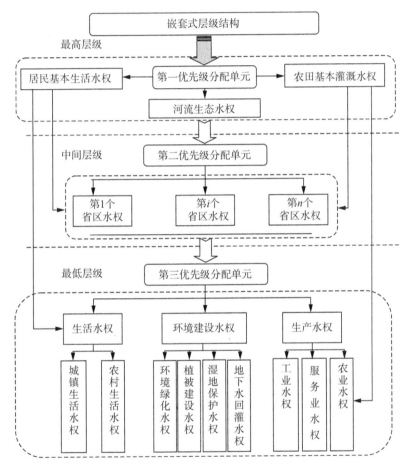

图 3.1　流域初始水权与产业结构优化适配的嵌套式层级结构概念模型

流域初始水权与产业结构优化适配的嵌套式层级结构概念模型设计的具体内容阐述如下:

1) 第一优先级分配单元

"第一优先级分配单元"是指具有最高优先级的分配单元,处于适配的最高层。"第一优先级分配单元"主要是结合我国流域的区情与水情,将流域各行政区、产业、灌区、生态、行业和取水户的水权需求容纳到一个框架体系中,按照"三生"水权需求特征进行判别甄选,满足水权相关利益主体对用水安全的关注,最终确定具有最高优先级的分配单元,进而对其进行初始水权配置。

流域初始水权与产业结构优化适配实践中,第一优先级分配单元主要包括三部分:

（1）居民基本生活水权

居民基本生活用水单元的水权需求属于生活水权的范畴。保障城镇和农村居民的基本生活用水安全是保障社会安定的必要手段。流域经济社会发展必须坚持以人为本,流域内各省区城镇居民和农村居民生存的饮水权和生活基本用水需求(统称"生活水权")必须无条件优先给予保障。

（2）农田基本灌溉水权

农田基本灌溉用水单元的水权需求属于生产水权的范畴。我国自古以来一直以农业为主要生产形式,水利是农业的命脉,水和土地是粮食生产的战略资源,近80%的粮食产于灌溉农田,水资源在农田灌溉中占有突出地位。同时,农田基本灌溉水权要求成本较低,加之粮食安全问题在我国具有独特的重要地位,因此考虑农业节水技术的提高与运用,在对农业用水结构进行适当调整与优化的基础上,保障社会安定的农田基本灌溉水权必须优先考虑分配。

值得关注的重要问题是,农田基本灌溉水权在水资源利用总量中所占的比重大,容易导致其他水权相关利益群体的用水需求缺口较大,使其他群体的用水需求无法得到满足。因此,在水资源刚性约束下,为协调不同水权相关利益群体的用水需求,可将现状农田灌溉面积的用水需求作为粮食生产的基本保障,构成农田基本灌溉水权,并予以优先分配。同时,可按照农田灌溉规划要求,将新增农田灌溉面积的用水需求与工业、服务业等水资源利用效率较高的用水行业水权需求进行置换,并通过工业、服务业等高效率用水行业对农田灌溉节水工程的投资建设,进一步增加农田灌溉节水量,最终保障新增农田灌溉面积的用水需求。最终,建立完善的水权置换利益补偿机制,由作为水权置入方的高效率用水行业对作为水权置出方的农业生产进行适度利益补偿。

此外,流域初始水权与产业结构优化适配实践中,农业灌区的农田基本灌溉水权如果直接分配到各直接用水户,需要大量的基础信息和繁重的协调工作,而且鉴于技术和工程等因素的影响,实际上难以将初始水权具体分配到实际用水户。因此,农业灌区的农田基本灌溉水权应提倡用水户的联合,将水权分配到由这些用水户构成的用水户协会,再通过用水户协会中用水户的参与进行协商分配,明晰各用水户的水权。为此,农田基本灌溉水权的分配应"因地制宜、用水户参与",具体落实到农业灌区的用水户协会,由用水户协会直接参与制订水权分配。农业灌区的用水户协会往往能最大程度吸引用水户参与用水管理活动,极大地减少实施水权分配与管理的成本,如搜集信息成本、谈判成本、内部监督成本等,提高水资源配置利用效率和水权管理效率。

（3）河流生态水权

河流生态用水单元的水权需求属于生态水权的范畴。为遵循河流发展客观规律,维持河流最小生态基流,保障河流生态系统平衡与水资源可持续利用,河道内生态水权也必须优先得到保障。河流生态用水单元的水权需求包括河道内生态环境和生产用水,如发电、航运、冲沙、环境容量等用水需求。

2）第二优先级分配单元

"第二优先级分配单元"是指具有次优先级的分配单元,处于适配中间层,一般可以各省行政区为单位进行分配。按照供水优先顺序,"第二优先级分配单元"的初始水权配置,是以"第一优先级分配单元"水权优先分配为基础,在满足"第一优先级分配单元"的水权需求后,对其进行水权分配。因此,居民基本生活水权、农田基本灌溉水权同时隶属于"第二优先级分配单元"。同时,"第二优先级分配单元"的初始水权配置,必须按照流域经济社会发展综合规划的要求,在水资源刚性约束下,遵循"第二优先级分配单元"水权配置与经济高质量发展目标相适应性原则,确定"第二优先级分配单元"中各省区用水需求的水权分配指标。

流域水资源开发利用过程表现为水资源省区分布的不均匀性、省区之间经济发展的相对不平衡性和发展速度的差异性、水权相关利益主体获利的不均衡性。为此,"第二优先级分配单元"初始水权的配置可根据各省区水资源稀缺程度,通过加强流域管理机构的宏观调控作用和各省区之间的政治谈判、协商反馈和综合权衡,在保障水权相关利益主体分水公平的前提下,提高与经济高质量发展目标的相适应性,引导水资源向空间均衡配置格局的方向发展。

3）第三优先级分配单元

"第三优先级分配单元"是指低于次优先级的分配单元,处于适配第三层,属于"第二优先级分配单元"的子范畴。"第三优先级分配单元"一般可设定为流域内各省区及其地级市的具体用水行业或取水户,包括工业、农业、服务业、生活、河道外环境等用水水权。其中城镇生活和农村生活中的居民基本生活水权、农业发展中的农田基本灌溉水权同时隶属于"第一优先级分配单元"。由于"第三优先级分配单元"的初始水权配置更为明显地反映了农业、工业和服务业水资源的竞争性需求,因此,可由"第三优先级分配单元"引入一套节水激励机制和一种市场方式,对具体用水行业或取水户的实际用水需求进行统筹分配和统一调度。节水激励机制和市场方式的引入,可实现把水资源配置到水资源利用效率和综合用水效益高的具体用水行业或取水户。

3.1.2.2 嵌套式层级结构概念模型的判别分析

1)"第一优先级分配单元"判别分析

根据图 3.1,在水资源刚性约束下,"第一优先级分配单元"的水权需求主要以加强流域管理机构政府宏观调控为导向,根据流域经济社会发展综合规划的要求,在充分考虑流域节水措施的条件下,对其进行水权分配。

首先,"第一优先级分配单元"中城镇、农村居民的基本生活水权需求主要是按用水定额法进行水权配置。一方面,通过降低流域内各省区的供水管网综合漏失率,有效增加居民基本生活节水量,减少居民基本生活供水成本。另一方面,《中华人民共和国水法》第四十九条规定:"用水应当计量,并按照批准的用水计划用水。用水实行计量收费和超定额累进加价制度。"用水计量收费和超定额累进加价制度的实施,能够有效激励居民基本生活的节水行为,进一步降低居民基本生活供水成本,提高供水收益。"第一优先级分配单元"中居民基本生活水权的配置满足水权相关利益主体对用水安全性的关注,且易于被社会接受。

其次,"第一优先级分配单元"中农田基本灌溉水权需求主要是"因地制宜、用水户参与",通过确定一套集体选择规则和组织原则,采用资源配额的形式进行配置。一方面,由于技术进步可以使农田基本灌溉水权的度量成本大为降低;另一方面,由于灌区用水户协会自身参与制订水权分配制度,可以全面了解农业灌区用水户的信息和正确把握农业灌区用水户的策略,降低信息成本和谈判成本,农田基本灌溉的水权分配方案更容易被用水户所执行。同时,通过农业灌区的用水户协会内部的相互监督,以及乡规民约的非正式制度的约束,可以大大降低水权实施中的监督成本,在管理上效率也能有所提高。因此,基于集体行动规则的农田基本灌溉水权配置的资源配额形式逐渐成为约束条件下成本最小化的制度选择,使用水户协会均收益的集体行动得到实现,提高了灌区用水户协会的用水安全性、公平性和社会可接受性,减少了农田基本灌溉用水冲突。

再次,"第一优先级分配单元"中河流生态水权需求主要是从全流域角度考虑维护河流的生态环境,保障渔业、航运、水力发电等用水项目和生产活动,使河流、水库、湖泊保持一定的流量和水位所进行的按需分配。流域经济社会发展过程中,河流生态水权的配置更加注重人口、资源与环境的协调可持续发展,强调人水和谐共生,保护流域生态环境,对整个流域的用水安全性提供保障。

"第一优先级分配单元"中河流生态水权的配置满足水权相关利益主体对用水安全性的关注,具有社会可接受性。

2)"第二优先级分配单元"判别分析

根据图3.1,"第二优先级分配单元"中省区水权主要是在水资源刚性约束下,采用行政方式和政治民主协商方式相结合的模式进行水权配置,加强了流域管理机构的宏观调控作用和各省区之间的政治谈判、协商反馈和综合权衡,满足水权相关利益主体对用水公平性的关注,易于形成公平性的水权分配方案。利用行政方式分配"第二优先级分配单元"的水权,耗费的成本首先与信息问题相联系,即搜集各省区的用水需求信息。其次是谈判成本,即如何使水权配置方案在各省区之间获得认可,这需要信息的沟通、相互谈判和达成共识。由于市场机制不可能形成公平性的水权配置方案,且利用市场的外部成本非常高,而通过加强省区之间的谈判沟通和政治民主协商,易于形成公平性的水权配置方案,推进产业结构优化布局。因此,"第二优先级分配单元"中省区水权配置可采用"行政分配+政治民主协商"方式,即采用行政方式的同时,嵌入政治民主协商方式,作为水资源刚性约束下成本最小化的制度安排。

3)"第三优先级分配单元"判别分析

根据图3.1,"第三优先级分配单元"的初始水权配置更为明显地反映了农业、工业和服务业水资源的竞争性需求。由于"第三优先级分配单元"的收益和用水量正相关,如果"第三优先级分配单元"仍采用规划导向的行政方式进行水权分配,各水权相关利益主体将缺乏节水和精心管理的激励机制,易导致水资源利用效率低下。因此,在水资源刚性约束下,"第三优先级分配单元"的初始水权配置可适当引入市场方式和节水激励机制,如新增农田灌溉水权与工业、服务业等高效率用水行业之间的水权置换。市场方式在水资源配置方面伴随着很高的成本,但相对于行政方式,采用市场方式的经济激励作用将带来水资源配置效率更高的用水效益。如果市场方式在水资源配置效率方面带来的收益,能够抵消利用市场方式的各种外部交易成本,包括解决"市场失灵"、社会的可接受性、市场自身的运行成本等,那么市场方式在配置水资源方面的优越性就可以得到发挥。因此,节水激励机制和市场方式的引入,成为"第三优先级分配单元"水资源刚性约束下成本最小化的制度安排。

3.1.3　初始水权与产业结构优化适配规则

根据图3.1中的嵌套式层级结构概念模型及其判别分析,在水资源刚性约束下,流域初始水权配置利用的各种行为将分别发生在不同的层级上,而不同层级之间的规则具有"嵌套性",一个层级行动规则的变动,受制于更高层级的规则。因此,所有的层级一起构成了"嵌套性制度系统"。在"嵌套性制度系统"中,流域初始水权与产业结构优化适配规则可表述为以下几点。

3.1.3.1 宏观调控规则

(1)政策指导。流域初始水权与产业结构优化适配必须充分考虑国家和流域关于水资源利用的各项方针、政策以及经济政治发展的特殊因素,包括地区开发、水土保持、粮食安全和重要灌区的保护与发展、贫困地区的投资承受和公众支付能力等因素。

(2)总量控制与定额管理相结合。流域初始水权与产业结构优化适配必须根据《中华人民共和国水法》对用水实行总量控制和微观定额管理相结合的制度规定,以流域经济社会发展综合规划和水资源综合规划为基础,以流域水资源可利用量作为总量控制,对地下水资源开采利用进行总量限制,以具体用水行业或取水户的用水定额管理作为水权配置的参考依据。

(3)规划引导与刚性约束相结合。流域初始水权与产业结构优化适配必须结合流域经济社会发展现状及其中长期发展规划,制定流域水资源综合规划,在充分考虑节水的条件下,挖掘各类用水户的节水潜力并提高各类用水户的节水量,最终确定各类用水户的合理用水需求。流域初始水权与产业结构优化适配应依据人口数量、生产力发展水平、产业政策和结构调整等因素,贯彻落实"以水定产"绿色发展理念,强化水资源刚性约束与双控行动,以水定发展,实现产业结构优化布局。

(4)统筹兼顾。流域初始水权与产业结构优化适配必须坚持地表水和地下水统筹考虑,对流域内地表水和地下水进行统一合理配置。在水资源刚性约束下,统筹兼顾生活、生态环境和生产"三生"用水行业的合理用水需求。

3.1.3.2 嵌套式层级结构的适配规则

1)"第一优先级分配单元"适配规则

针对流域初始水权与产业结构优化适配过程,在水资源刚性约束下,"第一优先级分配单元"适配规则主要包括:

(1)以人为本。城镇居民和农村居民的基本生活水权关系到人类的生存权、人类生活的基本保障和生活质量,具有较强的刚性色彩。因此,必须优先确保人的生命安全和城乡居民的基本生活用水需求。

(2)维护社会稳定和粮食安全。社会稳定和粮食安全是增强民族团结、促进国家可持续发展的政治目标,保障粮食安全和维护社会稳定是流域初始水权配置必须优先考虑的重要因素。尽管农业灌溉用水效率相对其他产业较低,但为了保证国家粮食安全,农田基本灌溉用水需求应仅次于居民基本生活水权的优先序位。同时,农田基本灌溉水权的配置应因地制宜,加强用水户协会关于水权配置的参与度。

(3) 维持河流生态系统平衡。河流生态是人类赖以生存和发展的基础,人类对水资源的利用首先应以河流的持续健康发展为前提。河流生态水权作为防止生态危机、物种退化、水质劣化等状况的用水需求,是一种非排他性、非竞争性的公共需求。流域初始水权配置必须在保障居民基本生活水权和农田基本灌溉水权基础上,建立河流生态水权制度,优先分配作为维持河流生态系统平衡和健康发展所必需的河流生态水权。

2)"第二优先级分配单元"适配规则

针对流域初始水权与产业结构优化适配过程,在水资源刚性约束下,"第二优先级分配单元"适配规则主要包括:

(1) 公平优先、与经济高质量发展相适应。流域初始水权配置时,欠发达地区处于发展与被扶持阶段,欠发达地区的水资源利用效率和综合用水效益均偏低,需要寻求更多的发展机遇。而发达地区的水资源利用效率和综合用水效益均较高,可以通过市场交易水权,以满足快速发展的水权需求。因此,流域初始水权配置以满足分水公平性为前提,通过明确流域内各地区经济高质量发展目标,有效提高流域所辖各行政区的水权配置与经济高质量发展目标的适应性。

(2) 政治民主协商。流域初始水权配置必须以水权相关利益主体的利益诉求为出发点和落脚点,在流域管理机构宏观调控作用与水资源刚性约束下,通过水权相关利益主体之间的政治谈判、协商反馈和综合权衡等方式,充分吸收各水权相关利益主体的建设性意见,利用行政方式与政治民主协商方式相结合的模式进行水权配置,全面协调流域水资源配置利用的局部利益与整体利益。

(3) 可持续协调发展。流域初始水权配置与流域所辖各行政区的经济发展、社会保障、生态环境建设紧密相关,必须统筹考虑各行政区的生活、生态、生产"三生"水权需求,保障各行政区的经济发展、社会保障、生态环境建设协同治理;既要满足当代人的用水需求,又不能损害后代人的用水权利;不仅要满足经济发展的现状用水需求,而且要考虑经济发展的未来新增用水需求;将水资源的合理开发和可持续利用有机结合,实现水资源的良性循环使用;防止分水失控和由此带来的水资源过度开发、水资源承载能力下降等问题,实现人水和谐共生。

3）"第三优先级分配单元"适配规则

针对流域初始水权与产业结构优化适配过程，在水资源刚性约束下，"第三优先级分配单元"适配规则主要包括：

（1）产业结构优化。在满足"第一优先级分配单元"水权需求、明确"第二优先级分配单元"分水方案前提下，针对"第三优先级分配单元"水权需求，应当重点考虑经济布局与产业结构优化的产业发展用水需求，包括用水规模、用水结构及水资源利用效率和综合用水效益等，保障产业结构与产业用水结构相匹配。

（2）环境建设。在满足"第一优先级分配单元"水权需求、明确"第二优先级分配单元"分水方案前提下，"第三优先级分配单元"中的环境建设水权是一种公益水权。因此，应保障环境建设的基本用水需求，包括城镇环境和农村环境的水权需求，城镇环境用水主要为城市河湖补水、环境绿地用水等，农村环境用水主要为农村湿地及泡沼湖泊补水等。

（3）效益优先。在满足"第一优先级分配单元"水权需求、明确"第二优先级分配单元"分水方案前提下，针对"第三优先级分配单元"农业、工业和服务业的水权需求，应根据水资源利用效率和用水效益的差异进行水权配置，在保障农业、工业和服务业最小用水需求的前提下，激励用水行业或用水户强化节水力度，提高水资源配置效率和综合用水效益。

（4）节水激励。在满足"第一优先级分配单元"水权需求、明确"第二优先级分配单元"分水方案前提下，鼓励水资源从低效农业向高效农业配置，促进农业节水。在满足保障粮食生产安全的农田基本灌溉用水需求的前提下，鼓励农业水权与工业水权之间的置换，完善工农业水权置换的利益补偿机制，为农田水利发展积累发展基金，提高农业用水效率和效益。

3.2 基于适配模式的"第一优先级分配单元"适配方案设计方法

依据流域初始水权与产业结构优化适配的嵌套式层级结构概念模型，"第一优先级分配单元"适配模型是指在水资源刚性约束下，按照"第一优先级分配单元"适配规则，对"第一优先级分配单元"的水权需求进行适应性配置构建的模型，包括居民基本生活水权、农田基本灌溉水权和河流生态水权的适应性配置模型。"第一优先级分配单元"适配模型构建时，应当以流域水资源综合规划为基础，流域内各省区人民政府公布的行业用水定额是"第一优先级分配单元"适配的重要依据。

3.2.1　居民基本生活水权配置方法

流域初始水权与产业结构优化适配过程中，人人均平等地享有生存发展的基本生活用水权利。因此，在水资源刚性约束下，应优先分配流域内各省区城镇居民、农村居民的基本生活水权。

3.2.1.1　影响因素分析

1）人口因素

居民基本生活水权的配置以流域所辖各行政区城镇居民、农村居民的基本生活用水需求为主要参考依据，而居民用水人口数量是制约影响基本生活用水需求的主要因素之一。我国流域人口基数大，同时伴随着人口数量的大量增长，这势必对水资源供给产生新的压力。因此，提高流域水资源承载力和生态环境的人口容量，寻求人口与水资源利用的协调发展，是今后相当长时期内面临的艰巨任务。

2）水价因素

水价是影响居民基本生活水权需求的主要因素之一。《中华人民共和国水法》第四十九条规定："用水应当计量，并按照批准的用水计划用水。用水实行计量收费和超定额累进加价制度。"国家发展改革委、住房城乡建设部《关于做好城市供水价格管理工作有关问题的通知》（发改价格〔2009〕1789 号）第三条要求，完善水价计价方式，积极推行居民生活用水阶梯式水价和非居民用水超定额用水加价制度，合理确定不同级别的水量基数及其比价关系，减少水价调整对低收入家庭的影响，提高居民节水意识。对非居民生活用水，要继续实施超定额累进加价制度。

水费支出占居民可支配收入的比重是国际上最主要的水价衡量指标之一。从全球范围来看，家庭水费支出占居民家庭收入的比例一般保持在 2% 以上。当水费支出占居民家庭收入的比重小于 2% 时，对居民生活影响较小；当比重为 2% 以上时，居民才有较强的节水意识。世界银行提出，一个发展中国家可承受水价的上限，即家庭水费支出不能超过家庭收入的 5%。住房城乡建设部指出，我国水费支出以占家庭收入的 2.5%～3% 为宜，此范围既不会过分增加低收入群体的经济负担，又能促进居民的节水意识。

近年来，按照中央的统一部署，各地积极推进水价改革，不断完善水价形成机制，取得了显著成效。污水处理收费和水资源费征收制度普遍建立，非居民用水超定额加价制度全面实施，居民用水阶梯式水价制度逐步施行，反映水资源稀缺状况、水处理和污水治理成本的水价体系基本形成。积极推行居民生活用水阶梯式水价制度,对于加强居民的水资源节约保护、提高水资源利用效率和水污染防治工作,保障供水和污水处理行业健康发展起到了积极作用。

3) 其他因素

除了居民人口数、水价的明显作用外,居民基本生活水权需求还受到人均可支配收入、人均受教育程度、用水公共设施建设、水资源稀缺程度和节水技术等因素的影响。同时,流域内各省区的气候特征,例如年总降雨量、年平均温度等,均会影响居民的水消费行为。

3.2.1.2 水权配置模型

1) 居民基本生活水权的分配

由于影响居民基本生活水权需求的因素众多,为便于计算,居民基本生活水权的配置可结合流域水资源综合规划,挖掘生活节水潜力并提高生活节水量,在充分考虑生活节水的条件下,采用定额管理的制度规定,根据居民用水人口数及其生活需水定额予以确定。居民用水人口数分为城镇居民用水人口数和农村居民用水人口数两部分,居民生活需水定额也分为城镇居民生活需水定额和农村居民生活需水定额两部分。

居民基本生活水权配置模型可表示为

$$\begin{cases} W_{\mathrm{L}} = \sum_{i=1}^{n} W_{\mathrm{L}i} \\ W_{\mathrm{L}i} = Q_{\mathrm{L}i1} \cdot P_{i1} + Q_{\mathrm{L}i2} \cdot P_{i2} \\ P_i = P_{i1} + P_{i2} \end{cases} \tag{3.1}$$

式(3.1)中:W_{L} 为流域内各省区分配的基本生活水权量之和;$W_{\mathrm{L}i}$ 为流域内第 i 个省区分配的居民基本生活水权量;$Q_{\mathrm{L}i1}$ 为第 i 个省区强化节水模式下的城镇居民生活需水定额;$Q_{\mathrm{L}i2}$ 为第 i 个省区强化节水模式下的农村居民生活需水定额;P_i 为第 i 个省区的居民用水人口总数;P_{i1} 为第 i 个省区的城镇居民用水人口数;P_{i2} 为第 i 个省区的农村居民用水人口数;n 为参与流域初始水权分配的省区总数。

居民用水人口数的预测可基于对流域内各省区的现有人口状况及其未来增长变化趋势的判断,测算在未来某个时期居民用水人口数及其城乡分布。居民用水人口数的预测一般有两类方法:其一为直接推算法,即根据基期的居民用水人口数,按其年均增长率水平,直接推算未来的居民用水人口数;其二为分要素推算法,即先分别预测影响居民用水人口总数的各项要素,然后再合起来推算未来居民用水人口总数。这里,居民用水人口数的预测主要采用直接推算法。

　　鉴于不同人群具有平等的生存和发展权利,居民生活需水定额应差异不大,仅随住宅给排水设施、卫生设备状况的变化而变化,并随着生活水平的提高呈增加趋势。因此,未来居民生活需水定额标准遵循"就高不就低"的原则选取。

　　2) 居民生活节水与措施

　　居民基本生活水权配置以其水权需求为参考依据,而居民基本生活水权需求则应充分考虑生活节水条件和潜力。挖掘生活节水潜力的主要途径是降低供水管网综合漏失率。实践中,生活节水量主要是对供水管网改造、降低管网漏失率所节约的生活用水量,对于使用节水器具所产生的节水量只能估计,无法具体量算。降低管网漏失率所节约的生活用水量可采用《全国水资源综合规划》所推荐的计算方法,即

$$\begin{cases} \Delta W_{\mathrm{L}} = \sum_{i=1}^{n} \Delta W_{\mathrm{L}i} \\ \Delta W_{\mathrm{L}i} = W_{\mathrm{L}i}^{0}(L_{i}^{0} - L_{i}^{t}) \end{cases} \tag{3.2}$$

式(3.2)中：ΔW_{L} 为流域内各省区的居民基本生活节水量之和；$\Delta W_{\mathrm{L}i}$ 为流域内第 i 个省区的居民基本生活节水量；$W_{\mathrm{L}i}^{0}$ 为流域内第 i 个省区的居民现状基本生活用水量；L_{i}^{0}、L_{i}^{t} 分别为流域内第 i 个省区的现状、未来管网漏失率。

　　促进生活节水措施主要集中在降低供水管网漏失率、推广应用节水型用水器具、加大节水宣传与提高水价等方面。①降低供水管网漏失率。从设计、施工、管材选用和管理等方面保证新建管网的工程质量,并安排资金有计划地改造旧管网,通过改造供水体系和改善供水管网,有效减少渗漏,提高供水效率。②推广应用节水型用水器具。将原有建筑的用水器具逐步改造,将跑、冒、滴、漏等浪费严重的用水器具淘汰;对于新建民用建筑,节水器具的普及率达到100%,有效减少生活用水量。③加大节水宣传与提高水价。进一步调整水价,利用经济手段促进节水,完善累进加价计费制度,有效减少用水的浪费。

　　居民基本生活水权配置模型从人人平等的思想出发,强调了所有居民都有平等享有水资源使用的权利,充分体现了水权配置的公平性。同时,该模型考虑了城镇居民与农村居民对生活用水的需求差异,使得配置结果更加趋于合理公平。

3.2.2　农田基本灌溉水权配置方法

　　水权配置管理应以保障人类社会稳定为基础,即优先保障粮食生产安全用

水。因此,农田基本灌溉水权配置对于社会的和谐稳定非常重要。在水资源刚性约束下,农田基本灌溉水权要以较高的保证率予以优先满足。

3.2.2.1　农田基本灌溉需水指标

农田基本灌溉水权配置以流域内各省区的农田灌溉需水指标为主要参考依据。农田灌溉需水指标包括强化节水模式下的农田净灌溉定额及灌溉水利用系数两类。农田净灌溉定额指标能客观、科学地反映各省区自然地理、气候条件及下垫面状况对灌溉需水量的影响,可有效分离因客观条件差异带来的省区间灌溉定额的差别;净灌溉定额与总取水口统计用水定额之比即为灌溉水利用系数,其大小反映出各省区农田灌溉的现状用水水平及生产力水平,这正是农田基本灌溉水权配置需要考虑和协商的要素之一。

受耕作技术、灌水技术、品种改良的影响,未来农田净灌溉定额将趋于减小。农田灌溉需水量采用综合净灌溉定额与灌溉水利用系数方法进行预测。农作物净灌溉定额可分为充分灌溉和非充分灌溉两种类型。有关部门或研究单位进行的大量灌溉试验所取得的有关成果,可作为确定灌溉定额的基本依据。流域内各省区通过多年的灌溉实践,已基本摸索出了当地农作物非充分灌溉技术及其非充分灌溉定额的经验值。对于水资源比较丰富的地区,一般采用充分灌溉定额;而对于水资源比较紧缺的地区,一般应采用非充分灌溉定额。当地农作物非充分灌溉技术及其非充分灌溉定额的经验值可作为调整净灌溉定额的依据。此外,有条件地区可采用彭曼公式计算农作物蒸腾蒸发量、扣除有效降雨的方法计算农作物灌溉净需水量。

根据流域各省区的农作物种植结构,各省区的综合净灌溉定额的计算公式可表示为

$$AQ_i = \sum_{j=1}^{n} (AQ_{ij} \cdot A_{ij}) \tag{3.3}$$

式(3.3)中:AQ_i 为流域内第 i 个省区强化节水模式下的综合净灌溉定额(m³/亩)(1 亩=1/15 hm²);AQ_{ij} 为第 i 个省区第 j 种农作物强化节水模式下的净灌溉定额(m³/亩);A_{ij} 为第 i 个省区第 j 种农作物的种植比例(%)。

农作物净灌溉定额指标是通过研究农作物需水量、有效降雨量、地下水利用量确定的,是满足作物对补充土壤水分要求的科学依据。它注重的是农作物需水的科学性。因此,应根据气候条件和试验资料,分析计算农作物需水量,考虑不同降雨量,根据土壤水分平衡计算各种农作物的灌溉需水量及净灌溉定额。即农作物净灌溉定额的确定是在作物需水量计算的基础上,考虑降水,进

行土壤水分平衡递推计算,得到灌溉需水量,进而计算出各四级区每种农作物的净灌溉定额。不同水平年四级区不同类型农田综合净灌溉定额,主要根据各四级区农田净灌溉定额理论计算值,参考近十年的实际灌溉情况,经综合分析后确定。

3.2.2.2　农田基本灌溉水权配置模型

农田基本灌溉水权配置可通过建立两套指标体系来确定,即宏观总量控制体系和微观定额管理体系。宏观总量控制体系主要是确定流域所辖各省区的农田基本灌溉水权配置量之和,而各省区的农田基本灌溉水权配置量可根据农作物种植面积、主要农作物灌溉制度、水源条件、渠道输入情况、气象预报等资料,由农作物灌溉面积和综合净灌溉定额予以确定。农田灌溉的微观定额管理体系是其宏观总量控制体系的基础,而宏观总量控制可以通过采取适当措施改变农田种植结构,或者通过加强农业水利科技投入改变微观定额管理体系,调整灌溉定额。农田基本灌溉水权配置的宏观总量控制体系与微观定额管理体系相结合,有利于降低监督成本、提高灌溉管理效率、增强制度的可接受度。

1）农田灌溉净需水量

根据综合净灌溉定额,农田灌溉净需水量可表示为

$$
\begin{cases}
AW^t = \sum_{i=1}^{n} AW_i^t \\
AW_i^t = \sum_{j=1}^{3} (S_{ij}^t \times AQ_i)
\end{cases}
\tag{3.4}
$$

式(3.4)中:AW^t 为第 t 个水平年流域强化节水模式下的农田灌溉净需水量(万 m^3);AW_i^t 为第 t 个水平年流域内第 i 个省区强化节水模式下的农田灌溉净需水量(万 m^3);S_{ij}^t 为第 t 个水平年第 i 个省区第 j 类灌区的灌溉面积(万亩),j 为灌区类型,即分别为渠灌区、井灌区和井渠结合灌区;AQ_i 为流域内第 i 个省区强化节水模式下的综合净灌溉定额(m^3/亩)。

2）斗口(井口)灌溉需水量

结合田间水利用系数和斗口以下渠系水利用系数,计算得到斗口(井口)灌溉需水量,可用公式表示为

$$
AW_{ig}^t = \sum_{j=1}^{3} AW_i^t / (\eta_i^t \times \eta_{iq1}^t)
\tag{3.5}
$$

式(3.5)中:AW_{ig}^t 为第 t 个水平年流域内第 i 个省区强化节水模式下的农田斗

口(井口)灌溉需水量(万 m³);η_i^t 为第 t 个水平年第 i 个省区强化节水模式下的田间灌溉水利用系数;η_{iq1}^t 为第 t 个水平年第 i 个省区强化节水模式下的斗口(井口)以下渠系水综合利用系数,其值为农渠、毛渠和斗渠三级渠道水利用系数的乘积。

3) 农田基本灌溉水权配置

根据农田灌溉斗口(井口)需水量,结合斗口以上渠系(包括干渠和支渠)水利用系数规划成果,计算得到农田灌溉毛需水量,可用公式表示为

$$\begin{cases} W_{AG}^t = \sum_{i=1}^n W_{AGi}^t \\ W_{AGi}^t = AW_{ig}^t / \eta_{iq2}^t = AW_{ig}^t / (\eta_i^t \times \eta_{iq1}^t \times \eta_{iq2}^t) \end{cases} \tag{3.6}$$

式(3.6)中:W_{AG}^t 为第 t 个水平年流域强化节水模式下的农田灌溉毛需水量(万 m³);W_{AGi}^t 为第 t 个水平年流域内第 i 个省区强化节水模式下的农田灌溉毛需水量(万 m³);η_{iq2}^t 为第 t 个水平年流域内第 i 个省区强化节水模式下的灌区斗口以上渠系水综合利用系数,对于井灌区其值等于1。

在预测灌溉毛需水量时,田间灌溉水利用系数和各级渠系水利用系数,应结合有关农业节水规划成果,分别合理拟定不同需水预测方案的取用值。

则农田基本灌溉水权配置模型可表示为

$$\begin{cases} W_{AG} = \sum_{i=1}^n W_{AGi} \\ W_{AGi} = \dfrac{W_{AGi}^t}{\sum_{j=1}^3 S_{ij}^t} \cdot \sum_{j=1}^3 S_{ij}^0 \end{cases} \tag{3.7}$$

式(3.7)中:W_{AG} 为流域所辖各省区的农田基本灌溉水权配置量之和;W_{AGi} 为流域内第 i 个省区的农田基本灌溉水权配置量;S_{ij}^0 为第 i 个省区第 j 类灌区的现状灌溉面积(万亩),j 为灌区类型,即分别为渠灌区、井灌区和井渠结合灌区。

4) 农田灌溉节水与措施

农田基本灌溉水权配置以其水权需求为主要参考依据,而农田基本灌溉水权需求充分考虑了农田灌溉节水条件和潜力。实践中,对于农田灌溉节水的计算方法,目前没有统一的计算标准,比较常用的计算公式可表示为

$$\begin{cases} \Delta W_{AG}^t = \sum_{i=1}^{n} \Delta W_{AGi}^t \\ \Delta W_{AGi}^t = A_i^0 \cdot G_i^0 \cdot (1 - \eta_i^0/\eta_i^t) \end{cases} \tag{3.8}$$

式(3.8)中：ΔW_{AG}^t 为流域所辖各省区的农田灌溉节水量之和；ΔW_{AGi}^t 为流域内第 i 个省区的农田灌溉节水量；A_i^0 为流域内第 i 个省区的现状农田实际灌溉面积；G_i^0 为流域内第 i 个省区的现状农田实际灌溉定额；η_i^0、η_i^t 分别为流域内第 i 个省区的现状、未来灌溉水利用系数。

挖掘农田灌溉节水潜力主要通过三个途径：一是调整农业种植结构，减少高耗水作物种植比例，降低亩均灌溉定额；二是依靠农业技术进步，采取科学灌溉技术和灌溉制度，提高农田灌溉水利用效率；三是通过工程节水措施，有效降低灌溉定额，提高灌溉水利用率，达到节约农田灌溉用水量的目的。农田灌溉节水措施主要集中在工程措施和非工程措施等方面。

（1）节水工程措施。节水工程措施是节水灌溉的基本措施，它对减少灌溉输水损失、提高灌溉水利用率和灌溉保证率、缩短灌水周期具有非常重要的作用，是农业节水的基础。主要节水工程措施有：渠系工程配套与渠系防渗、低压管道输水、喷灌和微灌节水措施。

（2）非工程节水措施。在强化节水工程措施的同时，必须采取配套的非工程节水措施——农业措施和管理措施，充分发挥节水灌溉工程的节水增产效益。其中：①农业措施主要有：平整土地、大畦改小畦，膜上灌、蓄水保温保墒；选育和推广优良抗旱品种，调整作物种植结构，大力推广旱作农业。②管理措施主要有：加强宣传和引导，提高全民的节水意识；制定和完善节水政策、法规；抓好用水管理，实行计划用水、限额供水、按方收费、超额加价等措施，大力推广经济、节水灌溉制度，优化配水；建立健全县、乡、村三级节水管理组织和节水技术推广服务体系，加强节水工程的维护管理，确保节水灌溉工程安全、高效运行，提高使用效率，延长使用寿命。

3.2.3　河流生态水权配置方法

河流生态水权是指为维护流域内河流生态环境，保障渔业、航运、水力发电等用水项目和生产活动，要求河流、水库、湖泊保持一定的流量和水位所需赋予的水权量。尽管河流生态水权在流域初始水权配置中所占比例不大，但却是流域经济社会可持续发展的前提和关键。其特点是：①主要利用河水的势能和生态功能，基本上不消耗水量或污染水质，属于非耗损性清用水；②河流生态水权为"一水多用"的综合性水权，在满足主要用水要求的同时，兼顾其他用水要求。因此,在水资源刚性约束下,河流生态水权必须以高保证率予以满足。

3.2.3.1 河流生态水权配置模型

对河流生态水权进行配置时,按照修复和美化河流生态环境的要求,应以保障河流生态需水量为主。河流生态需水量是指维持河流生态系统一定形态和一定功能所需要保留在河流的水(流)量,按维持河道基本功能所需的水权量和河口生态环境所需的水权量分别计算。

河流生态水权配置模型可表示为

$$W_E = W_{E_1} + W_{E_2} \tag{3.9}$$

式(3.9)中:W_E 为流域内分配的河流生态水权;W_{E_1} 为维持河道基本功能所需的水权量;W_{E_2} 为维持河口生态环境所需的水权量。

3.2.3.2 维持河道基本功能的水权需求量

维持河道基本功能所需的水权量包括生态基流、输沙需水量和水生生物需水量等,主要计算方法有 Tennant 法和分项计算法。

1) Tennant 法

Tennant 法将全年分为两个计算时段,根据多年平均流量百分比和河道内生态环境状况的对应关系,直接计算维持河道基本功能的生态需水量。这类方法属于非现场测定类型的标准设定方法,一般具有宏观的定性指导意义。Tennant 法中不同流量百分比和与之对应的河道内生态环境状况见表3.1。

表 3.1 Tennant 法中不同流量百分比对应的河道内生态环境状况   单位:%

不同流量百分比对应的河道内生态环境状况	平均流量的百分比(10 月至次年 3 月)	平均流量的百分比(4—9 月)
最大	200	200
最佳范围	60~100	60~100
极好	40	60
非常好	30	50
好	20	40
中或差	10	30
差或最小	10	10
极差	0~10	0~10

对于最小河流生态用水,有些国家已做出硬性规定。例如,法国规定最小河流生态用水流量不应小于多年平均流量的 1/10,即使对多年平均流量大于 80 m³/s 的河流,最低流量的下限也不得低于多年平均流量的 1/20。

根据 Tennant 法,维持河道基本功能的水权需求量可表示为

$$W_{E_1} = 24 \times 3\ 600 \sum_{i=1}^{12} (M_i Q_i P_i) \tag{3.10}$$

式(3.10)中:W_{E_1} 为多年平均条件下维持河道基本功能的水权需求量(m³);M_i 为第 i 个月的天数(d);Q_i 为第 i 个月多年平均流量(m³/s);P_i 为第 i 个月生态环境需水百分比。

Tennant 法将一年分为两个计算时段,4—9 月为多水期,10 月至次年 3 月为少水期,不同时期流量百分比有所不同。各流域计算时年内的时段可按如下方法划分:将天然情况下多年平均月径流量从小到大排序,前 6 个月为少水期,后 6 个月为多水期。

用 Tennant 法计算维持河道基本功能的生态环境水权需求量,关键在于选取合理的流量百分比。不同的河流水系,其河道内生态环境功能不同,同一河流的不同河段也有差异,因此要根据实际情况选取合理的河流生态环境目标,以此确定流量百分比。在一些研究中,少水期通常选取多年平均流量的10%~20%作为河道生态环境需水量,多水期选取多年平均流量的30%~40%,但要根据各河流水系的实际情况而定。

对于特殊河流(河段),如泥沙含量较高或有国家级保护物种的河流(河段),维持河道基本功能的需水量应单项计算,并对成果进行合理性分析检查。

Tennant 法的优点是不需要进行专门的生态需水现场测量。对于设有水文站的河流,年平均流量可以从历史资料获得;对于没有水文站的河流,也可通过水文知识间接获得。这类方法可以在优先度不高的河段使用,或者作为其他方法的一种粗略检验。

2) 分项计算法

(1) 生态基流

生态基流指为维持河床基本形态、防止河道断流、保持水体天然自净能力和避免河流水体生物群落遭到无法恢复的破坏而保留在河道中的最小水(流)量。经常使用的计算方法有如下三种:

a. 方法一:10 年最小月平均流量法

10 年最小月平均流量法的计算公式为

$$W_{E_{11}} = 365 \times 24 \times 3\,600 \times \frac{1}{10} \sum_{i=1}^{10} Q_{mi} \tag{3.11}$$

式(3.11)中：$W_{E_{11}}$ 为河道生态基流(m^3)；Q_{mi} 为最近 10 年中第 i 年最小月平均流量(m^3/s)。

　　b. 方法二：典型年最小月流量法

　　选择满足河道基本功能、未断流，又未出现较大生态环境问题的某一年作为典型年，将典型年最小月平均流量或月径流量作为满足年生态环境需水的平均流量或月平均径流量。典型年最小月流量法的计算公式为

$$W_{E_{11}} = 365 \times 24 \times 3\,600 Q_{sm} \tag{3.12}$$

式(3.12)中：$W_{E_{11}}$ 为河道生态基流(m^3)；Q_{sm} 为典型年最小月平均流量(m^3/s)。

　　c. 方法三：$Q\,95$ 法

　　这种方法是将 95% 频率下的最小月平均径流量作为河道生态基流。

　　(2) 输沙需水量

　　河道输沙需水量指保持流域内河道水流泥沙冲淤平衡所需水量，主要与河道上游来水来沙条件、泥沙颗粒组成、河流类型及河道形态等有关。对北方多沙河流而言，河道泥沙输送主要集中在汛期，汛期水流含沙量高，通常处于饱和输沙状态，因此可根据汛期输送单位泥沙所需的水量来计算输沙需水量。汛期输送单位泥沙所需的水量可近似用汛期多年平均含沙量的倒数来代替。

　　输沙需水量计算公式可表示为

$$W_{E_{12}} = S_l \cdot \frac{1}{S_{cw}} \tag{3.13}$$

式(3.13)中：$W_{E_{12}}$ 为年输沙需水量(m^3)；S_l 为多年平均输沙量(kg)；S_{cw} 为多年平均汛期含沙量(kg/m^3)。

　　基岩河床的河流或河床比降较大的山区河流，一般情况下水流处于非饱和输沙状态，可用多年最大月平均含沙量代表水流对泥沙的输送能力，输沙需水量的计算式可表示为

$$W_{E_{12}} = S_1 \cdot \frac{1}{S_{cmax}} \tag{3.14}$$

式(3.14)中：$W_{E_{12}}$ 为年输沙需水量(m^3)；S_1 为多年平均输沙量(kg)；S_{cmax} 为多年最大月平均含沙量(kg/m^3)。

　　有资料的河段，可根据模型计算水流挟沙力，由水流挟沙力和输沙量计算河道输沙需水量。

（3）水生生物需水量

水生生物需水量指维持流域河道内水生生物群落的稳定性和保护生物多样性所需要的水量。为保证流域内河流系统水生生物及其栖息地处于良好状态，河道内需要保持一定的水量；对有国家级保护生物的河段，应充分保证其生长栖息地良好的水生态环境。水生生物需水量的计算公式可表示为

$$W_{E_{13}} = \sum_{i=1}^{12} \max(W_{Cij}) \qquad (3.15)$$

式（3.15）中：$W_{E_{13}}$ 为水生生物年需水量（m^3）；W_{Cij} 为第 i 个月第 j 种生物的需水量（m^3），根据具体生物物种生活（生长）习性确定，资料缺乏地区，可按多年平均流量的百分比估算河道内水生生物的需水量，一般河流少水期可取多年平均径流量的 $10\%\sim20\%$，多水期可取多年平均径流量的 $20\%\sim30\%$，有国家级保护生物的河流（河段）可适当提高多年平均径流量的百分比。

河道内生态基流、输沙需水量和水生生物需水量分月取最大值，得到维持河道基本功能的年需水量。其计算公式可表示为

$$W_{E_1} = W_{E_{11}} + W_{E_{12}} + W_{E_{13}} \qquad (3.16)$$

式（3.16）中：W_{E_1} 为多年平均条件下维持河道基本功能的需水量（m^3）；$W_{E_{11}}$ 为河道生态基流（m^3）；$W_{E_{12}}$ 为年输沙需水量（m^3）；$W_{E_{13}}$ 为水生生物年需水量（m^3）。

3.2.3.3　维持河口生态环境的水权需求量

维持河口生态环境水权需求量（W_{E_2}）指防止咸潮上溯、维持河口生态系统平衡所需的水权量，主要包括河口冲沙需水量、防潮压咸需水量、河口生物需水量。各需水量之间有一定重复，各计算单项需水量的最大值为河口生态环境需水量。

1）河口冲沙需水量

河口冲沙需水量指为了保持河口泥沙冲淤平衡所需要的水量。冲沙需水量计算需分析历年入海水量的变化特点及河口生态环境、泥沙冲淤平衡状况，丰水年和平水年可利用汛期的排水及灌溉回归水冲沙，枯水年份需要保持一定的入海水量，满足河口冲沙的需要。河口泥沙受到河道水流与潮流的相互作用，水动力条件复杂，可用河口多年入海水量、含沙量、泥沙淤积量等进行估算。

2）防潮压咸需水量

防潮压咸需水量是为了避免咸潮上溯对河口地区生态环境和生活生产用

水带来不利影响所需要的水量。为防止潮水上溯，保持河口地区不受咸潮影响，必须保持河道一定的防潮压咸水量。有资料地区可根据河口流量与咸水位关系计算相应的入海压咸水量。无资料地区可以河口处多年平均月最大潮水位和设计潮水位来计算防潮压咸所需水量。

3) 河口生物需水量

河口生物需水量指为了保持河口良好的水生生物栖息条件所需要的水量。河口生物栖息地受河道水流和海洋潮流的共同影响，情况比较复杂。河口生物栖息地保护主要是维持河口入海水量与咸潮及泥沙的动态平衡，一般通过典型年入海水量的分析，确定其需水量。

3.3 基于适配模式的"第二优先级分配单元"适配方案设计方法

在水资源日益紧缺的情况下，"第二优先级分配单元"中各省区均期望获得更多的水权量，以实现各省区的经济社会综合效益最大化。流域初始水权一旦在各省区之间配置不合理，可能会出现以下情况。首先，水权配置较少的上游省区可能会通过过度取水，减少水权配置较多的下游省区的水权需求，导致上下游用水冲突；其次，水权被占用的下游省区可能会通过使用河流生态水权或者过度开采地下水资源等方式，进一步满足该省区内生活、生态、生产等"三生"水权相关利益主体的用水需求，从而容易导致流域生态环境恶化，不利于促进全流域的和谐发展，更不利于保障人水和谐共生的社会主义现代化建设。因此，在水资源刚性约束下，各省区之间初始水权配置合理至关重要。

依据初始水权与产业结构优化适配的嵌套式层级结构概念模型，"第二优先级分配单元"适配模型主要是指在水资源刚性约束下，在"第一优先级分配单元"水权配置基础上，对流域内各省区的初始水权进行适应性配置而构建的模型。针对"第二优先级分配单元"适配，学者们主要结合水权配置原则，提出了两套不同模式的配置模型。一是以人口、面积、现状、产值等配置模式为基础，采用混合配置模式，通过系统地构建一套水权配置指标体系，建立综合指标评价模型，对其进行水权配置；二是通过构建各配置原则下的目标满意度函数，建立多目标优化模型，对其进行水权配置。一方面，国内外学者将影响水权配置结果的定性指标与定量指标相结合，不断完善水权配置指标体系的设计，构建综合指标评价模型，这虽然有利于水权配置结果的公平性与易接受性，但水权配置过程涉及过多的指标，指标的合理性值得商榷，且指标权重的确定亦带有主观性，反易导致水权配置过程的复杂化与不易操作性、水权配置结果缺乏准确合理性。另一方面，国内外学者只针对水权配置应遵循的部分原则，构建了各配置原则下的目标满意度函数，未考虑加强政府对弱势群体的保护等原则，建立的多目标优化模型尚不完善,水权配置模型仍需作进一步改进。

为此,将流域内各省区作为"第二优先级分配单元"适配对象,根据嵌套式层级结构概念模型中的"第二优先级分配单元"适配规则,明确"第二优先级分配单元"适配原则,通过构建各适配原则下的目标满意度函数,建立水资源多目标优化模型,确定"第二优先级分配单元"适配方案。

3.3.1 适配方案设计原则

我国大多数学者认为,流域初始水权配置遵循的基本原则为:公平与效率兼顾、公平优先;尊重用水现状;向经济发展重点行业适当倾斜,保障国民经济的可持续发展。参考我国流域初始水权配置的政策法规和分水实践成果,流域初始水权与产业结构优化适配过程必须在水资源刚性约束下,综合考虑"第二优先级分配单元"中各省区的经济高质量发展目标,统筹兼顾"第二优先级分配单元"中各省区的水权需求,提高各省区水权配置与其经济高质量发展目标的适应性。为此,根据嵌套式层级结构概念模型中"第二优先级分配单元"适配规则,对"第二优先级分配单元"适配应遵守的基本原则进行细化,具体包括:

1)总量控制刚性约束原则

"第二优先级分配单元"中各省区的水权配置量之和必须控制在流域可分配的初始水权总量范围内(流域可分配的初始水权总量应扣除"第一优先级分配单元"中的河流生态水权,并将居民基本生活水权和农田基本灌溉水权纳入"第二优先级分配单元"中)。同时,"第二优先级分配单元"中各省区的水权配置量不能超过其水权需求量。

2)安全保障原则

根据"第二优先级分配单元"中各省区的经济高质量发展目标,统筹兼顾"第二优先级分配单元"中各省区的水权相关利益主体的利益诉求,不仅要满足保障各省区生命安全的居民基本生活水权需求,同时要满足保障各省区粮食生产安全的农田基本灌溉水权需求。

3)人口匹配原则

根据"第二优先级分配单元"中各省区的经济高质量发展目标,以"第二优先级分配单元"中各省区的人口为参考依据,是我国流域初始水权配置应遵循的一个重要原则,必须保障各省区的初始水权配置与人口相匹配。

4)现状匹配原则

结合我国流域的区情与水情,河岸权制度的实施难度较大,以"第二优先级分配单元"中各省区的现状实际用水比例为参考依据,进行各省区的水权配置,是我国流域初始水权配置应遵循的一个重要原则,必须保障各省区的初始水权配置与现状相匹配。

5）经济匹配原则

在流域水资源稀缺、节水技术水平与居民节水意识有待提升的情况下，提高水资源配置利用效率与综合效益是流域初始水权与产业结构优化适配的重要目标之一。以"第二优先级分配单元"中各省区的经济发展为参考依据，进行各省区的水权配置，是我国流域初始水权配置应遵循的一个重要原则，必须保障各省区的初始水权配置与经济发展相匹配。

6）面积匹配原则

根据"第二优先级分配单元"中各省区的经济高质量发展目标，以"第二优先级分配单元"中各省区的耕地面积为参考依据，进行各省区的水权配置，是我国流域初始水权配置应遵循的一个重要原则，必须保障各省区的初始水权配置与耕地面积相匹配。

7）协调发展原则

针对流域初始水权与产业结构优化适配过程，涉及"第二优先级分配单元"中各省区用水决策实体的切身利益，必须以各省区经济高质量发展的水资源承载力作为水权配置的刚性约束条件，按照以水定需的方式进行水权配置，维护各省区水资源利用的相关利益，确保实现各省区水资源利用的协调发展。

8）弱势群体保护原则

针对流域初始水权与产业结构优化适配过程，必须考虑"第二优先级分配单元"中各省区的地理位置、地区开发、水土保持、重要灌区保护与发展、水源地依赖程度等因素，采取必要的政策倾斜，加强弱势群体保护。

3.3.2　适配方案设计模型

在水资源刚性约束下，为保障流域持续健康发展，针对"第二优先级分配单元"适配过程，流域多年平均水资源总量必须扣除全流域的河流生态水权。同时，"第一优先级分配单元"中满足基本生活保障需求的居民基本生活水权、满足粮食生产安全保障需求的农田基本灌溉水权虽予以优先分配，但必须纳入"第二优先级分配单元"中。为此，基于用水总量控制原则，对"第二优先级分配单元"适配时，流域可分配的剩余初始水权总量可用公式表示为

$$\begin{cases} W_0 = W_T - W_E = W_S + W_U \\ W_0 = \sum_{i=1}^{n} W_i = \sum_{i=1}^{n} (W_{Si} + W_{Ui}) \\ W_i = W_{Ri} + W_{Li} + W_{AGi} \end{cases} \tag{3.17}$$

式(3.17)中：W_0 为流域可分配的剩余初始水权总量；W_T 为流域多年平均水资源总量；W_E 为全流域的河流生态水权；W_S 为流域可分配的地表水权总量；W_U 为流域可分配的地下水权总量；W_i 为第 i 个省区的水权配置量；W_{Si} 为第 i 个省区的地表水权配置量；W_{Ui} 为第 i 个省区的地下水权配置量。W_{Ri} 表示第 i 个省区的剩余水权配置量；W_{Li} 为第 i 个省区的居民基本生活水权配置量；W_{AGi} 为第 i 个省区的农田基本灌溉水权配置量。

3.3.2.1　基于适配原则的目标满意度函数

基于公式(3.1)，根据"第二优先级分配单元"适配原则，在水资源刚性约束下，构建各适配原则下的目标满意度函数。

1) 基于安全保障原则的目标满意度函数

基于安全保障原则的目标满意度函数 S_1 可表示为

$$S_1 = \min(S_{1i}) \tag{3.18}$$

式(3.18)中：S_1 为基于安全保障原则的目标满意度函数；$S_{1i} = \begin{cases} W_i/W_{Bi}, & W_i \leqslant W_{Bi} \\ 1, & W_i > W_{Bi} \end{cases}$，为保障第 i 个省区的居民基本生活水权需求与粮食生产安全水权需求的满意度；$W_{Bi} = W_{Li} + W_{AGi}$，为规划期第 i 个省区的居民基本生活水权需求与粮食生产安全水权需求，其中，W_{Li} 为规划期第 i 个省区的居民基本生活水权需求量，W_{AGi} 为规划期第 i 个省区的农田基本灌溉水权需求量。

2) 基于人口匹配原则的目标满意度函数

基于人口匹配原则的目标满意度函数 S_2 可表示为

$$S_2 = \min(S_{2i}) \tag{3.19}$$

式(3.19)中：S_2 为基于人口匹配原则的目标满意度函数；$S_{2i} = 1 - \dfrac{\left| P_i / \sum\limits_{i=1}^{n} P_i - (W_i \cdot P_{W_i}) / \sum\limits_{i=1}^{n}(W_i \cdot P_{W_i}) \right|}{\max\left(P_i / \sum\limits_{i=1}^{n} P_i, (W_i \cdot P_{W_i}) / \sum\limits_{i=1}^{n}(W_i \cdot P_{W_i})\right) - \min\left(P_i / \sum\limits_{i=1}^{n} P_i, (W_i \cdot P_{W_i}) / \sum\limits_{i=1}^{n}(W_i \cdot P_{W_i})\right)}$，

为保障第 i 个省区的初始水权配置与人口相匹配的满意度；P_i 为规划年第 i 个省区的人口数；P_{W_i} 为规划年第 i 个省区的单方水人口数。其余符号的意义同前述。

3) 基于现状匹配原则的目标满意度函数

基于现状匹配原则的目标满意度函数 S_3 可表示为

$$S_3 = \min(S_{3i}) \tag{3.20}$$

式（3.20）中：S_3 为基于现状匹配原则的目标满意度函数；$S_{3i} = 1 - \dfrac{|N_i - W_i/(W_T - W_E)|}{\max(N_i, W_i/(W_T - W_E)) - \min(N_i, W_i/(W_T - W_E))}$，为保障第 i 个省区的初始水权配置与现状相匹配的满意度；N_i 为第 i 个省区的现状用水比例。其余符号的意义同前述。

4) 基于经济匹配原则的目标满意度函数

基于经济匹配原则的目标满意度函数 S_4 可表示为

$$S_4 = \min(S_{4i}) \tag{3.21}$$

式（3.21）中：S_4 为基于经济匹配原则的目标满意度函数；$S_{4i} = 1 - \dfrac{|GDP_i/\sum\limits_{i=1}^{n}GDP_i - (W_i \cdot E_i)/\sum\limits_{i=1}^{n}(W_i \cdot E_i)|}{\max(GDP_i/\sum\limits_{i=1}^{n}GDP_i, (W_i \cdot E_i)/\sum\limits_{i=1}^{n}(W_i \cdot E_i)) - \min(GDP_i/\sum\limits_{i=1}^{n}GDP_i, (W_i \cdot E_i)/\sum\limits_{i=1}^{n}(W_i \cdot E_i))}$，为保障第 i 个省区的初始水权配置与经济相匹配的满意度；E_i 为规划年第 i 个省区的单方水产值；GDP_i 为规划年第 i 个省区的国内生产总值。其余符号的意义同前述。

5) 基于面积匹配原则的目标满意度函数

基于面积匹配原则的目标满意度函数 S_5 可表示为

$$S_5 = \min(S_{5i}) \tag{3.22}$$

式（3.22）中：S_5 为基于面积匹配原则的目标满意度函数；$S_{5i} = 1 - \dfrac{|A_i/\sum\limits_{i=1}^{n}A_i - (W_i \cdot A_{W_i})/\sum\limits_{i=1}^{n}(W_i \cdot A_{W_i})|}{\max(A_i/\sum\limits_{i=1}^{n}A_i, (W_i \cdot A_{W_i})/\sum\limits_{i=1}^{n}(W_i \cdot A_{W_i})) - \min(A_i/\sum\limits_{i=1}^{n}A_i, (W_i \cdot A_{W_i})/\sum\limits_{i=1}^{n}(W_i \cdot A_{W_i}))}$，为保障第 i 个省区的初始水权配置与耕地面积相匹配的满意度；A_i 为规划年第 i 个省区的耕地面积；A_{W_i} 为规划年第 i 个省区的单方水耕地面积。其余符号的意义同前述。

6) 基于总量控制原则的目标满意度函数

基于总量控制原则的目标满意度函数 S_6 可表示为

$$S_6 = \min(S_{6i}) \tag{3.23}$$

式(3.23)中：S_6 为基于协调发展原则的目标满意度函数；$S_{6i} = \begin{cases} 1, & W_i \leqslant DW_i \\ 0, & W_i > DW_i \end{cases}$，为不超过水权需求总量的满意度；$DW_i$ 为规划年第 i 个省区的经济高质量发展水权需求总量。

7）基于协调发展原则的目标满意度函数

基于协调发展原则的目标满意度函数 S_7 可表示为

$$S_7 = 1 - \sum_{i=1}^{n} \left| \frac{W_i/DW_i - \sum_{i=1}^{n} W_i \Big/ \sum_{i=1}^{n} DW_i}{\sum_{i=1}^{n} W_i \Big/ \sum_{i=1}^{n} DW_i} \right|^2 \qquad (3.24)$$

式(3.24)中：S_7 为基于协调发展原则的目标满意度函数；W_i/DW_i 为第 i 个省区的经济高质量发展水权需求满意度；$\sum_{i=1}^{n} W_i \Big/ \sum_{i=1}^{n} DW_i$ 为流域经济高质量发展的平均水权需求满意度。其余符号的意义同前述。

8）基于弱势群体保护原则的目标满意度函数

基于弱势群体保护原则的目标满意度函数 S_8 可表示为

$$S_8 = \frac{\sum\limits_{i=1}^{n}(W_i \cdot \eta_i) + \sum\limits_{i=1}^{n} W_i \cdot \min\eta_i}{\sum\limits_{i=1}^{n} W_i \cdot \max\eta_i + \sum\limits_{i=1}^{n} W_i \cdot \min\eta_i}$$

$$\begin{cases} \eta_i = w_1 \cdot \eta_{i1} + w_2 \cdot \eta_{i2} + w_3 \cdot \eta_{i3} + w_4 \cdot \eta_{i4} \\ \eta_{i1} = POS_i \Big/ \sum\limits_{i=1}^{n} POS_i \\ \eta_{i2} = RDI_i \Big/ \sum\limits_{i=1}^{n} RDI_i \\ \eta_{i3} = WCG_i \Big/ \sum\limits_{i=1}^{n} WCG_i \\ \eta_{i4} = \dfrac{AWG_i}{AWC_i} \Big/ \sum\limits_{i=1}^{n} \dfrac{AWG_i}{AWC_i} \\ \sum\limits_{k=1}^{4} w_k = 1 \end{cases} \qquad (3.25)$$

式(3.25)中：S_8 为基于弱势群体保护原则的目标满意度函数；η_i 为第 i 个省区经济高质量发展的政府弱势群体保护度,可根据流域内各省区的调研资料,结合各省区的地理位置 η_{i1}、地区开发指数 η_{i2}、生态保护指数 η_{i3} 与水源地依赖程度 η_{i4} 等因素,经专家咨询,对各省区的弱势群体保护力度进行综合评价,最终予以确定弱势群体保护度。其中,η_{i1} 为第 i 个省区的河段地理位置,可以以河流最下游的区域为基础,对上游区域进行赋值(POS_i);η_{i2} 为第 i 个省区的地区开发指数,主要反映了一个省区的第二产业和第三产业的发展水平,可以用第二产业 GDP 和第三产业 GDP 之和 RDI_i 来表示;η_{i3} 为第 i 个省区的生态保护指数,主要反映了一个省区的水土流失综合治理水平,可以用水土流失综合治理面积 WCG_i 来表示;η_{i4} 为第 i 个省区的水源地依赖程度,可以用多年平均取水量 AWG_i 与平均水资源量 AWC_i 的比值来表示;w_1、w_2、w_3、w_4 分别为按各省区的地理位置、地区开发指数、生态保护指数与水源地依赖程度等因素进行水权配置的相对重要性,可通过专家咨询予以确定。

3.3.2.2　水资源多目标优化模型

在水资源刚性约束下,根据"第二优先级分配单元"适配原则,结合式(3.17)~式(3.25),建立基于适配原则的水资源多目标优化模型,即

$$\max S = \omega_1 S_1 + \omega_2 S_2 + \omega_3 S_3 + \omega_4 S_4 + \omega_5 S_5 + \omega_6 S_6 + \omega_7 S_7 + \omega_8 S_8$$

$$\sum_{k=1}^{8} \omega_k = 1 \tag{3.26}$$

式(3.26)中:S 为基于适配原则的水资源多目标优化模型,是对各适配原则下目标满意度函数的综合集成;ω_k 为第 k 项适配原则对应的目标满意度函数 S_k 的权重,用来反映"第二优先级分配单元"中各省区水权相关利益主体对该适配原则的偏好。权重 ω_k 确定必须结合各省区意见,通过各省区之间的政治民主协商予以综合确定,属于群决策过程。在群决策过程中,一般是先由决策群体中各决策者作出自己的决策判断,然后通过各决策者之间的协商,将这些决策结果集结为群体意见。基于群决策思想确定不同适配原则下目标满意度函数 S_k 的权重 ω_k 的具体步骤为:

步骤 1,将各省区作为一个决策者,由各决策者分别对各目标满意度函数 S_k 进行赋权,第 i 个省区赋予各函数的权重分别为(α_{1i},α_{2i},α_{3i},α_{4i},α_{5i},α_{6i},α_{7i},α_{8i})。

步骤 2,通过流域管理机构和区域管理机构及专家咨询,确定各决策者的相对重要程度,即第 i 个省区的相对重要程度可表示为 β_i。

步骤 3,结合步骤 1 与步骤 2,根据各决策者赋予各函数的权重 α_{ki}($k=1$,$2,\cdots,8$)以及各决策者的相对重要程度 β_i,确定各函数的权重 ω_k,即

$$\omega_k = \sum_{i=1}^{n} \alpha_{ki}\beta_i$$

$$\sum_{i=1}^{n} \beta_i = 1 \tag{3.27}$$

由于"第二优先级分配单元"中各省区的初始水权分配必须在保障各省区公平用水的基础上,提高各省区的水资源利用效率和综合经济效益,因此,可取各省区决策者具有同等的重要性,即 $\beta_i = \dfrac{1}{n}$ 。

至此,结合式(3.17)～式(3.27),建立基于适配原则的水资源多目标优化模型。最终得到"第二优先级分配单元"中各省区的初始水权配置量 W_i 。

3.4　基于适配模式的"第三优先级分配单元"适配方案设计方法

"第三优先级分配单元"处于适配层次的最底层,属于"第二优先级分配单元"的子范畴。"第三优先级分配单元"一般可设定为具体用水行业或取水户。经济发展、产业结构变化对不同用水行业的水权配置会产生重大影响,"第三优先级分配单元"适配更为明显地反映了农业、工业和服务业等不同用水行业的竞争性水权需求。同时,为避免经济高质量发展的水资源低效配置问题,应考虑产业结构优化对"第三优先级分配单元"水权配置的调整与优化问题。由于"第三优先级分配单元"的收益和用水量正相关,因此,在水资刚性约束下,"第三优先级分配单元"适配可以结合实际用水情况,通过确立水权规则和用水激励机制,由"第二优先级分配单元"统筹分配和统一调度,以提高"第三优先级分配单元"水权配置利用效率以及流域整体的经济社会生态综合效益。

3.4.1　用水行业水权需求方法

用水行业或用水户的水权需求主要包括农业、工业和服务业等产业发展水权需求、环境建设水权需求、生活水权需求。

3.4.1.1　产业发展水权需求

"第三优先级分配单元"中各省区的产业发展水权需求包括工业发展水权需求、服务业发展水权需求、农业发展水权需求。

1) 工业发展水权需求

工业发展水权需求包括非火电工业和火电工业水权需求。其中,非火电工业水权需求与其所处省区的水资源特征条件、科技和经济增长方式、产业结构调整与优化等密切相关,且对各种影响因素的灵敏度不同。

（1）工业需水定额计算

有关部门和省（自治区、直辖市）已制定的工业用水定额标准，可作为近期工业需水定额预测的基础参考数据，并进行综合分析后确定。远期工业需水定额可参考目前经济比较发达、用水水平比较先进的国家或地区现有的工业用水定额水平，结合本地发展条件确定。在进行工业需水定额预测时，应充分考虑各种影响因素对需水定额的影响，主要包括：行业生产性质及产品结构；用水水平、节水程度；企业生产规模；生产工艺、生产设备及技术水平；用水管理与水价水平等。

工业需水定额预测的方法包括重复利用率法、趋势法、规划定额法和多因子综合法等。

①重复利用率法。重复利用率法的预测计算公式可表示为

$$IQ_{im}^{t_2} = (1-\alpha)^{t_2-t_1} \cdot \frac{1-\eta_{im}^{t_2}}{1-\eta_{im}^{t_1}} \cdot IQ_{im}^{t_1} \qquad (3.28)$$

式（3.28）中，m 为第 i 个省区的工业部门分类序号，$IQ_{im}^{t_2}$ 和 $IQ_{im}^{t_1}$ 分别为第 t_2 和第 t_1 水平年第 m 个工业部门的取水定额[万元工业增加值取水量，或者单位产品（如装机容量）取水量]；α 为综合影响因子，包括科技进步、产品结构等因素；$\eta_{im}^{t_2}$ 和 $\eta_{im}^{t_1}$ 分别为第 t_2 和第 t_1 水平年第 m 个工业部门的用水重复利用率。

②趋势法。趋势法的计算公式可表示为

$$IQ_{im}^{t_2} = IQ_{im}^{t_1} \cdot (1-r_{im}^{t_2})^{t_2-t_1} \qquad (3.29)$$

式（3.29）中：$r_{im}^{t_2}$ 为第 t_2 和第 t_1 水平年第 m 个工业部门取水定额年均递减率，其值可根据变化趋势分析后拟定。其余符号的意义同前述。

（2）工业发展水权需求量计算

工业发展水权需求量的计算公式可表示为

$$DW_{i3} = \sum_{m=1}^{M} (X_{im}^{t} \cdot IQ_{im}^{t}) \qquad (3.30)$$

式（3.30）中：DW_{i3} 为第 i 个省区第 t 水平年工业发展水权需求量；X_{im}^{t} 为第 i 个省区第 t 水平年第 m 个工业部门的工业发展指标（如工业增加值等）；IQ_{im}^{t} 为第 i 个省区第 t 水平年第 m 个工业部门的取水定额（万元工业增加值取水量）。

在计算工业水权需求量时，必须有效提高工业用水重复利用率、减少输水管网漏失率，从而进一步增加工业节水量。

2）服务业发展水权需求

服务业发展水权需求主要包括建筑业和第三产业水权需求。建筑业和第三产业水权需求的预测方法可参照工业发展水权需求预测方法。建筑业水权需求预测可采用建筑业万元增加值需水量法，也可采用单位建筑面积需水量法。第三产业水权需求预测可采用第三产业万元增加值需水量法，也可参考城市建设部门分类口径及其预测方法。根据这些产业发展规划成果，结合用水现状分析，预测各规划水平年的净需水定额和水利用系数，最终得到服务业发展的水权需求量。

3）农业发展水权需求

农业发展水权需求包括农田灌溉水权需求和林牧渔畜水权需求。其中，农田灌溉水权需求主要涉及现状灌溉面积水权需求和新增灌溉面积水权需求；林牧渔畜水权需求主要包括四部分：林果地灌溉、草场灌溉、鱼塘补水和牲畜需水量。

农田灌溉水权配置是对现状灌溉面积水权需求和新增灌溉面积水权需求进行配置，其中现状灌溉面积水权配置是保障粮食生产安全的农田基本灌溉水权需求。由于水资源需求的稀缺性，农田灌溉水权配置可在满足现状灌溉面积水权需求基础上，结合市场方式，通过农业与工业等高效率用水行业之间的水权置换，在增加工业等高效率用水行业的水权需求基础上，由工业等高效率用水行业对农田灌溉进行节水工程投资，增加农田新增灌溉面积的灌溉水权需求。

林果地灌溉和草场灌溉需水量采用灌溉定额预测方法，其计算步骤类似于农田灌溉水权需求：根据当地试验资料或现状典型调查，分别确定林果地和草场灌溉净定额；根据灌溉水源和供水系统，分别确定田间水利用系数和各级渠系水利用系数；结合林果地与草场发展面积预测指标，预测林果地和草场灌溉净需水量和毛需水量。

鱼塘补水量为维持鱼塘一定水面面积和相应水深所需要补充的水量，采用亩均补水定额方法计算，亩均补水定额可根据鱼塘渗漏量及水面蒸发量与降水量的差值加以确定。

牲畜需水量主要是按大、小牲畜分类，采用定额法计算。

农业发展水权需求具有季节性特点，为了反映农业水权需求的年内配置过程，要求提出农业需水量月分配系数，应根据种植结构、灌溉制度及典型调查加以综合确定。

3.4.1.2 环境建设水权需求

"第三优先级分配单元"中各省区的环境质量好坏与人类的生活、健康水平息息相关。近年来,全球气候变暖、自然灾害频发等影响加剧,使得人类更加关注环境状况。为了改善城镇的环境卫生以及风景面貌,提升城镇绿化程度,加大市政景观建设以及保证公共设施的环境卫生,如道路清洗、绿化灌溉等,必须对各省区的环境建设水权需求提供有力保证,保障各省区的环境建设初始水权配置占各省区经济高质量发展一定的比例。

"第三优先级分配单元"中各省区的环境建设水权需求主要包括四部分:城镇环境美化水权需求、林草植被建设水权需求、湖泊沼泽湿地保护水权需求、地下水回灌水权需求。

1)城镇环境美化水权需求

"第三优先级分配单元"中各省区的城镇环境美化水权需求是指为保持各省区城镇良好环境的水权需求量,主要包括城镇河湖补水量、城镇绿地生态需水量和城镇环境卫生需水量。

(1)城镇河湖补水量计算

按照水量平衡法或采用定额法,可计算各省区的城镇河湖补水量。

a. 水量平衡法

水量平衡法可用公式表示为

$$W_{icl} = F_i + f_i V_i - S_i (P_i - E_i)/1\,000 \tag{3.31}$$

式(3.31)中:W_{icl} 为第 i 个省区的河湖年补水量(m^3);F_i 为第 i 个省区的水体渗漏量(m^3);V_i 为第 i 个省区的城镇河湖水体体积(m^3);f_i 为第 i 个省区的换水周期(次/年);S_i 为第 i 个省区的水面面积(m^2);P_i、E_i 为第 i 个省区的降水和水面蒸发量(mm)。

b. 定额法

定额法为按照现状水面面积和现状城镇河湖补水量估算单位水面的河湖补水量,根据对不同规划水平年河湖面积的预测计算所需水量。也可以人均水面面积的现状定额为基础,结合未来城镇人口预测,采用适当的人均水面面积(根据城镇总体规划等)进行预测。

(2)城镇绿地生态需水量计算

采用定额法,可计算各省区的城镇绿地生态需水量。可用公式表示为

$$W_{iG} = S_{iG} q_{iG} \tag{3.32}$$

式(3.32)中:W_{iG} 为第 i 个省区的绿地生态需水量(m^3);S_{iG} 为第 i 个省区的绿地面积(hm^2);q_{iG} 为第 i 个省区的绿地灌溉定额(m^3/hm^2)。

（3）城镇环境卫生需水量计算

采用定额法，可计算各省区的城镇环境卫生需水量。可用公式表示为

$$W_{ic} = S_{ic}q_{ic} \tag{3.33}$$

式（3.33）中：W_{ic} 为第 i 个省区的环境卫生需水量（m³）；S_{ic} 为第 i 个省区的城镇面积（m²）；q_{ic} 为第 i 个省区单位面积的环境卫生需水定额（m³/m²）。

"第三优先级分配单元"中各省区的城镇环境美化水权需求可表示为

$$W_{iM} = W_{icl} + W_{iG} + W_{ic} \tag{3.34}$$

式（3.34）中：W_{iM} 为第 i 个省区的城镇环境美化水权需求量（m³）。

2）林草植被建设水权需求

"第三优先级分配单元"中各省区的林草植被建设水权需求是指为建设、修复和保护各省区的生态系统，对各省区的林草植被进行灌溉的水权需求量，林草植被主要包括防风、固沙林草等。

$$W_{iP} = \sum_{j=1}^{m} S_{iPj}q_{iPj} \tag{3.35}$$

式（3.35）中：W_{iP} 为第 i 个省区的植被建设水权需求量（m³）；S_{iPj} 为第 i 个省区的第 j 种植被面积（hm²）；q_{iPj} 为第 i 个省区的第 j 种植被的灌水定额（m³/hm²）。

3）湖泊沼泽湿地保护水权需求

湖泊沼泽湿地保护水权需求是指为维持湖泊一定的水面面积或沼泽湿地面积需要人工补充的水量。

（1）湖泊生态环境补水量计算

湖泊生态环境补水量可根据湖泊水面蒸发量、渗漏量、入湖径流量等按水量平衡法估算，计算公式可表示为

$$W_{iL} = 10S_{iL}(E_{iL} - P_i) + F_{iL} - R_{iL} \tag{3.36}$$

式（3.36）中：W_{iL} 为第 i 个省区的湖泊生态环境补水量（m³）；S_{iL} 为需要保持的第 i 个省区的湖泊水面面积（hm²）；P_i 为第 i 个省区的降水量（mm）；E_{iL} 为第 i 个省区的水面蒸发量（mm）；F_{iL} 为第 i 个省区的渗漏量（m³），一般情况下可忽略不计；R_{iL} 为第 i 个省区的入湖径流量（m³）。

（2）沼泽湿地生态环境补水量计算

湿地是人类社会存在和发展不可或缺的重要资源，是人类赖以生存的重要物质基础。湿地所产生的效益在所有自然生态中是最高的。一方面，进行湿地保护，能够维持生物的多样性；调蓄洪水，防止自然灾害；提供水资源；降低污染

物。另一方面,进行湿地保护,能够提供丰富的动植物产品;提供矿物资源;改善自然旅游风光等。沼泽湿地生态环境补水量可用水量平衡法进行估算,计算公式为

$$W_{i\mathrm{w}} = 10S_{i\mathrm{w}}(E_{i\mathrm{w}} - P_i) + F_{i\mathrm{w}} - R_{i\mathrm{w}} \tag{3.37}$$

式(3.37)中:$W_{i\mathrm{w}}$ 为第 i 个省区的沼泽湿地生态环境补水量(m^3);$S_{i\mathrm{w}}$ 为需要恢复或保持的第 i 个省区的沼泽湿地面积(hm^2);P_i 为第 i 个省区的降水量(mm);$E_{i\mathrm{w}}$ 为第 i 个省区的沼泽湿地蒸发量(mm);$F_{i\mathrm{w}}$ 为第 i 个省区的渗漏量(m^3),对于底层为冰冻或者泥炭层的沼泽湿地,可近似认为渗漏量为 0;$R_{i\mathrm{w}}$ 为第 i 个省区的进入沼泽湿地的径流量(m^3)。

"第三优先级分配单元"中各省区的湖泊沼泽湿地保护水权需求可表示为

$$W_{i\mathrm{LW}} = W_{i\mathrm{L}} + W_{i\mathrm{w}} \tag{3.38}$$

式(3.38)中:$W_{i\mathrm{LW}}$ 为第 i 个省区的湖泊沼泽湿地保护水权需求量(m^3)。

4) 地下水回灌水权需求

"第三优先级分配单元中"各省区的地下水回灌补水量是指为了防治地下水超采,需要通过工程措施对地下水超采区进行回灌所需要的水量。通常情况下,如果开采量小于补给量,地下水超采区可逐步恢复。

"第三优先级分配单元中"各省区的环境建设水权需求可表示为

$$DW_{i4} = W_{i\mathrm{M}} + W_{i\mathrm{P}} + W_{i\mathrm{LW}} + W_{i\mathrm{B}} \tag{3.39}$$

式(3.39)中:DW_{i4} 为第 i 个省区的河道外环境建设水权需求(m^3);$W_{i\mathrm{B}}$ 为第 i 个省区的地下水回灌补水量(m^3)。

3.4.2 适配方案设计模型

针对"第三优先级分配单元"适配过程,根据"第三优先级分配单元"中不同用水行业的用水现状与效益分析以及用水效率评价结果,以用水行业的水权需求为导向,建立基于规划导向的适配模型,确定行业初始水权的适配方案。

3.4.2.1 用水行业的水权适配原则

结合"第三优先级分配单元"适配规则,针对各省区用水行业的水权配置,应遵循的适配原则如下。

1) 总量控制原则

各省区内不同用水行业的水权配置量不能超过其水权需求。同时,各用水行业的水权配置量之和必须控制在各省区可分配的初始水权总量范围内(即

"第二优先级分配单元"中各省区的水权配置量)。

2) 优先满足原则

为了保障人类的生存与发展,各省区内城镇居民和农村居民的生活水权需求应优先得到保证(即"第一优先级分配单元"中居民基本生活用水单元的水权配置)。

3) 社会稳定原则

为了维护社会安定,各省区内粮食生产安全保障的农田基本灌溉水权需求也应予以满足(即"第一优先级分配单元"中农田基本灌溉用水单元的水权配置)。

4) 工业与服务业高质量发展原则

根据各省区的工业与服务业发展现状以及工业与服务业高质量发展规划,考虑工业与服务业的未来发展规模,在强化节水模式下提高工业与服务业高质量发展节水潜力和节水量,合理保障未来工业与服务业高质量发展水权需求,提高各省区工业与服务业高质量发展的水资源配置利用经济效益。

5) 环境建设原则

为防止各省区的经济社会用水挤占环境建设用水,必须保证一定的环境建设水权需求,以维护生态系统和绿化环境。

6) 产业结构高级化原则

为防止各省区的工业与服务业发展失衡,必须促进工业与服务业之间的均衡、协调发展,推进产业结构高级化,实现产业结构优化布局。

3.4.2.2　用水行业的水权适配序位

根据"第三优先级分配单元"适配原则,可将不同用水行业水权配置的优先序位界定为:①序位一,基于优先满足原则,居民基本生活水权需求必须优先得到满足;②序位二,基于社会稳定原则,粮食生产安全保障的农田基本灌溉水权需求必须优先得到满足;③序位三,在保障工业最低用水需求基础上,基于服务业高质量发展原则,在充分考虑服务业高质量发展节水的条件下,挖掘服务业高质量发展的节水潜力并提高服务业高质量发展的节水量,合理保障服务业高质量发展水权需求;④序位四,基于环境建设原则,在优先配置居民基本生活水权、农田基本灌溉水权以及工业高质量发展水权需求的前提条件下,保障环境建设水权需求;⑤序位五,基于农业与工业高质量发展原则,在充分考虑农业与工业高质量发展节水的条件下,挖掘农业与工业高质量发展的节水潜力,并提高农业与工业高质量发展的节水量,合理保障农业与工业高质量发展水权需求;⑥序位六,基于产业结构高级化原则,确定工业与服务业之间的产业结构比例,以促进产业之间的均衡、协调发展。

不同用水行业的适配序位见表3.2。

表 3.2 不同用水行业的适配序位

序位	要求
序位一	居民基本生活水权配置量不低于基本生活保障需求的目标规划值
序位二	农业水权配置量不低于粮食生产安全保障的农田基本灌溉水权需求目标规划值
序位三	在保障工业最低水权需求基础上,服务业生产总值不低于服务业高质量发展的目标规划值
序位四	河道外环境建设水权配置量不低于环境建设水权需求的目标规划值
序位五	农业生产总值不低于农业高质量发展的目标规划值
	工业生产总值不低于工业高质量发展的目标规划值
序位六	工业与服务业的产业结构比等于工业与服务业发展的目标规划值

表 3.2 中,各用水行业的目标规划值可根据各省区的经济高质量发展规划,通过专家咨询予以确定。结合各用水行业的发展目标,必须统筹兼顾生活、生态环境、生产等"三生"水权需求,对各省区的产业结构进行调整和优化。在保障社会稳定和粮食生产安全的基础上,将水资源配置给低耗水、高效益生产用水行业,限制高耗水产业的发展,以水资源高效利用支撑经济高质量发展。

3.4.2.3 用水行业的水权适配模型

结合表 3.2,确定不同用水行业水权配置的约束条件,建立基于规划导向的适配模型,对各用水行业的水权进行配置,具体可表述为

$$\min Z_i = P_1 d_{i1}^- + P_2 d_{i2}^- P_3 d_{i3}^- + P_4 d_{i4}^- + P_5 d_{i5}^- + P_6 d_{i6}^- + P_7 (d_{i7}^- + d_{i7}^+)$$

$$
\begin{cases}
\sum_{j=1}^{5} W_{ij} = W_i \\
W_{i21} + W_{i22} = W_{i2} \\
W_{ij} \leqslant DW_{ij} \\
W_{i1} = DW_{i1} \\
W_{AGi} \leqslant W_{i21} \leqslant DW_{i21} \\
W_{i22} \leqslant DW_{i22} \\
W_{i2} + d_{i1}^- - d_{i1}^+ = Z_{i1} \\
W_{i3} + d_{i2}^- - d_{i2}^+ = Z_{i2} \\
W_{i4} \cdot c_i + d_{i3}^- - d_{i3}^+ = Z_{i3} \\
W_{i5} + d_{i4}^- - d_{i4}^+ = Z_{i4} \\
W_{i2} \cdot a_i + d_{i5}^- - d_{i5}^+ = Z_{i5} \\
W_{i3} \cdot b_i + d_{i6}^- - d_{i6}^+ = Z_{i6} \\
W_{i3} \cdot b_i + d_{i7}^- - d_{i7}^+ = Z_{i7} \cdot W_{i4} \cdot c_i \\
d_{im}^+, d_{im}^- \geqslant 0, d_{im}^+ \times d_{im}^- = 0 \\
(i = 1, 2, \cdots, n, j = 1, 2 \cdots, 5; m = 1, 2, \cdots, 7)
\end{cases}
\tag{3.40}
$$

式(3.40)中：$\min Z_i$ 为用水行业水权配置的目标函数，保障流域第 i 个省区的经济产业发展达到目标值；P_m 为第 m 个目标；d_{im}^+、d_{im}^- 分别为超过、未达到第 m 个目标的正、负偏差量；W_{ij} 为第 i 个省区第 j 行业的初始水权配置量；W_{i1}、W_{i2}、W_{i3}、W_{i4}、W_{i5} 分别为流域第 i 个省区的居民生活、农业、工业、服务业以及河道外环境建设的水权配置量；a_i 为第 i 个省区的单方水农业产值；b_i 为第 i 个省区的单方水工业产值；c_i 为第 i 个省区的单方水服务业产值；W_{i21}、W_{i22} 分别表示第 i 个省区农田灌溉、林牧渔畜的水权配置量；DW_{ij} 为第 i 个省区第 j 行业的水权需求量；DW_{i21} 为第 i 个省区的农田灌溉水权需求量；DW_{i22} 为第 i 个省区的林牧渔畜水权需求量；Z_{im} 为第 i 个省区第 j 行业的目标规划值（$m = 1, 2, \cdots, 7$），可根据流域及各区域的社会经济发展综合规划，通过专家咨询予以确定；Z_{i1} 为第 i 个省区保障粮食生产安全的农田基本灌溉水权需求的目标规划值；Z_{i2} 为第 i 个省区的工业高质量发展的最低用水需求目标规划值；Z_{i3} 为第 i 个省区的服务业高质量发展的目标规划值；Z_{i4} 为第 i 个省区的河道外环境建设水权需求的目标规划值；Z_{i5} 为第 i 个省区的农业发展的目标规划值；Z_{i6} 为第 i 个省区的工业发展的目标规划值；Z_{i7} 为第 i 个省区的工业与服务业产业结构比的目标规划值。

综上，根据模型(3.40)，构建基于规划导向的水权适配模型，利用 GLPS(目标规划法)软件包求解，得到流域所辖各省区的居民生活、农田灌溉、工业、服务业、环境建设以及林牧渔畜等用水行业的水权配置量。

式(3.40)中，工业水权配置时必须充分考虑工业高质量发展节水的条件，通过采取节水工程措施，提高工业用水重复利用率和输水管网漏失率，在强化工业节水模式下，进一步增加工业节水量。工业节水量的计算公式可表示为

$$\Delta W_{i3} = I_{i3}^0 Q_{i3}^t / (1 - \mu_i^t) \cdot (\mu_i^t - \mu_i^0) + W_{i3}^0 (L_i^0 - L_i^t) \tag{3.41}$$

式(3.41)中：ΔW_{i3} 为流域内第 i 个省区的工业节水量(亿 m^3)；I_{i3}^0 为流域内第 i 个省区的现状工业增加值(亿元)；Q_{i3}^t 为规划年第 t 个水平年流域内第 i 个省区的工业增加值综合万元产值定额(m^3/万元)；μ_i^0、μ_i^t 为流域内第 i 个省区的现状、规划年工业用水重复利用率(%)；L_i^0、L_i^t 为流域内第 i 个省区的现状、规划年输水管网漏失率(%)。

实践中，工业节水措施主要包括：①对工业进行合理布局，提高工业生产用水循环利用率。②推广国内外节水新工艺，加速水处理系统及设备的技术改造，积极推广汽化冷却、干式除尘等先进工艺或设备，减少取水量。③对城市污

水和工业废水进行处理、回用。对水质要求不高的生产过程,提高其工业用水的重复利用率,减少新鲜水的补给量。工业各行业之间节水技术设备差异较大,但工业节水具有节约用水和减少污水处理量的双重性,同时具有社会、经济和生态环境三重效益。

第四章

流域初始水权与产业结构优化适配方案诊断方法

针对设计的流域初始水权与产业结构优化适配方案,如何构造一套完善的诊断方法,进行适配方案诊断分析,以衡量适配方案的合理性和有效性,是流域初始水权配置的关键。目前,学者们主要依据效益指标、效率指标、定额指标等指标类,建立诊断指标体系,采用层次分析法、对比分析法、综合指标评价法等诊断模型,进行适配方案诊断。但现有的诊断方法没有体现流域所辖省区的初始水权配置与其经济高质量发展的适应性、初始水权配置与经济产业结构优化布局的匹配性。因此,现有的适配方案诊断方法亟待完善。为此,在水资源刚性约束下,针对设计的流域初始水权与产业结构优化适配方案,充分反映利益相关主体的利益诉求,开展流域初始水权与产业结构优化适配方案诊断方法研究。

4.1 "流域—省区"层面适应性诊断方法

针对"流域—省区"层面的初始水权与产业结构优化适配过程,由于流域所辖各省区在用水现状水平、经济发展水平、社会保障水平、生态环境建设水平等方面存在较大差异,因此各省区之间的初始水权配置比例不同。适应性诊断的目的是在水资源刚性约束下,综合反映各省区经济高质量发展与其对水权需求之间的均衡关系,体现各省区水权配置与其经济高质量发展目标的适应性。为此,在构造公平性诊断准则基础上,进一步构造适应性诊断准则与诊断模型,以协调各省区初始水权配置与其经济高质量发展目标之间的适应性。

4.1.1 诊断准则构造

针对设计的流域初始水权与产业结构优化适配方案,令 W 为流域内各省区的初始水权配置方案,即 $W = \{W_1, W_2, \cdots, W_n\}$,其中,第 i 个省区、第 k 个省区、第 l 个省区的初始水权配置量分别为 W_i 、W_k 、W_l 。假设各省区之间的水权配置关系可表示为 $W_i \geqslant W_k \geqslant W_l$,即第 i 个省区的初始水权配置量最大,其次为第 k 个省区的初始水权配置量,然后是第 l 个省区的初始水权配置量。为此,在水资源刚性约束下,构建适应性诊断指标体系,确定各省区的所有诊断指标的综合加权指标值。在此基础上,首先,构造适应性诊断准则一,即针对各省区的适配方案,第 i 个省区与第 k 个省区的水权配置与其经济高质量发展目标的综合加权指标值相适应,同时第 k 个省区与第 l 个省区的初始水权配置与其经济高质量发展目标的综合加权指标值相适应;其次,构造适应性诊断准则二,即针对各省区的水权配置,基于综合加权指标值的基尼系数必须限制在可接受的阈值范围内;最后,构造适应性诊断准则三,即基于适配原则的目标总体满意度必须达到设定的阈值。

适应性诊断准则强调:第 i 个省区的水权配置量 W_i 与第 k 个省区的水权配置量 W_k 相比,其倍数关系应与其经济高质量发展目标的综合加权指标值之间的倍数关系保持一定的适应性。且第 k 个省区的水权配置量 W_k 与第 l 个省区的水权配置量 W_l 相比,其倍数关系应与其经济高质量发展目标的综合加权指标值之间的倍数关系保持一定的适应性。

当适应性诊断准则一、适应性诊断准则二和适应性诊断准则三同时满足时,此时,诊断结果可认定为第 i 个省区与第 k 个省区的水权配置与其经济高质量发展目标的综合加权指标值相适应。即第 i 个省区与第 k 个省区相比,通过了适应性诊断准则。且第 k 个省区与第 l 个省区的水权配置与其经济高质量发展目标的综合加权指标值相适应。即第 k 个省区与第 l 个省区相比,通过了适应性诊断准则。

4.1.2 诊断模型构建

4.1.2.1 诊断指标体系设计

1) 诊断指标体系设计原则

适应性诊断指标体系是由一系列相互联系、相互制约的指标组成的科学的、完整的指标体系,指标体系的构建旨在水资源刚性约束下,结合各省区的用水现状、经济发展水平、社会保障水平、生态环境建设水平等方面,充分体现各省区之间水权配置与其经济高质量发展目标的适应性。适应性诊断指标体系构建的基本原则如下。

（1）科学性和实用性相统一原则

流域初始水权配置适应性诊断指标体系是否科学，将直接影响到诊断的质量和能否准确反映各省区之间水权配置与其经济高质量发展目标的适应性。适应性诊断指标的选取应建立在充分认识、系统研究的科学基础上，指标体系的构建应能全面涵盖适应性诊断准则，指标体系必须在水资源刚性约束下，充分反映各省区的用水现状、各省区不同用水行业的发展规模、水资源利用效率、经济发展和生态环境保护等要素。同时，指标的设置要尽可能利用已有统计资料，要考虑数据取得的难易程度和可靠性，尽可能选择那些有代表性的综合指标和重点指标。

（2）系统性与层次性相统一原则

各省区的经济社会发展必须在水资源刚性约束下，统筹兼顾生活、生态环境、生产等"三生"用水行业的水权需求，各省区内不同用水行业之间既相互联系、相互制约，又相互独立、相互促进，流域初始水权配置过程要能全面体现用水行业之间的发展用水需求，更好体现各省区水权配置与其经济高质量发展目标的适应性。因此，指标的组合应具有一定的层次结构和动态性，适应性诊断指标体系应为一个较完整的体系，围绕适应性诊断指标之间应有的内在联系，尽可能去除信息上的相关和重叠。

（3）全面性和代表性相统一原则

流域初始水权配置适应性诊断指标体系是由一系列互相独立而又互相联系的指标组成的有机整体，既包含了各省区的用水现状，又包含了各省区的经济高质量发展目标，反映了各省区的经济发展、社会保障以及生态环境建设等各方面，指标体系作为一个有机整体是多种因素综合作用的结果，应从不同角度反映出各省区的主要特征和发展状况。因此，在水资源刚性约束下，适应性诊断指标的选取应强调代表性、典型性，使指标体系简洁易用。

（4）可比性和灵活性相统一原则

水资源具有明显的时空属性，不同的自然条件、不同的社会经济发展水平、不同的文化背景，导致各省区的发展对水资源的需求具有不同的侧重点和出发点。为便于各省区之间社会高质量发展水平的横向比较，指标体系的构建应注重时间、空间和范围的可对比性。用于适应性诊断的指标，其含义、统计口径、计算公式，应规范化、标准化、国际统一化，要求指标的选取和计算采用国内外通行的统计指标口径。同时，指标的选取应具备灵活性。在水资源刚性约束下，适应性诊断指标体系的设计应根据各省区的经济高质量发展情况进行相应调整。

（5）动态性与可操作性相统一原则

指标的发展必须在一个较长的时期内保持其连续性，以能够有效地反映各省区的经济高质量发展目标。适应性诊断指标体系构建应充分考虑各省区动态变化的特点，根据不同时期、不同空间、不同条件环境等，结合指标参考值的动态变化来反映各省区的客观情况，诊断各省区之间水权配置关系是否合理。指标体系中的指标内容要简单明了，要考虑指标量化和数据取得的难易程度等问题，指标要有明确的含义，要尽量选择那些有代表性的综合指标和主要指标。

2）诊断指标体系

依据适应性诊断准则，鉴于国内外相关研究成果，在水资源刚性约束下，通过咨询流域管理机构和水资源管理专家，采用频度统计分析等理论分析方法，从各省区的用水现状、经济发展水平、社会保障水平、生态环境建设水平等方面，构建适应性诊断指标体系，见表4.1。

表 4.1　适应性诊断指标体系

刚性约束	一级指标	二级指标	单位	指标表征
水量控制约束	用水现状	多年平均径流量	亿 m^3	反映各省区的多年平均产水量差异
		现状用水比例	%	反映各省区的现状用水差异
		多年平均供水量	亿 m^3	反映各省区的多年平均供水能力差异
		农田灌溉水有效利用系数	—	反映各省区灌溉工程状况、灌溉技术水平等差异
		耗水率	%	反映各省区用水技术水平差异
水效控制约束	经济发展水平	多年平均 GDP 增长率	%	反映各省区未来经济增长的水资源需求变化趋势差异
		万元 GDP 需水量	m^3/万元	反映各省区规划年经济发展水平的需水差异
		万元工业增加值用水量	m^3/万元	反映各省区工业用水效率差异（重要约束指标）
		万元服务业增加值用水量	m^3/万元	反映各省区服务业用水效率差异（重要约束指标）
	社会保障水平	耕地面积	km^2	反映各省区水源地所辖耕地面积的需水差异
		人均需水量	m^3/人	反映各省区规划年人口的需水差异
		农田灌溉亩均需水量	m^3/亩	反映各省区农业发展对水资源的利用效率差异
		城镇供水管网漏失率	%	反映各省区生活用水效率差异
水质控制约束	生态环境建设水平	地下水供水占比	%	反映各省区地下水开采差异
		水土流失面积占比	%	反映各省区水土流失治理水平差异

　　根据表 4.1 中的适应性诊断指标,在水资源刚性约束下,依据构造的适应性诊断准则,首先,对第 i 个省区与第 k 个省区之间的水权配置关系进行诊断。同理,对第 k 个省区与第 l 个省区之间的水权配置关系进行诊断。假设第 i 个省区经济高质量发展的综合加权指标值超过第 k 个省区经济高质量发展的综合加权指标值,第 i 个省区的水权配置量 W_i 与第 k 个省区的水权配置量 W_k 相比,其倍数关系与其经济高质量发展目标的综合加权指标值之间的倍数关系相适应。

　　为此,采用二元比较法和熵权法相结合的主客观综合赋权法,确定适应性诊断指标的权重。并建立半结构多目标模糊优选模型,确定各省区经济高质量发展的综合加权指标值。在此基础上,采用对比分析法,诊断各省区的水权配置之比与其综合加权指标值之比之间是否相适应。同时,采用基尼系数法,确定基于各省区综合加权指标值的基尼系数,诊断其是否在可接受的阈值范围内。

4.1.2.2　诊断指标权重的确定

　　适应性诊断指标权重确定合理与否,对诊断结果和诊断质量将产生决定性影响。目前国内外关于指标权重确定的方法有多种,大致可分为两大类:①主观赋权法,如德尔菲法、层次分析法(AHP)等,多是采用综合咨询评分的定性方法,这类方法因受到人为因素的影响,往往会夸大或降低某些指标的作用,致使指标权重无法真实反映指标的作用。②客观赋权法,即根据各指标间的相互关系或各项指标值的变异程度来确定权重,避免了人为因素带来的偏差,如主成分分析法、因子分析法、熵权法等。

　　借鉴国内外研究成果,将主观赋权法与客观赋权法相结合,采用熵权法和二元比较法进行加权求和,确定适应性诊断指标的权重。即基于熵权法,为避免人为因素带来的偏差,根据包含在数据中的客观信息确定适应性诊断指标的客观权重;基于二元比较法,根据专家的主观经验判断,确定适应性诊断指标的主观权重;最后,结合二元比较法与熵权法,确定适应性诊断指标的综合权重。

　　1) 基于熵权法的指标权重确定

　　熵(Entropy)原是统计物理和热力学中的一个物理概念,1948 年,美国工程师申农(Shnanno C. E)将熵的概念引入信息理论以后,信息理论得到了飞速发展。一般认为,信息系统中的信息熵是信息无序度的度量,信息熵越大,信息的无序度越高,其信息的效用值越小;反之,信息熵越小,信息的无序度越低,其信息的效用值越大。基于此,可利用信息熵计算指标体系中各指标的权重。

　　采用熵权法确定适应性诊断指标权重的基本步骤为:

步骤 1,形成 n 个省区的适应性诊断指标矩阵,即

$$\boldsymbol{Y} = (y_{ij})_{n \times m} = \begin{pmatrix} y_{11} & y_{12} & \cdots & y_{1m} \\ y_{21} & y_{22} & \cdots & y_{2m} \\ \vdots & \vdots & & \vdots \\ y_{n1} & y_{n2} & \cdots & y_{nm} \end{pmatrix} \tag{4.1}$$

式(4.1)中: y_{ij} 表示第 i 个省区第 j 个指标的指标值。

步骤 2,根据式(4.1),确定适应性诊断指标的最优值组,即

$$y_j^* = \begin{cases} \max\{y_{ij}\} \\ \min\{y_{ij}\} \end{cases}, i = 1 \sim n; j = 1 \sim 15 \tag{4.2}$$

式(4.2)中: $\max\{y_{ij}\}$ 表示 n 个省区中第 j 个指标的最优值; $\min\{y_{ij}\}$ 表示 n 个省区中第 j 个指标的最劣值。若 y_{ij} 为效益型指标,取 $y_j^* = \max\{y_{ij}\}$;若 y_{ij} 为成本型指标,取 $y_j^* = \min\{y_{ij}\}$ 。

步骤 3,确定指标 y_{ij} 与 y_j^* 的接近程度,即

$$D_{ij} = \begin{cases} y_{ij}/y_j^* & \text{效益型指标} \\ y_j^*/y_{ij} & \text{成本型指标} \end{cases} \tag{4.3}$$

步骤 4,对 D_{ij} 进行归一化处理,即

$$d_{ij} = D_{ij} \bigg/ \sum_{i=1}^{n} \sum_{j=1}^{15} D_{ij} \tag{4.4}$$

步骤 5,确定第 j 个指标的熵值,即

$$E_j = -\frac{1}{\ln n} \sum_{i=1}^{n} \frac{d_{ij}}{\sum\limits_{i=1}^{n} d_{ij}} \ln \frac{d_{ij}}{\sum\limits_{i=1}^{n} d_{ij}} \tag{4.5}$$

步骤 6,确定第 j 个指标的熵权 h_j ,即

$$h_j = \frac{1 - E_j}{\sum\limits_{j=1}^{15} (1 - E_j)} \tag{4.6}$$

式(4.6)中: $\sum\limits_{j=1}^{15} h_j = 1$ 。

2) 基于二元比较法的指标权重确定

设有待进行重要性比较的诊断指标集:

$$T = \{T_1, T_2, \cdots, T_m\} \tag{4.7}$$

式(4.7)中：T_j $(j=1,2,\cdots,m)$ 为第 j 个指标；m $(m=15)$ 为适应性诊断指标个数。

将 m 个指标进行两两比较，得出二元比较重要性排序一致性标度矩阵：

$$\boldsymbol{P}=\begin{pmatrix} P_{11} & P_{12} & \cdots & P_{1m} \\ P_{21} & P_{22} & \cdots & P_{2m} \\ \vdots & \vdots & & \vdots \\ P_{m1} & P_{m2} & \cdots & P_{mm} \end{pmatrix} \qquad (4.8)$$

式(4.8)中：$P_{jl}=\begin{cases} 1, & \text{若 } T_j \text{ 比 } T_l \text{ 重要} \\ 0.5, & \text{若 } T_j \text{、} T_l \text{ 同样重要，即满足 } P_{jl} \text{ 在 } 0,0.5,1 \text{ 之中取值,} \\ 0, & \text{若 } T_l \text{ 比 } T_j \text{ 重要} \end{cases}$

且 $P_{jl}+P_{lj}=1$，当 $j=l$ 时，$P_{jl}=P_{lj}=0.5$。

将矩阵 $\boldsymbol{P}$ 各行相加，得到的和数由大到小排列。其中和数最大的行所对应的诊断指标为最重要，并以此诊断指标为标准，参考表 4.2，分别与剩下的指标进行比较，得适应性诊断指标体系中各指标对重要性的隶属度向量。二元比较重要性程度的两个模糊标度边界为 0.50 和 1.00，可以分别用"同样""无可比拟"两个语气算子来描述。对介于两者之间的关系可插入九个语气算子进行比较。

表 4.2　语气算子、模糊标度、隶属度对应关系表

语气算子	同样	稍为	略为	较为	明显	显著	十分	非常	极其	极端	无可比拟
模糊标度	0.50	0.55	0.60	0.65	0.70	0.75	0.80	0.85	0.90	0.95	1.00
优属度	1.000	0.818	0.667	0.538	0.429	0.333	0.250	0.176	0.111	0.053	0.000

隶属度向量为

$$\boldsymbol{r}=(r_1,r_2,\cdots,r_m) \qquad (4.9)$$

对式(4.9)进行归一化处理，得到适应性诊断指标的权重向量为

$$\boldsymbol{\lambda}=\left(\frac{r_1}{\sum\limits_{j=1}^{m} r_j},\frac{r_2}{\sum\limits_{j=1}^{m} r_j},\cdots,\frac{r_m}{\sum\limits_{j=1}^{m} r_j}\right)=(\lambda_1,\lambda_2,\cdots,\lambda_m) \qquad (4.10)$$

式(4.10)中：$\sum\limits_{j=1}^{m}\lambda_j=1$。

3）基于综合赋权法的指标权重确定

基于熵权法和二元比较法的方法进行加权求和，确定适应性诊断指标的综

合权重,即

$$w_j = \frac{h_j + \lambda_j}{2} \tag{4.11}$$

式(4.11)中:h_j 为基于熵权法确定的指标权重;λ_j 为基于二元比较法确定的指标权重;w_j 为第 j 个指标的综合权重,$\sum_{j=1}^{m} w_j = 1$。

4.1.2.3 综合加权指标值的确定

在确定适应性诊断指标权重的基础上,采用半结构多目标模糊优选模型,确定各省区经济高质量发展的综合加权指标值。

1) 指标相对优属度

(1) 定性指标相对优属度的确定

适应性诊断指标集中的关于定性指标的量化,可根据人的经验知识量化原理,按优越性进行二元对比的定性排序。第 i 个省区与第 k 个省区对比,就定性指标而言,①若第 i 个省区的定性指标优于第 k 个省区对应的定性指标,则定义定性排序标度 $e_{ik} = 1$,$e_{ki} = 0$;②若第 k 个省区的定性指标优于第 i 个省区对应的定性指标,则定义定性排序标度 $e_{ki} = 1$,$e_{ik} = 0$;③若第 i 个省区的定性指标与第 k 个省区对应的定性指标同样优越,则定义定性排序标度 $e_{ik} = e_{ki} = 0.5$,$i, k = 1, 2, \cdots, n$。则二元对比定性排序标度矩阵为:

$$\boldsymbol{E} = \begin{pmatrix} e_{11} & e_{12} & \cdots & e_{1n} \\ e_{21} & e_{22} & \cdots & e_{2n} \\ \vdots & \vdots & & \vdots \\ e_{n1} & e_{n2} & \cdots & e_{nn} \end{pmatrix} = (e_{ik}) \tag{4.12}$$

式(4.12)中,$\boldsymbol{E}$ 为 $n \times n$ 阶关于定性指标的二元对比矩阵,满足:

$$\begin{cases} e_{ik} + e_{ki} = 1 \\ e_{ii} = e_{kk} = 0.5 \\ e_{ik} \in \{0, 0.5, 1\} \end{cases}$$

指标体系中的 h($h < m$)个定性指标的排序标度构成一个 $h \times n$ 阶的二元对比重要性排序标度矩阵,对其进行一致性检验,通过排序一致性检验的矩阵为排序一致性标度矩阵。对排序一致性标度矩阵各行各列按从大到小的顺序排列,给出决策集关于优越性的排序,并形成二元比较矩阵:

$$\boldsymbol{\mu} = \begin{vmatrix} \mu_{1,1} & \mu_{1,2} & \cdots & \mu_{1,h} \\ \mu_{2,1} & \mu_{2,2} & \cdots & \mu_{2,h} \\ \vdots & \vdots & & \vdots \\ \mu_{n,1} & \mu_{n,2} & \cdots & \mu_{n,h} \end{vmatrix} = (\mu_{ij})_{n \times h} \tag{4.13}$$

式(4.13)中：μ_{ij} 为第 i 个省区第 j 个定性指标作二元比较时的优越性模糊标度。

则第 i 个省区第 j 个定性指标的规范化处理公式为

$$r_{ij} = \frac{\mu_{ij}}{\sum\limits_{i=1}^{n} \mu_{ij}} \tag{4.14}$$

式(4.14)中：r_{ij} 表示第 i 个省区第 j 个定性指标的指标相对优属度。

（2）定量指标相对优属度的确定

定量指标相对优属度的计算公式为

$$r_{ij} = 1 + \frac{y_{ij} - y_j^*}{\max\{y_{ij}\} - \min\{y_{ij}\}} \tag{4.15}$$

式(4.15)中：r_{ij} 表示指标相对优属度，若定量指标为效益型指标，$y_j^* = \max\{y_{ij}\}$；若定量指标为成本型指标，$y_j^* = \min\{y_{ij}\}$。

2）指标相对优属度矩阵

根据确定的定量指标和定性指标的相对优属度，将定量指标与定性指标相结合，即可得到 n 个省区关于 m 个指标的相对优属度矩阵：

$$\boldsymbol{R} = \begin{bmatrix} r_{11} & r_{12} & \cdots & r_{1m} \\ r_{21} & r_{22} & \cdots & r_{2m} \\ \vdots & \vdots & & \vdots \\ r_{n1} & y_{n2} & \cdots & r_{nm} \end{bmatrix} = (r_{ij})_{n \times m} \tag{4.16}$$

3）指标的综合优属度

确定适应性诊断指标的综合优属度，即

$$M_i = \frac{1}{1 + \left(\dfrac{d_{ig}}{d_{ih}}\right)^2} = \frac{1}{1 + \left(\dfrac{\sqrt[p]{\sum\limits_{j=1}^{m}(w_j \cdot |r_{ij} - \max\{r_{ij}\}|)^p}}{\sqrt[p]{\sum\limits_{j=1}^{m}(w_j \cdot |r_{ij} - \min\{r_{ij}\}|)^p}}\right)^2} \tag{4.17}$$

式(4.17)中：M_i 表示第 i 个省区的指标综合优属度；d_{ig} 表示第 i 个省区的指

标值与理想指标值之间的距离；d_{ih} 表示第 i 个省区的指标值与负理想指标值之间的距离；w_j 表示适应性诊断指标体系中第 j 个指标的权重；p 为参数，当 $p=1$ 时，上述距离为海明距离，当 $p=2$ 时，上述距离为欧式距离，一般取 $p=2$。

通过构建半结构多目标模糊优选模型，得到各省区适应性诊断指标的综合优属度，即各省区经济高质量发展的综合加权指标值。

4.1.2.4 基于适应性诊断准则的诊断

1）适应性诊断关系的确定

在确定各省区经济高质量发展的综合加权指标值基础上，采用对比分析法，确定适应性诊断关系。假设各省区之间的水权配置关系可表示为 $W_i \geqslant W_k$，即第 i 个省区的初始水权配置量大于第 k 个省区的初始水权配置量。记 $\dfrac{W_i}{W_k}$ 为第 i 个省区与第 k 个省区的初始水权配置量之比，$\dfrac{M_i}{M_k}$ 为第 i 个省区与第 k 个省区的综合加权指标值之比。针对适配方案 $W = \{W_1, W_2, \cdots, W_n\}$，适应性诊断关系可表示为

$$\eta_{\min} \leqslant \frac{W_i}{W_k} \Big/ \frac{M_i}{M_k} \leqslant \eta_{\max} \quad (i,k=1,2,\cdots,n;\ i \neq k) \tag{4.18}$$

式（4.18）中：$\eta_{\min} \leqslant \dfrac{W_i}{W_k} \Big/ \dfrac{M_i}{M_k} \leqslant \eta_{\max}$ 表示第 i 个省区与第 k 个省区的初始水权配置比例与其综合加权指标值比例的比值界定在合理范围内，$\eta_{\min}$ 表示第 i 个省区与第 k 个省区的初始水权配置比例与其综合加权指标值比例的下限比值系数，$\eta_{\max}$ 表示第 i 个省区与第 k 个省区的初始水权配置比例与其综合加权指标值比例的上限比值系数。可依据人口配置模式、现状配置模式、面积配置模式、产值配置模式 4 种基本配置模式确定综合指标加权值比例，得到现状年第 i 个省区与第 k 个省区的初始水权配置比例与其综合加权指标值比例的比值，作为 $\eta_{\min}$、$\eta_{\max}$ 的参照值。

需要说明的是，流域初始水权配置实践中，当第 i 个省区的水权配置量满足其需水量时，可不参与适应性诊断。

2）基尼系数的确定

在确定各省区经济高质量发展的综合加权指标值基础上，采用基尼系数法，确定基于各省区综合加权指标值的水权配置基尼系数，可用公式表示为

$$G = 1 - \sum_{i=1}^{n} (X_i - X_{i-1})(Y_i + Y_{i-1}) \leqslant \gamma$$

$$\begin{cases} X_i = X_{i-1} + M_i \bigg/ \sum_{i=1}^{n} M_i \\ Y_i = Y_{i-1} + W_i \bigg/ \sum_{i=1}^{n} W_i \end{cases} \qquad (4.19)$$

式(4.19)中：G 表示基于各省区综合加权指标的水权配置基尼系数，$G \leqslant \gamma$ 表示基于各省区综合加权指标值的水权配置基尼系数控制在合理范围内，γ 为基尼系数的阈值，国际上界定的基尼系数合理范围为 $0 \sim 0.4$；X_i 为基于各省区综合加权指标值的累积百分比；M_i 为第 i 个省区的综合加权指标值；Y_i 为水权配置比例累积百分比；当 $i = 1$ 时，(X_{i-1}, Y_{i-1}) 视为 $(0, 0)$。

此外，基于适配原则的目标总体满意度不低于设定的阈值 0.90，即 $S \geqslant 0.90$。S 可根据式(3.18)~式(3.26)予以确定。

4.2 "流域—省区"层面公平性诊断方法

针对"流域—省区"层面的初始水权与产业结构优化适配过程，任何一个省区的水权配置量不合理，都将影响各省区之间的公平发展。公平性诊断的目的是充分考虑各省区水权相关利益主体的利益诉求，体现各省区初始水权配置的公平性。为此，在水资源刚性约束下，构造公平性诊断准则与诊断模型。

4.2.1 诊断准则构造

针对设计的流域初始水权与产业结构适配方案，令 W 为流域内各省区的初始水权配置方案，即 $W = \{W_1, W_2, \cdots, W_n\}$，其中，第 i 个省区、第 k 个省区、第 l 个省区的初始水权配置量分别为 W_i、W_k、W_l。假设流域内各省区之间初始水权配置关系可表示为 $W_i \geqslant W_k \geqslant W_l$，即第 i 个省区的初始水权配置量最大，其次分别为第 k 个省区、第 l 个省区的初始水权配置量。为此，构造一套公平性诊断指标，进行省区之间诊断指标的两两对比分析，诊断各省区之间分水的公平性。具体可表述为：

对比分析第 i 个省区与第 k 个省区的诊断指标，由于两省区在经济发展水平、社会保障水平、生态环境建设水平等方面存在差异性，第 i 个省区的所有诊断指标并非均优于第 k 个省区对应的诊断指标，可能第 i 个省区的部分诊断指标劣于第 k 个省区对应的诊断指标。同时，第 k 个省区的所有诊断指标并非均优于第 l 个省区对应的诊断指标，可能第 k 个省区的部分诊断指标劣于第 l 个省区对应的诊断指标。

为此,首先构造公平性诊断准则一,即第 i 个省区中一定比例的诊断指标优于第 k 个省区,则认为与第 k 个省区比较,第 i 个省区相对较优的诊断指标能够补偿相对较劣的诊断指标。其次,构造公平性诊断准则二,即与第 k 个省区比较,针对第 i 个省区相对较劣的诊断指标,两省区之间诊断指标的差异必须限制在可接受的阈值范围内。

公平性诊断准则强调:针对第 i 个省区与第 k 个省区,第 i 个省区较优的诊断指标能够补偿其较劣的诊断指标。同时,第 i 个省区与第 k 个省区之间的诊断指标虽存在差异,但必须限制在可接受的阈值范围内。则认为第 i 个省区的水权配置量 W_i 大于等于第 k 个省区的水权配置量 W_k 具有相对公平性。

当公平性诊断准则一和公平性诊断准则二同时满足时,此时,诊断结果可认定为第 i 个省区与第 k 个省区之间水权配置相对公平,$W_i \geqslant W_k$ 成立。即第 i 个省区与第 k 个省区相比,通过了公平性诊断准则。

同理,将第 k 个省区与第 l 个省区的所有诊断指标进行对比分析,若同时满足公平性诊断准则一和公平性诊断准则二,则第 k 个省区的水权配置量 W_k 大于等于第 l 个省区的水权配置量 W_l 具有相对公平性。

4.2.2　诊断模型构建

依据公平性诊断准则,针对流域所辖各省区的适配方案 $W = \{W_1, W_2, \cdots, W_n\}$,采用 ELECTRE 法(淘汰选择法),构建基于公平性诊断准则的诊断模型,分别对第 i 个省区与第 k 个省区、第 k 个省区与第 l 个省区之间的初始水权配置公平性进行诊断。具体步骤可表述为:

步骤 1,诊断指标设计。在水资源刚性约束下,全面深入流域调研,选择省区多年平均供水量(H_1)、省区水权需求量(H_2)、省区 GDP(H_3)、省区耕地面积(H_4)等四项指标作为公平性诊断指标,分别来衡量适配方案对用水现状、用水需求、用水效益、用水可持续性的体现程度,综合反映省区分水的公平性。

步骤 2,请流域管理机构或水资源管理领域的专家确定公平性诊断指标的相对重要性,并用一组权重表示各诊断指标的相对重要性。即令 $\omega_j (j = 1, 2, \cdots, 4)$ 为第 j 个诊断指标的权重。

步骤 3,对于适配方案 $W = \{W_1, W_2, \cdots, W_n\}$,如果存在 $W_i \geqslant W_k$,则构造指数集:

$$\begin{cases} I^+(W_i,W_k)=\{j\,|\,1\leqslant j\leqslant 4,H_{ij}>H_{kj}\} \\ I^=(W_i,W_k)=\{j\,|\,1\leqslant j\leqslant 4,H_{ij}=H_{kj}\} \\ I^-(W_i,W_k)=\{j\,|\,1\leqslant j\leqslant 4,H_{ij}<H_{kj}\} \end{cases} \quad (4.20)$$

式(4.20)中：H_{ij} 为第 i 个省区第 j 个诊断指标的参考值；H_{kj} 为第 k 个省区第 j 个诊断指标的参考值。

步骤 4，构造相对公平性指数 I_{ik}、$\hat{I}_{ik}$ 和 I_{kij}，分别为

$$\begin{cases} I_{ik}=\Big(\displaystyle\sum_{j\in I^+(W_i,W_k)}\omega_j+\sum_{j\in I^=(W_i,W_k)}\omega_j\Big)\Big/\sum_{j=1}^{4}\omega_j \\ \hat{I}_{ik}=\Big(\displaystyle\sum_{j\in I^+(W_i,W_k)}\omega_j\Big)\Big/\Big(\sum_{j\in I^-(W_i,W_k)}\omega_j\Big) \\ I_{kij}=\dfrac{H_{kj}-H_{ij}}{H_{ij}}\,(H_{ij}<H_{kj}) \end{cases} \quad (4.21)$$

式(4.21)中：I_{ik} 为第 i 个省区不劣于第 k 个省区的诊断指标的权重比例；$\hat{I}_{ik}$ 为第 i 个省区与第 k 个省区的诊断指标的优劣比值；I_{kij} 为第 i 个省区劣于第 k 个省区的诊断指标参考值的相对差异。

步骤 5，设定公平性诊断的阈值 δ、ε_j，可以根据流域及各省区特点，通过流域管理机构或水资源管理领域的专家咨询予以确定。

$$\begin{cases} W_i\geqslant W_k \\ I_{ik}\geqslant\delta \\ \hat{I}_{ik}\geqslant 1 \\ I_{kij}\leqslant\varepsilon_j \end{cases} \quad (4.22)$$

当式(4.22)成立时，则认为第 i 个省区与第 k 个省区相比，通过了公平性诊断准则。

同理，通过第 k 个省区与第 l 个省区之间的对比分析，诊断适配方案是否通过公平性诊断准则。当流域所辖各省区均通过了公平性诊断准则，则认为适配方案 $W=\{W_1,W_2,\cdots,W_n\}$ 通过了公平性诊断准则。反之，若有一个省区没有通过公平性诊断准则，则认为适配方案不公平，存在不合理性。

综上，针对流域所辖各省区的适配方案 $W=\{W_1,W_2,\cdots,W_n\}$，基于公平性诊断准则，采用 ELECTRE 法，建立公平性诊断模型。模型可表示为

$$\begin{cases} W_i \geqslant W_k \\ I_{ik} = \left(\sum_{j \in I^+(W_i, W_k)} \omega_j + \sum_{j \in I^=(W_i, W_k)} \omega_j \right) \Big/ \sum_{j=1}^4 \omega_j \geqslant \delta \\ \hat{I}_{ik} = \left(\sum_{j \in I^+(W_i, W_k)} \omega_j \right) \Big/ \left(\sum_{j \in I^-(W_i, W_k)} \omega_j \right) \geqslant 1 \\ I_{kij} = \dfrac{H_{kj} - H_{ij}}{H_{ij}} \leqslant \varepsilon_j (H_{ij} < H_{kj}) \\ i, k = 1, 2, \cdots, n; j = 1, 2, \cdots, 4 \end{cases} \qquad (4.23)$$

当式(4.23)得到满足时,则认为适配方案通过了公平性诊断准则。

4.3 "省区—产业"层面匹配性诊断方法

针对"省区—产业"层面的初始水权与产业结构优化适配过程,任何一个省区内不同产业的水权配置量不合理,都将影响省区内产业之间的均衡发展。匹配性诊断的目的是充分考虑流域各省区内不同产业的发展需求,体现各省区内不同产业的水权配置与其产业发展的匹配性。为此,在水资源刚性约束下,构造匹配性诊断准则与诊断模型。

4.3.1 诊断准则构造

针对设计的流域初始水权与产业结构适配方案,令 W_i 为流域内第 i 个省区的初始水权配置方案,即 $W_i = \{W_{i2}, W_{i3}, W_{i4}\}$,其中,$W_{i2}$、$W_{i3}$、$W_{i4}$ 分别表示第 i 个省区的农业、工业、服务业的水权配置量。为此,构造一套匹配性诊断准则,进行各省区内不同产业的水权配置与其产业发展的匹配性对比分析,诊断各省区内不同产业的水权配置与其产业发展的匹配关系。具体可表述为:

首先,构造匹配性诊断准则一,即针对流域内各省区不同产业的适配方案,第 i 个省区的农业水权配置量与农业产值相匹配。其次,构造匹配性诊断准则二,即针对流域内各省区不同产业的适配方案,第 i 个省区的工业水权配置量与工业产值相匹配。然后,构造匹配性诊断准则三,即针对流域内各省区不同产业的适配方案,第 i 个省区的服务业水权配置量与服务业产值相匹配。

匹配性诊断准则强调:第 i 个省区第 j 个产业的水权配置量 W_{ij} 与第 j 个产业的产业发展保持一定的匹配性。

当匹配性诊断准则一、匹配性诊断准则二和匹配性诊断准则三同时满足时,此时,诊断结果可认定为第 i 个省区不同产业的水权配置与其产业发展目标相匹配。即通过了匹配性诊断准则。

4.3.2　诊断模型构建

依据匹配性诊断准则，针对流域所辖各省区不同产业的适配方案 $W_i = \{W_{i2}, W_{i3}, W_{i4}\}$，采用匹配度评价法，构建基于匹配性诊断准则的诊断模型，分别对第 i 个省区不同产业的水权配置与其产业发展目标进行匹配性诊断。具体可表述为：

$$\begin{cases} M_{i2}=1-\dfrac{\left| GDP_{i2} \middle/ \sum\limits_{i=1}^{n}GDP_{i2}-(W_{i2}\cdot a_i) \middle/ \sum\limits_{i=1}^{n}(W_{i2}\cdot a_i) \right|}{\max\left(GDP_{i2}\middle/\sum\limits_{i=1}^{n}GDP_{i2},(W_{i2}\cdot a_i)\middle/\sum\limits_{i=1}^{n}(W_{i2}\cdot a_i)\right)-\min\left(GDP_{i2}\middle/\sum\limits_{i=1}^{n}GDP_{i2},(W_{i2}\cdot a_i)\middle/\sum\limits_{i=1}^{n}(W_{i2}\cdot a_i)\right)} \geqslant \lambda \\[4ex] M_{i3}=1-\dfrac{\left| GDP_{i3} \middle/ \sum\limits_{i=1}^{n}GDP_{i3}-(W_{i3}\cdot b_i) \middle/ \sum\limits_{i=1}^{n}(W_{i3}\cdot b_i) \right|}{\max\left(GDP_{i3}\middle/\sum\limits_{i=1}^{n}GDP_{i3},(W_{i3}\cdot b_i)\middle/\sum\limits_{i=1}^{n}(W_{i3}\cdot b_i)\right)-\min\left(GDP_{i3}\middle/\sum\limits_{i=1}^{n}GDP_{i3},(W_{i3}\cdot b_i)\middle/\sum\limits_{i=1}^{n}(W_{i3}\cdot b_i)\right)} \geqslant \lambda \\[4ex] M_{i4}=1-\dfrac{\left| GDP_{i4} \middle/ \sum\limits_{i=1}^{n}GDP_{i4}-(W_{i4}\cdot c_i) \middle/ \sum\limits_{i=1}^{n}(W_{i4}\cdot c_i) \right|}{\max\left(GDP_{i4}\middle/\sum\limits_{i=1}^{n}GDP_{i4}-(W_{i4}\cdot c_i)\middle/\sum\limits_{i=1}^{n}(W_{i4}\cdot c_i)\right)-\min\left(GDP_{i4}\middle/\sum\limits_{i=1}^{n}GDP_{i4}-(W_{i4}\cdot c_i)\middle/\sum\limits_{i=1}^{n}(W_{i4}\cdot c_i)\right)} \geqslant \lambda \end{cases}$$

$$(4.24)$$

式（4.24）中：M_{i2}、M_{i3}、M_{i4} 分别为第 i 个省区的农业、工业、服务业的初始水权配置与产业发展目标的匹配度；GDP_{i2}、GDP_{i3}、GDP_{i4} 分别为规划年第 i 个省区的农业、工业、服务业的生产总值；a_i、b_i、c_i 分别为规划年第 i 个省区的农业、工业、服务业的单方水产值；λ 为不同产业的水权配置与其产业发展目标匹配度的阈值，可以根据流域各省区的产业特点，通过流域管理机构或水资源管理领域的专家咨询予以确定。

流域初始水权配置实践中，流域所辖各省区的农业、工业、服务业的水权配置与产业发展之间匹配度等级的划分，见表4.3。

表4.3　匹配度的等级划分

取值范围	0~0.6	0.6~0.7	0.7~0.75	0.75~0.8	0.8~0.9	0.9~1
匹配等级	不匹配	勉强匹配	基本匹配	中度匹配	良好匹配	高度匹配

4.4　"省区—产业"层面协调性诊断方法

针对"省区—产业"层面的初始水权与产业结构适配过程，协调性诊断的目的是在水资源刚性约束下，依据各省区的水权配置协调性诊断指标，综合反映各省区的水权配置与产业结构优化之间的协调关系，以及各省区之间的协调关系,体现各省区的水权配置与产业结构优化协调性,以及各省区之间协调性。为此,在公平性与适应性诊断基础上,进一步构造协调性诊断准则与诊断模型,以反映各省区水权配置与经济社会发展之间的协调性以及各省区之间的协调性。

4.4.1 诊断准则构造

针对流域经济高质量发展过程,流域所辖各省区的水权配置与产业结构优化之间的协调度应持续上升,且各省区之间的协调度应持续上升。为此,构建协调性诊断指标体系,构造协调性诊断准则,即诊断各省区水权配置与产业结构优化之间的协调度是否达到设定的阈值。

协调性诊断准则强调:各省区水权配置与产业结构优化之间必须相协调。同时,允许各省区之间关于单项水权配置效率指标值存在一定的差异,但从各省区之间关于所有水资源配置效率指标值的综合差异来看,各省区之间必须保持协调发展。

当满足协调性诊断准则时,此时,诊断结果可认定为第 i 个省区、第 k 个省区、第 l 个省区的水权配置与产业结构优化之间相协调,通过了协调性诊断准则。

4.4.2 诊断模型构建

通过深入调研,依据流域管理机构与水资源管理领域的专家和学者关于水资源配置方案评价的意见,在水资源刚性约束下,从经济高质量发展、农业高质量发展、工业高质量发展和服务业高质量发展四个方面,构建协调性诊断指标体系,见表 4.4。

表 4.4 协调性诊断指标体系

指标名称		单位	指标表征
一级指标	二级指标		
经济高质量发展指标	万元 GDP 配水量	m³/万元	反映各省区经济发展的配水效率
	单位耕地面积配水量	m³/亩	反映各省区耕地的配水效率
	人均综合配水量	m³/人	反映各省区人口生存与发展的配水效率
	生产配水满意度	%	反映各省区经济发展需水的满足程度
	环境建设配水满意度	%	反映各省区环境建设需水的满足程度
	配水供水比	—	反映各省区配水量与多年平均供水能力的差异
	产业结构高级化程度	%	反映各省区工业与服务业的产值比

指标名称		单位	指标表征
一级指标	二级指标		
农业高质量发展指标	单位农业产值配水量	m³/元	反映各省区农业生产的配水效率
	单位灌溉面积配水量	m³/亩	反映各省区农业灌溉的配水效率
	农业配水满意度	%	反映各省区农业需水的满足程度
	农业结构占比	%	反映各省区农业产值占比
工业高质量发展指标	单位工业产值配水量	m³/元	反映各省区工业生产的配水效率
	工业配水满意度	%	反映各省区工业需水的满足程度
	工业结构占比	%	反映各省区工业产值占比
服务业高质量发展指标	单位服务业产值配水量	m³/元	反映各省区服务业生产的配水效率
	服务业配水满意度	%	反映各省区服务业需水的满足程度
	服务业结构占比	%	反映各省区服务业产值占比

依据表 4.4 中的协调性诊断指标,采用灰关联分析法、投影寻踪模型与协调度评价法,对各省区水权配置与产业结构优化之间的协调度,以及各省区之间的协调度进行测量,具体步骤可表述为:

步骤 1,基于灰关联分析法,计算第 i 个省区第 j 个协调性诊断指标与指标理想集的灰关联系数 R_{ij},即

$$\begin{cases} R_{ij} = \dfrac{\min\limits_{i}\{\min\limits_{j}|y_{ij} - y_j^+|\} + \rho\max\limits_{i}\{\max\limits_{j}|y_{ij} - y_j^+|\}}{|y_{ij} - y_j^+| + \rho\max\limits_{i}\{\max\limits_{j}|y_{ij} - y_j^+|\}} \\ y_{ij} = w_j \cdot \dfrac{Y_{ij}}{\sqrt{\sum\limits_{i=1}^{n}Y_{ji}^2}} \quad (i = 1 \sim n; j = 1 \sim m) \end{cases} \quad (4.25)$$

式(4.25)中:$y_j^+ = \max\limits_{i=1 \sim n}(y_{ij})$ 为第 i 个省区第 j 个协调性诊断指标的正理想值,$y_j^- = \min\limits_{i=1 \sim n}(y_{ij})$ 为第 i 个省区第 j 个协调性诊断指标的负理想值;ρ 为分辨系数,通常取 0.5;y_{ij} 为第 i 个省区第 j 个协调性诊断指标经归一化处理后的加权指标值;Y_{ij} 为第 i 个省区第 j 个协调性诊断指标的指标值;w_j 为第 j 个协调性诊断指标的权重。

步骤 2,以 $\theta = (w_1, w_2, \cdots, w_m)$ 为投影方向,确定第 i 个省区的协调性诊断指标与指标理想集的灰色关联度,即

$$R_i = \frac{1}{m}\sum_{j=1}^{m} R_{ij} = \frac{1}{m}\sum_{j=1}^{m} \frac{\min_i\{\min_j|y_{ij}-y_j^+|\} + \rho\max_i\{\max_j|y_{ij}-y_j^+|\}}{|y_{ij}-y_j^+| + \rho\max_i\{\max_j|y_{ij}-y_j^+|\}}$$

$$(4.26)$$

式(4.26)中：R_i 为第 i 个省区的协调性诊断指标与指标理想集的灰色关联度。

步骤3，构造投影指标函数，求解最佳投影值 R_i 以及最佳投影方向 $\theta = (w_1, w_2, \cdots, w_m)$，即

$$\max f(\theta) = \Big[\sum_{i=1}^{n}(R_i - \overline{R_i})^2/(n-1)\Big]^{\frac{1}{2}}$$

$$(4.27)$$

$$\text{s. t.} \quad \sum_{j=1}^{m} w_j = 1$$

式(4.27)中：$\overline{R_i}$ 为 R_i（$i=1\sim n$）的均值。求解最佳投影值 R_i 时，先采用随机搜索算法确定初始点，再利用乘子法即可求得最佳投影方向 $\theta = (w_1, w_2, \cdots, w_m)$，将 θ 代入式(4.25)和式(4.26)，可得到第 i 个省区的协调性诊断指标与理想解在态势变化上的接近程度 R_i。

步骤4，基于协调度评价法，确定各省区水权配置与产业结构优化之间的协调发展度。则基于协调性诊断准则的诊断模型可表示为

$$\begin{cases} D_{ik} = \sqrt{C_{ik} \cdot T_{ik}} \geqslant r \\ C_{ik} = \left\{\dfrac{R_i \cdot R_k}{\left[\dfrac{R_i + R_k}{2}\right]^2}\right\}^t \\ T_{ik} = w_i \cdot R_i + w_k \cdot R_k \\ w_i + w_k = 1 \end{cases} \quad (i,k=1,2,\cdots,n; i \neq k) \quad (4.28)$$

式(4.28)中：D_{ik} 表示第 i 个省区与第 k 个省区水权配置与产业结构优化之间的协调发展度；r 为第 i 个省区与第 k 个省区水权配置与产业结构优化之间协调发展度的阈值，可根据各省区、流域整体的具体指标特征予以确定；C_{ik} 表示第 i 个省区与第 k 个省区水权配置与产业结构优化之间的协调指数，t 为调节系数，$t \geqslant 2$，一般情况下，取 $t=2$；T_{jk} 表示第 i 个省区与第 k 个省区水权配置与产业结构优化之间的发展指数，基于流域各省区具有同等重要性，各省区水权配置与产业结构优化必须保持同步发展，因此，取 $w_j = w_k = \dfrac{1}{2}$。

在流域初始水权配置实践中，流域所辖各省区水权配置与产业结构优化的

协调发展等级划分见表 4.5。

表 4.5　协调发展等级划分

取值范围	0~0.6	0.6~0.7	0.7~0.75	0.75~0.8	0.8~0.9	0.9~1
协调发展等级	不协调发展	勉强协调发展	基本协调发展	中度协调发展	良好协调发展	高度协调发展

第五章

流域初始水权与产业结构优化适配方案优化方法

    流域初始水权配置导致的用水冲突根源在于水权相关利益主体的利益诉求没有得到充分满足,各省区之间缺乏一套行之有效的政治民主协商机制,未能实现水权相关利益主体对水权配置进行协商。因此,解决水事纠纷的根本在于完善水权配置的政治民主协商机制。流域初始水权与产业结构优化适配涉及多方利益主体之间关系的协调,包括妥善处理上下游、左右岸的用水关系,协调地表水与地下水、河道内与河道外用水,统筹安排生活、生产与生态环境"三生"用水等。流域初始水权与产业结构优化适配实质上是"自上而下"和"自下而上"相结合的协商—反馈—综合平衡—再协商—再反馈—再综合平衡的过程,以充分吸收水权相关利益主体的利益诉求和意见,切实保障各方利益,同时保证流域所辖各省区的局部利益服从流域全局的整体利益。因此,在水资源刚性约束下,流域初始水权与产业机构优化适配可看作是一个复杂的多方利益分配的协商博弈过程。

5.1　适配方案优化路径

5.1.1　"流域—省区"层面适配方案优化路径

    针对流域各省区之间初始水权适配方案的诊断,将产生三种诊断结果:①第 i 个省区相对于部分省区应增加适配方案中的水权量;②第 i 个省区相对于部分省区应减少适配方案中的水权量;③第 i 个省区相对于部分省区应保持适配方案中的水权量。也就是说,第 i 个省区水权量的净调整量是其与其他各省区诊断结果的综合。则流域各省区之间初始水权适配方案优化路径可表述为：

（1）根据适配方案的诊断结果，应用溯源法，采用逆向思维方式，确定适配方案诊断结果不通过诊断准则体系的根源，划分各省区初始水权适配方案的调整类型，即确定"水权配置量相对较多"省区、"水权配置量相对较少"省区。

（2）根据适配方案的诊断结果，确定各个"水权配置量相对较多"省区应减少的水权量，以及"水权配置量相对较少"省区应增加的水权量。

（3）加强流域各省区之间的政治民主协商，调整各省区的水权量。

（4）对调整后的流域各省区之间初始水权适配方案重新进行诊断，如果通过诊断准则体系，即为流域各省区之间初始水权优化适配方案；否则，重复步骤（1）～（4），直至调整后的适配方案通过适应性和公平性诊断准则体系。

为此，针对流域所辖的 n 个省区，现假设第 i 个省区与第 k 个省区相比较应调整的水权量用 ΔW_{ik} 表示。

如果 $\Delta W_{ik} > 0$，表明第 i 个省区相对第 k 个省区，应增加 ΔW_{ik} 的水权配置量；

如果 $\Delta W_{ik} = 0$，表明第 i 个省区相对第 k 个省区，保持水权配置量不变；

如果 $\Delta W_{ik} < 0$，表明第 i 个省区相对第 k 个省区，应减少 $|\Delta W_{ik}|$ 的水权配置量。

设第 i 个省区与其他所有省区相比较后的水权净调整量为 ΔW_i，则有：

$$\Delta W_i = \sum_k \Delta W_{ik}, \quad k = 1, 2, \cdots, n; k \neq i \tag{5.1}$$

同理，可以获得第 i 个省区之外的其他所有省区的水权调整量。

5.1.2 "省区—产业"层面适配方案优化路径

针对流域各省区内不同产业之间初始水权适配方案的诊断，将产生三种诊断结果：①第 i 个省区内第 j 个产业相对于其他产业应增加适配方案中的水权量；②第 i 个省区内第 j 个产业应减少适配方案中的水权量；③第 i 个省区内第 j 个产业应保持适配方案中的水权量。也就是说，第 i 个省区内第 j 个产业水权量的净调整量是其与其他产业诊断结果的综合。则流域各省区内不同产业之间初始水权适配方案优化路径可表述为：

（1）根据适配方案的诊断结果，应用溯源法，采用逆向思维方式，确定适配方案诊断结果不通过诊断准则体系的根源，划分各省区内不同产业初始水权适配方案的调整类型，即确定"水权配置量相对较少"产业。

（2）根据适配方案的诊断结果，确定各个"水权配置量相对较少"产业应增加的水权量。

（3）建立流域各省区内不同产业的水权交互式配置机制，调整各省区内不同产业的水权量。针对流域所辖的 n 个省区，现假设第 i 个省区内第 j 个产业应调整的水权量用 ΔW_{ij} 表示。

如果 $\Delta W_{ij} > 0$，表明第 i 个省区内第 j 个产业应增加 ΔW_{ij} 的水权配置量；

如果 $\Delta W_{ij} = 0$，表明第 i 个省区内第 j 个产业的水权配置量不变；

如果 $\Delta W_{ij} < 0$，表明第 i 个省区内第 j 个产业应减少 $|\Delta W_{ik}|$ 的水权配置量。

（4）对调整后的流域各省区内不同产业之间初始水权配置方案重新进行诊断，如果通过诊断准则体系，即为推荐的流域各省区内不同产业之间初始水权配置方案；否则，重复步骤（1）～（4），直至调整后的初始水权配置方案通过匹配性与协调性诊断准则体系。

（5）强化流域各省区内不同产业的节水激励机制，加强流域各省区内不同产业之间的水权置换，优化各省区内不同产业的水权量。

5.2 "流域—省区"层面适配方案优化方法

5.2.1 适配方案优化的政治民主协商机制

5.2.1.1 水权配置机制评述

目前，国内外学者关于初始水权配置机制的研究主要包括 4 种：①行政配置机制；②市场配置机制；③用户参与配置机制；④混合配置机制。以下将对各类初始水权配置机制及其优缺点进行系统梳理。

1）行政配置机制

行政配置机制，也称为政府计划或指令配置机制，是由政府水行政主管部门或流域管理机构等政府部门通过行政命令或指令配置水资源的机制。行政配置机制强调通过制订水资源综合规划、水量分配方案、水资源行政审批等措施，依靠行政决策或法规规章等形式，自上而下逐级向下层的水权相关利益主体配置初始水权，以尽量满足下层决策实体的用水和利益需求。

1987 年，国务院批准了《黄河可供水量分配方案》，首次明确了沿黄各省区的用水总量，为黄河水资源统一管理奠定了坚实基础。《黄河可供水量分配方案》作为正常来水年的水量分配方案，为协调各省区之间的用水矛盾提供了依据。《黄河可供水量分配方案》实际上是采用行政配置机制，界定了沿黄各省区的初始水权。从宏观层面上采用行政调控配置机制进行水权配置，为水量分配方案的制订和协调提供了基础和依据。

行政配置机制有助于实现国家和流域综合规划的发展目标、维护社会公平、保障水资源匮乏的弱势群体的利益需求。同时,行政配置机制实施的社会成本较小,在制度安排上也易于操作与执行。但是,行政配置机制由于缺乏市场规则和经济杠杆的调节作用,同时缺乏用水户参与,政府或水行政主管部门掌握或处理的用水户信息能力有限,增加了监督成本,容易造成"政府失灵"和权力"寻租"现象。因此,行政配置机制一般在宏观层次上比较有效,适应于信息处理较少且较透明的配置,如流域所辖各省区之间的初始水权配置。我国《黄河可供水量分配方案》就是行政配置的典型案例。同时,行政配置机制比较适用于保障居民基本生活用水和粮食生产安全用水需求以及维护河流生态健康的水权需求。

2)市场配置机制

市场配置机制,是指政府水行政主管部门或流域管理机构等政府部门将水资源作为一种商品,应用市场机制或手段,通过清晰界定产权,依靠拍卖、竞标、租赁、股份合作、投资分摊等形式,对水权相关利益主体的用水需求进行水权配置的机制,充分发挥了市场在水资源配置中的基础性作用。市场配置机制能有效反映资源的稀缺性和抑制水权相关利益主体的机会主义行为,充分发掘了水资源的经济价值,有利于增强社会节水意识、激励节水、提高水资源利用效率。

2000年,浙江省的东阳与义乌水权转让开启了中国水权市场实践之路。2004年,黄河中上游宁蒙地区开展了水权转换试点工作。20年来,中国的水权水市场改革不断推进。2014年,水利部印发了《水利部关于开展水权试点工作的通知》,选择了七个省区开展水权试点工作,在内蒙古、河南、甘肃、广东等省区重点探索跨盟市、跨流域、行业和用水户间、流域上下游等多种形式的水权交易流转模式。2016年6月28日,中国水权交易所在北京成立,标志着中国正式水权市场的形成,意味着我国水权市场改革进入实质性操作阶段,这是中国水权市场改革取得的新进展和新成果,对于推动水权交易规范有序展开,促进水权配置利用效率和综合效益的提升具有重大的实践意义。理论研究和国际经验表明,水权市场的引入,有助于激励用水户参与水权配置,从而提高水权配置效率。

水权市场是优化水资源配置的重要途径,也是利用市场机制配置水资源的主要手段之一。通过市场交易获得所需要的水权,如我国宁夏、内蒙古自治区的水权转换,提高了水权配置的效率,实现了水资源的优化配置。但我国水资源市场是一种"准市场",尽管一定程度上,市场水权转让、拍卖是一种有效的制度安排,但是,只有部分用于生产用途的水资源能够进入市场,并且受到水的流动性、多用途性和公共性的诸多限制。实践表明,生态用水、基本需求用水和多样化需求用水多适用于行政配置机制,机动水源适用于市场拍卖的形式,应加强机动用水户的节水激励,提高其用水效率。

市场配置机制最根本的需要是建立清晰和有保障的产权制度,若不利于保障社会公平和生态环境保护目标的实现,即出现"市场失灵"现象。因此,市场配置机制有悖于公平与效率兼顾、公平优先原则,容易导致边际效益较低的传统农业、公共用水等利益群体的水权需求得不到满足。为此,市场配置机制更适用于在分水公平性的基础上发挥作用。

3) 用水户参与配置机制

用水户参与配置机制,是指具有共同利益的用水户组成的决策组织,如水利灌溉组织或用水户协会,通过政治民主协商的形式对初始水权进行配置和管理。其中,用水户协会组织可以自发形成,也可以通过外部催化作用形成。

用水户参与配置机制在农业灌溉领域是一种较为有效的水权管理机制,其表现形式主要是农民用水户协会。1995 年,世界银行率先在我国湖北省漳河灌区和湖南省铁山灌区开展了农民用水户协会管理的试点研究。随后在世界银行和我国水利部的共同推广下,其他农业灌区对这一配置机制进行了实践和推广,并取得了很好的效果,极大调动了农户参与水资源管理的积极性,实现了节水增收的双重目标。

用水户参与配置机制可以充分反映用水户的利益需求,同时配置结果会对用水户的用水行为产生直接影响,能避免同时出现"市场失灵"和"政府失灵"的现象。用水户参与配置机制具有高透明度,以及随决策组织的用水需求改变其管理的灵活性,有利于提高水权配置的弹性,降低了监督成本,提高了管理效率,增强了制度的可接受度,使水权配置更能满足用水户的需求。但是,用水户参与配置机制在宏观上难以形成一个透明化的制度框架,用水户协会不能包括所有用水部门的用水户,少数或弱势群体的利益易被忽略,不利于监督管理,协会之间、灌区之间以及各行业之间的水权配置矛盾较难统一协调。因此,大范围采取这种配置机制的制度推行成本较高。

4) 混合配置机制

混合配置机制是采用 2 种或 2 种以上配置机制进行初始水权配置,主要包括 2 种形式:①行政与协商结合的配置机制;②行政与市场结合的配置机制。

(1) 行政与协商结合的配置机制

流域初始水权配置是反映水权相关利益主体之间的利益诉求并对水权相关利益主体之间的利益冲突进行调整的过程,在行政配置机制中引入政治民主协商机制,建立行政与协商结合的配置机制,是解决水权相关利益主体之间利益冲突的有效途径。政治民主协商机制是一种谈判和投票机制,地方利益主体通过广泛参与,反映地方利益,实行地方投票、中央拍板、民主集中,在一定规则下达成合约,其结果不一定是谈判各方的最优解,但却是较优解或妥协解,有利于流域整体用水效益的提高。初始水权配置的民主协商机制研究主要包括总体思路、原则、组织机构、内容、形式、程序、争议解决等问题,关键问题是提出流域级协商组织以及省、地、县级协商组织机构基本框架,例如流域水权配置协商主体和客体的确认、协商的条件、程序和规则以及协商结果的公示等确定的方法,为构建流域民主协商机制提供必要的制度框架。

（2）行政与市场结合的配置机制

虽然行政配置机制在保障水资源安全和配置公平方面有着天然的优势,但容易导致"政府失效",且水权配置效率不高。与行政配置机制相比,市场配置机制在资源配置效率方面有着天然的优势,但是水权配置成本非常高,容易导致"市场失灵"。因此,将行政配置机制与市场配置机制相结合,建立行政与市场结合的配置机制,既考虑了水安全、分水公平和社会可接受性,又有利于提高水权配置效率。

我国创新性提出了南水北调初始水权的市场化配置,针对南水北调水权的配置,在一定程度上引入了市场机制,建立行政与市场结合的配置机制,强化行政与市场的有机结合。根据投资主体的不同,南水北调的国家水权依靠行政配置机制进行配置,地方水权依靠市场运作,按投资分摊界定各方的用水权利,提高资金和水资源的利用效率。基于我国水资源"准市场"形式,初始水权配置应充分反映水权相关利益主体的不同利益诉求,有机结合行政配置机制、政治民主协商机制、用水户参与机制与市场配置机制,选择组织成本较低的配置机制进行水权配置。为此,以流域为单元,建立适用于流域所辖各省区之间初始水权配置的政治民主协商机制,降低组织成本,成为初始水权配置的重要组成部分。

5.2.1.2　政治民主协商机制

1）协商思路

流域初始水权配置的本质是以人为本,主要是针对各水权相关利益主体对水权配置结果不满意的内容进行修正。政治民主协商要兼顾短期利益和长期利益的均衡、局部利益和整体利益的均衡。因此,政治民主协商不可能通过一次协商就达到满意状态。政治民主协商是水权相关利益主体之间讨价还价的过程,通过"自下而上、自上而下"的协商—反馈—综合平衡—再协商—再反馈—再综合平衡的方式,充分发扬民主,充分吸收各方面的利益诉求和意见,切实保障各方利益。

协商是对政治、经济、文化和社会生活中的重要问题在决策之前进行商讨以取得一致的过程，其决策制定通常需要全体达成一致意见，几乎没有强制性权力。在明晰流域总体水权后，流域需要将总体水权逐级分解，涉及多方的利益配置和调整，要求水权相关利益主体就水权配置涉及的重要问题进行多层次、多边的政治民主协商，达成共识。在此过程中，流域内各省区是最主要的水权相关利益主体。

在协商一致性难以达成的情况下，引入带有一定强制性的协调机制显得十分必要。协调是对协商未达成一致性的结果进行强制性协调。由于共同协商不一定基于"全体一致"，需要协调管理机构对决策实体之间的集体行动进行协调。因此，流域内各省区之间的初始水权适配方案应当建立政治民主协商和争议解决机制，尽可能使各省区的利益诉求得到充分表达，并成立流域协调委员会，以流域协调委员会作为协商和强制性协调的具体形式。流域协调委员会应由流域管理机构牵头，由流域内各省区的省政府代表和水务、发展改革委、城建、农业、环保、林业、国土等相关部门组成。其中，各相关部门进行水权配置协商，流域管理机构进行强制性协调。

2）协商程序

流域各省区之间的初始水权适配方案由水利部所属流域管理机构商有关省人民政府制定，报国务院或者其授权的部门批准。流域各省区之间的初始水权适配方案经批准修改或调整时，应当按照方案制定程序经原批准机关批准。初始水权配置协商的程序可表述为：

首先，针对流域各省区初始水权适配的技术方案，流域协调委员会组织水权相关利益主体参与到政治民主协商进程中，这些利益主体通过对流域内各省区之间初始水权适配的技术方案分析与判断，给出对初始水权适配方案进行重新调整的各方意见和民主协商准则，并上交给流域协调委员会。

其次，流域协调委员会负责收集各方意见，在收集了所有水权相关利益主体对技术方案的民主协商结果以后，在民主协商原则的指导以及流域协调委员会的组织下，对流域内各省区之间初始水权适配的技术方案进行综合分析和重新调整。

同时，流域协调委员会组建专家咨询与论证组织。专家咨询与论证组织提供技术支撑，对重新调整的流域内各省区之间初始水权适配的技术方案进行论证。专家咨询与论证组织在保障技术方案的技术可行性基础上，将流域内各省区之间初始水权适配的技术方案集给流域协调委员会。

然后，流域协调委员会进入行政仲裁阶段，即流域协调委员会把流域内各省区之间初始水权适配的调整方案发布给所有水权相关利益主体。水权相关利益主体在得到调整方案后,与自己的目标进行比较并确定是否可以接受。若所有水权相关利益主体一致认同此调整方案,则调整方案便为最终推荐方案;若有些主体不同意,流域协调委员会再进行方案的多轮调整。

最后,针对流域内各省区之间初始水权适配技术方案的多轮调整,流域协调委员会保障水权增加群体对水权减少群体进行合理的利益补偿。通过这一政治民主协商与行政仲裁机制分析流程,确定出各水权相关利益主体都认可的方案作为最终的推荐方案。

流域各省区初始水权配置方案优化的协商程序见图 5.1。

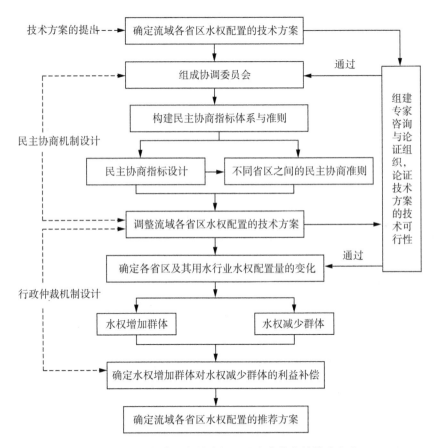

图 5.1　流域各省区初始水权配置方案优化的协商程序

3）协商的关键性问题

由于可供水量不足、水质达不到用水标准或水利工程调蓄能力限制,流域水资源需求量过大,导致水资源相对稀缺,水资源成为具有竞争性的公共资源。在流域初始水权配置过程中,水权相关利益主体的行动总是由其自身的动机以及相关的激励因素所决定的。依据流域各省区初始水权适配方案优化的协商程序,流域各省区初始水权适配方案优化协商的关键性问题可通过水权相关利益主体之间的用水权策略选择矩阵来加以表述。现假定流域内的两个水权相关利益主体分别为利益主体 i 和利益主体 k,它们的用水权策略选择矩阵见表5.1。

表5.1 利益主体 i 和利益主体 k 之间的用水策略选择矩阵

利益主体		利益主体 k	
		不增加用水权	增加用水权
利益主体 i	不增加用水权	双方的收益情况均不发生变化	利益主体 i 因利益主体 k 增加用水权的行为而承担额外成本,收益受损;利益主体 k 则因将自己行为的部分成本转嫁给利益主体 i,而获得较高收益
	增加用水权	利益主体 i 享受因增加用水权而带来的收益,仅承担因用水权过量而导致流域水资源枯竭的部分成本;利益主体 k 因需要共同承担利益主体 i 增加的过量用水权带来的成本,收益受损	双方共同面临可能因用水权过量而带来的风险或成本

表5.1中包含的前提假设主要有:每个水权相关利益主体都是理性自利的,同时也是相互独立的;它们的收益取决于用水权的多少;流域对每个水权相关利益主体均开放,它们都清楚自己所做的用水权选择可能带来的结果。实践中,每个水权相关利益主体的用水偏好都是由其经济结构决定的。由表5.1可知,对于任何水权相关利益主体,增加用水权始终是它的最佳策略选择。为此,必须采取措施改变这种结构对水权相关利益主体行为选择的不良激励,否则流域水资源枯竭的悲剧性命运不可避免。

在流域初始水权配置过程中,如何协调各省区水权相关利益主体的水权配置量来满足各省区水权相关利益主体之间的利益诉求,成为协商的关键性问题。实践表明,政府的干预介入会对流域初始水权配置过程产生重要影响。通过政府的宏观调控作用和引入激励惩罚机制,加强各省区水权相关利益主体之间的政治民主协商,调整水权相关利益主体的用水权,可将各个水权相关利益主体的用水权控制在合理范围之内,以避免"公地悲剧"现象。

5.2.2 适配方案优化的协商博弈机理与潜在收益成本

5.2.2.1 协商博弈机理

流域内各省区之间的水权适配属于政治民主协商与多轮谈判博弈过程。这一过程主要是基于流域水资源可利用总量,在政府的宏观调控作用下,根据各省区水权相关利益主体水资源利用的边际效益以及综合用水效益,不断地在边际效益上对各个水权相关利益主体的水权配置策略进行协商调整的过程。最终,优化各省区水权适配方案,提高流域水权配置利用效率和综合效益,解决水权相关利益主体之间的用水竞争性问题。因此,流域内各省区初始水权适配方案的协商,具有协商过程复杂、协商周期长、协商成本高等特点。为此,可构建协商博弈理论模型,剖析各省区初始水权适配的协商博弈机理。

1) 博弈要素及冲突问题

诊断流域各省区初始水权适配的协商博弈过程,各省区水权相关利益主体之间的博弈要素及冲突问题可具体描述为:

(1) 博弈方集合

将流域内各省区作为水权相关利益主体的博弈方,记 $R=\{$省区 $i(i=1,2,\cdots,n)\}$ 为博弈方集合。

(2) 损益函数

损益函数为各博弈方的综合用水效益函数。流域各博弈方的综合用水效益与其用水权密切相关。在水资源需求不足情况下,各博弈方的综合用水效益会随着用水权的增加而增加,但水资源利用的边际效益逐渐递减,当各博弈方的用水权满足其需水量时,实现综合用水效益最大化。

现假设,流域内任意两两博弈方 i 和 k $[i,k\in(1,2,\cdots,n)]$,其中,博弈方 i 的用水权为 W_i,水资源利用的边际效益为 $f'_i(W_i)$,则博弈方 i 的综合用水效益为 $f_i(W_i)=W_i \cdot f'_i(W_i)$;同理,博弈方 k 的用水权为 W_k,水资源利用的边际效益为 $f'_k(W_k)$ $[$令 $f'_k(W_k)\geqslant f'_i(W_i)$,即博弈方 i 处于上游、博弈方 k 处于下游$]$,综合用水效益为 $f_k(W_k)=W_k \cdot f'_k(W_k)$。

(3) 各博弈方的策略集合

记 $s_i=\{W_{it}\}$,表示流域内第 i 个博弈方可选择的水权配置策略集合,其中,$t=1,2,\cdots,T$,表示第 i 个博弈方的水权配置协商博弈的次数;$W_{it}=\{W\mid\sum_{i=1}^{n}W_i^t=W_0,W_i^t>0,t=1,2,\cdots,T\}$,表示流域内各博弈方通过政治民主协商与多轮谈判博弈,第 i 个博弈方在第 t 轮对连续型变量 W_i^t 进行的用水权选择,即第 t 轮协商博弈过程中博弈方 i 分配的用水权。令 W_i 表示博弈方 i 现状预分配的用水权,则博弈方 i 的综合用水效益为 $f_i(W_i)=W_i \cdot f'_i(W_i)$。

(4) 各博弈方的水权配置协商博弈机理

在流域各省区初始水权适配的协商博弈过程中,博弈方 i 和博弈方 k 都有两种不同的策略,即"合作"与"不合作"策略,博弈方 i 和博弈方 k 可任意选择。设定博弈方的水权变化量为 ΔW。博弈方 i 和博弈方 k 均合作,则意味着博弈

方 i 愿意减少 ΔW 的用水权,博弈方 k 期望增加 ΔW 的用水权;博弈方 i 和博弈方 k 均不合作,则意味着博弈方 i 期望维持预分配的用水权 W_i ,而博弈方 k 期望增加比 ΔW 更多的用水权。

2) 激励惩罚机制

在流域管理机构的用水总量控制作用下,博弈方 i 和博弈方 k 之间进行水权配置协商博弈时,流域管理机构可引入激励因子 δ 和惩罚因子 λ ,改变博弈方 i 和博弈方 k 的水权配置策略。博弈方 i 和博弈方 k 的水权配置共有四种策略:

策略一,若博弈方 i 和博弈方 k 都采取合作策略,则博弈方 i 将部分用水权 ΔW 分配给博弈方 k ,收益大的博弈方 k 应向收益受损的博弈方 i 进行适度利益补偿。博弈方 k 拿出不少于博弈方 i 因少用水而损失的收益补偿给博弈方 i (补偿单价为 C_0),则博弈方 k 给博弈方 i 的收益补偿值 K_1 的取值为 $K_1 = \Delta W \cdot C_0$ 。

策略二,若博弈方 i 采取合作策略,愿意减少部分水权 ΔW ,而博弈方 k 采取不合作策略,期望获得比 ΔW 更多的水权,流域管理机构可引入惩罚因子 λ ,以减少博弈方 k 的一部分水权增加量 $\lambda \cdot \Delta W$,则博弈方 k 给博弈方 i 的收益补偿值 K_2 的取值为 $K_2 = (1-\lambda) \cdot \triangle W \cdot C_0$ 。

策略三,若博弈方 i 采取不合作策略,不愿意减少水权 ΔW ,而博弈方 k 采取合作策略,流域管理机构可引入激励因子 δ ,博弈方 i 将一部分水权 $\delta \cdot \Delta W$ 分配给博弈方 k ,则博弈方 k 给博弈方 i 的收益补偿值 K_3 的取值为 $K_3 = \delta \cdot \Delta W \cdot C_0$ 。

策略四,若博弈方 i 采取不合作策略,不愿意减少水权 ΔW ,博弈方 k 也采取不合作策略,期望获得比 ΔW 更多的水权,则博弈方 i 和博弈方 k 的水权不发生变化。

5.2.2.2 潜在收益成本

1) 潜在收益分析

在流域各省区初始水权适配的协商博弈过程中,博弈方 i 和博弈方 k 不可能一开始就找到纳什均衡策略:(合作,合作)策略。博弈方 i 和博弈 k 可选择"合作"或"不合作"策略,并随着博弈方 i 和博弈方 k 的协商博弈过程与策略调整而逐步改变。

假设博弈方 i 选择"合作"策略的概率为 θ_i ($\theta_i \in [0,1]$),则选择"不合作"策略的概率是 $1-\theta_i$;博弈方 k 选择"合作"策略的概率为 θ_k ($\theta_k \in [0,1]$),则选择"不合作"策略的概率是 $1-\theta_k$ 。针对博弈方 i 和博弈方 k 的现状用水权

W_{i0} 和 W_{k0}，博弈方 i 和博弈方 k 可采取以下四种策略：①(i 合作，k 合作）；②(i 合作，k 不合作）；③(i 不合作，k 合作）；④(i 不合作，k 不合作）。构造博弈方 i 和博弈方 k 之间的协商博弈收益矩阵，如表 5.2 所示。

表 5.2 博弈方 i 和博弈方 k 之间的协商博弈收益矩阵

博弈方		博弈方 k	
		合作	不合作
博弈方 i	合作	(A，B)	(C，D)
	不合作	(E，F)	(G，H)

表 5.2 中，(A，B)表示博弈方 i 和博弈方 k 选择策略(i 合作，k 合作)时，博弈方 i 和博弈方 k 获得的综合用水效益，其中，$A=(W_i-\Delta W) \cdot f'_i(W_i)+K_1$，$B=(W_k+\Delta W) \cdot f'_k(W_k)-K_1$。

(C，D)表示博弈方 i 和博弈方 k 选择策略(i 合作，k 不合作)时，博弈方 i 和博弈方 k 获得的综合用水效益，其中，$C=[W_i-(1-\lambda)\Delta W] \cdot f'_i(W_i)+K_2$，$D=[W_k+(1-\lambda)\Delta W] \cdot f'_k(W_k)-K_2$，$\lambda$ 为不合作博弈方的惩罚因子，$\lambda \in (0,1]$。

(E，F)表示博弈方 i 和博弈方 k 选择策略(i 不合作，k 合作)时，博弈方 i 和博弈方 k 获得的综合用水效益，其中，$E=(W_i-\delta\Delta W) \cdot f'_i(W_i)+K_3$，$F=(W_k+\delta\Delta W) \cdot f'_k(W_k)-K_3$，$\delta$ 为不合作博弈方的激励因子，$\delta \in (0,1]$。

(G，H)表示博弈方 i 和博弈方 k 选择策略(i 不合作，k 不合作)时，博弈方 i 和博弈方 k 获得的综合用水效益，其中，$G=W_i \cdot f'_i(W_i)$，$H=W_k \cdot f'_k(W_k)$。

(1)博弈方 i 的潜在收益分析

通过博弈方 i 和博弈方 k 之间的协商博弈过程，博弈方 i 的潜在收益 π_i 可表示为

$$
\begin{aligned}
\pi_i &= \theta_i \cdot [\theta_k \cdot A+(1-\theta_k) \cdot C]+(1-\theta_i) \cdot [\theta_k \cdot E+(1-\theta_k) \cdot G] \\
&= \theta_i\theta_k(A-C-E+G)+\theta_i(C-G)+\theta_k(E-G)+G \\
&= \theta_i\theta_k[(\delta-\lambda) \cdot \Delta W \cdot f'_i(W_i)+K_1-K_2-K_3]+\theta_i[-(1-\lambda) \cdot \\
&\quad \Delta W \cdot f'_i(W_i)+K_2]+\theta_k[-\delta \cdot \Delta W \cdot f'_i(W_i)+K_3]+W_i \cdot f'_i(W_i)
\end{aligned}
$$

$$(5.2)$$

式(5.2)表明，收益补偿值 K_1、K_2、K_3 对博弈方 i 和博弈方 k 选择"合作"策略的概率 θ_i 和 θ_k 会产生重要影响。随着博弈方 i 和博弈方 k 之间收益补偿值的变化，博弈方 i 和博弈方 k 选择"合作"策略的概率 θ_i 和 θ_k 将发生改变，同

时受到激励因子 δ 和惩罚因子 λ 的影响,博弈方 i 愿意减少的水权将发生不同程度的变化。

假定在政府的宏观调控作用下,博弈方 i 和博弈方 k 都有意愿合作,令 $\lambda=1$,$\delta=1$,$\theta_i=\theta_k=1$,用水权变化量 ΔW 为博弈方 i 愿意减少的水权,则博弈方 i 的潜在收益为

$$\pi_i = (W_i - \Delta W) \cdot f'_i(W_i) + K_1 = W_i \cdot f'_i(W_i) + \Delta W \cdot [C_0 - f'_i(W_i)]$$

$$(5.3)$$

(2) 博弈方 k 的潜在收益分析

通过博弈方 i 和博弈方 k 之间的协商博弈过程,博弈方 k 的潜在收益 π_k 可表示为

$$\begin{aligned}
\pi_k &= \theta_k \cdot [\theta_i \cdot B + (1-\theta_i) \cdot F] + (1-\theta_k) \cdot [\theta_i \cdot D + (1-\theta_i) \cdot H] \\
&= \theta_i\theta_k(B - F - D + H) + \theta_k(F - H) + \theta_i(D - H) + H \\
&= \theta_i\theta_k[(\lambda - \delta) \cdot \Delta W \cdot f'_k(W_k) - K_1 + K_2 + K_3] + \theta_k[\delta \cdot \Delta W \cdot \\
&\quad f'_k(W_k) - K_3] + \theta_k[(1-\lambda) \cdot \Delta W \cdot f'_k(W_k) - K_2] + W_k \cdot \\
&\quad f'_k(W_k)
\end{aligned}$$

$$(5.4)$$

同理,式(5.4)表明,收益补偿值 K_1、K_2、K_3 对博弈方 k 和博弈方 i 选择"合作"策略的概率 θ_k 和 θ_i 会产生重要影响。随着博弈方 k 和博弈方 i 之间收益补偿值的变化,博弈方 k 和博弈方 i 选择"合作"策略的概率 θ_k 和 θ_i 将发生改变,同时受到激励因子 δ 和惩罚因子 λ 的影响,博弈方 k 期望增加的水权将发生不同程度的变化。

假定在政府的宏观调控作用下,博弈方 k 和博弈方 i 都有意愿合作,令 $\lambda=1$,$\delta=1$,$\theta_k=\theta_i=1$,用水权变化量 ΔW 为博弈方 k 期望增加的水权,则博弈方 k 的潜在收益为

$$\pi_k = (W_k + \Delta W) \cdot f'_k(W_k) - K_1 = W_k \cdot f'_k(W_k) + \Delta W \cdot [f'_k(W_k) - C_0]$$

$$(5.5)$$

从式(5.4)和式(5.5)可看出,为了保证博弈方 i 和博弈方 k 均收益,必须满足的特定条件为

$$f'_i(W_i) < C_0 < f'_k(W_k) \tag{5.6}$$

从博弈方 i 和博弈方 k 水权配置的协商博弈结果来看,在政府宏观调控作用下,受到激励因子 δ 和惩罚因子 λ 的影响,博弈方 i 和博弈方 k 达成合作意愿,且满足式(5.6),通过各博弈方水权的调节,各博弈方均收益。

2) 潜在成本分析

博弈方 i 和博弈方 k 水权配置协商博弈过程的动态均衡是否能够达到,不仅仅取决于水权相关利益主体的潜在收益,同时也取决于水权相关利益主体为获取相应水权所需付出的潜在成本,包括合作成本、管理成本、社会机会成本和政治成本。

(1) 合作成本与管理成本

交易成本包括搜集市场信息的成本、谈判和制定契约的成本、执行契约和监督管理的成本以及制度结构变化的成本。明晰水权需要了解各个水权相关利益主体的水权数量和质量以及对公众和生态环境的影响等信息,收集这些信息的成本相当大。同时,水权使用可能产生严重的外部性,如果水权界定不明晰,将会给用水户带来很大的谈判和制定契约的成本。水权配置方案的实施既要得到公众认可,又要加强监督管理,否则无法实施。

在水权配置协商博弈时,各个水权相关利益主体之间相互讨价还价,由于博弈方之间的支付函数的信息沟通障碍、水文情势的不断变化,各博弈方难以全面了解对方的信息和正确把握自己的策略(包括确定补偿单价 C_0),信息成本、谈判成本、水权确定和控制成本等极大,并且交易成本会随着博弈方的增加而呈几何级数倍增的态势。水权相关利益主体往往因为交易成本增加而不能达成协议。

科斯第二定理提出,在存在交易成本的条件下,"合法权利的初始界定会对经济制度运行的效率产生影响"。也就是说,首先,在存在交易成本的情况下,只有预期收益大于预期成本时,能够优化水资源配置的水权调整才会发生。如果加强政府宏观调控和法律约束,确定的初始水权分配能降低水权调整的交易成本,那么显然政府宏观调控和法律约束对初始水权分配具有积极的影响。因此,流域初始水权配置至关重要,对水权配置效率会产生重大影响,可以避免许多水权调整过程,从而实现交易成本最小化。

(2) 社会机会成本和政治成本

在初始水权配置的平等主体之间,上游博弈方 i 的用水优先权实质上是一种垄断权。博弈方 i 为了能获取更多转移补偿,可能通过超最大值使用水权,利用不完全信息障碍,迫使博弈方 k 提高补偿单价 C_0,获取超额收益,从而导致流域综合用水效益受到损失。由于上游博弈方 i 优先用水导致了社会不公,在矛盾激化后容易造成社会不稳定,水权相关利益主体之间会因水发生冲突甚至发生战争。

合作成本与管理成本、社会机会成本和政治成本构成了水权配置的主要成本,当潜在成本超过预期收益时,最大化用水权仍然是各水权相关利益主体倾向采取的主要行动策略。当预期收益超过潜在成本时，水权相关利益主体之间将达成分水协议。当分水协议的实施缺乏统一管理时，拟定和实施契约的成本、界定和控制产权的成本、监督管理的成本将很大。

根据流域各省区之间初始水权适配的协商博弈机理与潜在收益成本分析，总结得出三个重要结论：

①从流域各省区之间初始水权适配的协商博弈机理可看出，针对水资源的初始分配过程，重点强调水权相关利益主体对用水安全性、公平性与社会可接受性的关注。而利用市场的外部成本非常高，市场机制不可能形成公平性的分水方案，也不能兼顾水安全的需要。同时，由于不同省区、不同产业和不同用户之间的社会经济特征差别甚大，流域各省区之间的初始水权适配不可能形成完全竞争性市场，也不可能自发形成均衡价格。但相对于市场配置机制，政府在保障水安全和公平性分水方面具有天然优势，因此，流域各省区之间的初始水权适配通常采用行政方式，在制度安排上易于执行。

②从流域各省区之间初始水权适配的协商博弈的潜在收益成本角度分析，当水权配置的潜在成本超过潜在收益时，用水权最大化仍然是水权相关利益主体倾向采取的主要行动策略，由此所产生的成本就有可能有部分让水权共同体内的其他相关利益主体来承担，"公地悲剧"现象仍将发生。因此，为了调解水权相关利益主体的水事冲突，提高水权相关利益主体持有水权的质量，提高水权配置利用效率和综合用水效益，优化水资源配置，流域各省区之间初始水权适配时必须选择约束条件下成本最小化的制度安排，完善水权相关利益主体之间水权配置的政治民主协商机制。

③由于水资源涉及所有人的利益，伴随着大量的利益冲突，流域各省区之间的初始水权适配需要集体行动，而且通常是大规模的集体行动，涉及经常性的谈判、协商或强制性协调。因此，在政府的宏观调控作用下，流域各省区之间初始水权适配的理念和思路是，满足水权相关利益主体对用水安全性、公平性与社会可接受性的关注，因地制宜确定一套集体选择规则和组织原则，选择约束条件下成本最小化的制度安排，完善水权相关利益主体之间水权配置的政治民主协商机制，使所有水权相关利益主体均收益的集体行动得到实现，把水资源配置到水资源利用效率和综合用水效益高的地区或行业。

5.2.3　基于政治民主协商机制的适配方案优化

根据流域各省区之间初始水权适配的政治民主协商机制，为满足各省区之间的水权利益诉求，必须结合流域各省区之间初始水权配置方案的诊断准则，通过加强各省区之间的政治民主协商，对流域各省区之间初始水权配置方案进行调整,获取优化的流域各省区之间初始水权配置方案。为此,在流域各省区之间初始水权配置方案诊断的基础上,构建基于政治民主协商机制的适配方案优化模型,进行流域各省区之间初始水权配置方案优化。即采取"适配方案诊断—各省区政治民主协商—适配方案优化"的循环模式,通过加强各省区之间初始水权配置的政治民主协商,获得流域各省区之间初始水权配置的优化方案。

5.2.3.1　基于适应性诊断准则的适配方案优化

如果流域各省区之间初始水权配置方案没有通过适应性诊断准则,此时表明,某个省区可能突破了水权配置比例上限。以第 i 个省区与第 k 个省区对比为例,如果突破了上限,表明第 i 个省区的水权配置量相对较多,而第 k 个省区的水权配置量相对较少。这种关系可表示为

$$\frac{W_i}{W_k} / \frac{M_i}{M_k} > \eta_{\max} \text{ 或 } \frac{W_i}{W_k} / \frac{M_i}{M_k} < \eta_{\min} \tag{5.7}$$

设第 i 个省区相对于第 k 个省区,适配方案的水权量调整为 W_{ik}^t ($t=1$, $2,\cdots,T$,表示第 t 轮调整)。如果式(5.7)成立,则令

$$W_{ik}^t = \eta_{\max} \cdot \frac{M_i}{M_k} \cdot W_k \text{ 或 } W_{ik}^t = \eta_{\min} \cdot \frac{M_i}{M_k} \cdot W_k \tag{5.8}$$

故第 i 个省区与第 k 个省区相比较,第 i 个省区应调整的水权量为

$$\Delta W_{ik} = W_{ik}^t - W_i \tag{5.9}$$

同理,可以求出第 i 个省区相对于其他省区的调整量。

则第 i 个省区与其他所有省区相比较后的水权净调整量为

$$\Delta W_i = \sum_k \Delta W_{ik} , k = 1,2,\cdots,n ; k \neq i \tag{5.10}$$

同理,可以求得第 i 个省区之外的其他各省区的水权调整量。在水资源刚性约束下,由于流域可分配水资源总量是一定的,因此,所有省区的水权调整量之和应满足

$$\sum_{i=1}^n \Delta W_i = 0 \tag{5.11}$$

ΔW_i 可能有三种情况:

当 $\Delta W_i > 0$,表明第 i 个省区应净增加 ΔW_i 的水权量,属于"水权配置量相对较少"省区;

当 $\Delta W_i = 0$,表明第 i 个省区应保持水权配置量不变;

当 $\Delta W_i < 0$，表明第 i 个省区应净减少 $|\Delta W_i|$ 的水权量，属于"水权配置量相对较多"省区。

则各省区调整后的水权量为

$$W_i^t = W_i + \Delta W_i \tag{5.12}$$

根据式(5.12)，可以得到调整后的适配方案 $W = \{W_1^t, W_2^t, \cdots, W_n^t\}$。重新对调整后的配置方案进行适应性诊断，直到调整后的配置方案通过适应性诊断准则。

5.2.3.2 基于公平性诊断准则的适配方案优化

公平性诊断准则明确了各省区初始水权配置的总体方向。如果流域各省区之间初始水权配置方案没有通过公平性诊断准则，则说明公平性诊断模型中指标权重不合理，需要调整公平性诊断模型中部分指标的主观权重，再进行适配方案诊断。或者说明，存在式(5.13)的关系：

$$\begin{cases} W_i \geqslant W_k \\ H_{ij} < H_{kj} \\ \dfrac{H_{kj} - H_{ij}}{H_{ij}} > \varepsilon_j \\ i \in I^-(W_i, W_k) \end{cases} \tag{5.13}$$

通过式(5.13)发现，$\dfrac{W_i}{H_{ij}}$ 远超过 $\dfrac{W_k}{H_{kj}}$。由于省区之间总是存在一定的差异，即 $\dfrac{W_i}{H_{ij}} \neq \dfrac{W_k}{H_{kj}}$，因此，应将各省区之间的这种差异控制在可接受的阈值范围内，增加第 k 个省区的水权配置量，减少第 i 个省区的水权配置量，假设通过第 i 个省区与第 k 个省区的第 j 个诊断指标 $H_j(j = 1 \sim 4)$ 对比分析，第 k 个省区的水权配置量调整为 W_{kij}'。则令

$$W_{kij}' = \frac{1}{\varepsilon_j} \cdot \frac{H_{kj} - H_{ij}}{H_{ij}} \cdot W_k \tag{5.14}$$

根据式(5.14)可以求出 W_{ikj}'。但第 k 个省区和第 i 个省区的配置方案经调整后，仍然必须满足 $W_{ikj}' \geqslant W_k$。

同理，可以求出第 k 个省区与第 i 个省区在其他指标$[j \in I^-(W_i, W_k)]$ 上的水权调整量。故第 k 个省区应调整的水权量可表示为

$$\Delta W_{ki} = \sum_{j \in I^-(W_i, W_k)} (W_{kij}' - W_k) \tag{5.15}$$

根据式(5.15),可以得到调整后的配置方案 $W = \{W_1^t, W_2^t, \cdots, W_n^t\}$。重新对调整后的配置方案进行公平性诊断,直到调整后的配置方案通过公平性诊断准则。

5.3 "省区—产业"层面适配方案优化

针对通过适应性诊断准则与公平性诊断准则的"流域—省区"适配方案 $W = \{W_1^t, W_2^t, \cdots, W_n^t\}$,重新确定调整后的各省区用水行业水权配置量 $W_i^t = \{W_{i1}^t, W_{i2}^t, W_{i3}^t, W_{i4}^t, W_{i5}^t\}$。即在对"第三优先级分配单元"中各用水行业的水权进行规划配置的基础上,一方面,在水资源刚性约束下,建立用水行业的水权交互式配置机制,在满足保障粮食生产安全的农田基本灌溉水权需求前提下,调整不同用水行业的水权适配序位,探索水资源优化配置的有效途径;另一方面,建立一套节水激励机制,鼓励农业水权与高效用水行业水权之间进行水权置换,实施高效用水行业对农田节水改造工程的投资建设,提高高效用水行业的经济增加值,鼓励水资源从低效农业向高效农业配置,促进农业节水。与此同时,完善高效用水行业对农业水权置换的补偿机制,为农田水利发展积累发展基金,通过提高农业用水效率和效益,增加农业节水量,进一步保障新增农田灌溉面积的水权需求。

5.3.1 适配方案优化的水权交互式配置

5.3.1.1 适配方案优化的水权交互式配置原则

在优化各省区水权配置量的基础上,采用水权交互式配置方法,可进一步调整各省区用水行业的水权配置量。针对各省区用水行业的水权配置量调整,应遵循的基本原则为:

(1)总量控制与统一调度相结合原则。用水总量控制是实行最严格水资源管理制度与水资源刚性约束制度的重要手段,基于用水行业的水权交互式配置必须首先坚持用水总量控制原则。水权交互式配置必须通过水资源的统一调度来实现,盘活存量,从而更有效地保障水资源在时空领域的合理利用,防止省区用水总量突破红线控制目标。

(2)政府调控和市场调节相结合的原则。用水行业水权交互式配置是一个准市场配置方式,用水行业水权交互式配置不能完全由市场调节,政府应该加强用水行业水权交互式配置的监督管理,切实保障水权增加方和水权减少方的合法权益。行业水权交互式配置必须在政府宏观调控下促使水权向低耗水、高效率的用水行业流转。

（3）有偿配置和适度补偿的原则。行业水权交互式配置的动力就是实现水权价值的增值,提高水权增加方相应的经济效益,同时保障水权减少方相应的价值增值。因此,行业水权交互式配置必然是一种有偿的配置。对于因行业水权交互式配置对行业发展造成影响或损失的,必须按照相关规定给予适度的经济补偿,以保证行业的持续健康发展。

（4）公平与效率兼顾的原则。首先,行业水权交互式必须保障城乡居民生活水权需求和农业粮食安全灌溉水权需求。其次,为了适应经济发展水权需求,在保障基本生活和农业粮食安全用水的前提下,水权应该向低耗水、高效率的产业转移,从而推动水权价值的增值和综合效益的提升。

5.3.1.2　基于水权交互式配置的适配方案优化

根据基于规划导向的水权适配结果,并结合用水行业的水权交互式配置原则,假设第 i 个省区的高用水行业交互式配置的水权量定为 ΔW_i（其他省区若需进行水权交互式配置,则可类似考虑）,基于规划导向的适配模型,将模型（3.40）中高效用水行业发展的目标函数的权规定为零,将模型（3.40）中对应于第 i 个省区的高效用水行业水权配置所建立的目标约束以及第 i 个省区的高效用水行业发展在目标函数中对应的序位去掉,对模型（3.40）中用水行业的水权配置序位进行适度调整,建立不同用水行业之间的水权交互式配置模型。即

$$\min Z_i = P_1 d_{i1}^- + P_2 (d_{i2}^- + d_{i2}^+) + P_3 (d_{i3}^- + d_{i3}^+) + P_4 (d_{i4}^- + d_{i4}^+)$$

$$\begin{cases} \sum_{j=1}^{5} W'_{ij} = W_i + \Delta W_i \\ W'_{i21} + W'_{i22} = W'_{i2} \\ W'_{ij} \leqslant DW_{ij} \\ W_{AGi} \leqslant W'_{i21} \leqslant DW_{i21} \\ W'_{i22} \leqslant DW_{i22} \\ W'_{i1} = W_{i1} \\ W'_{i3} + d_{i1}^- - d_{i1}^+ = W_{i3} + \Delta W_i \\ W'_{i21} + d_{i2}^- - d_{i2}^+ = W_{i21} \\ W'_{i4} + d_{i2}^- - d_{i3}^+ = W_{i4} \\ W'_{i5} + d_{i4}^- - d_{i4}^+ = W_{i5} \\ d_{im}^+, d_{im}^- \geqslant 0, d_{im}^+ \times d_{im}^- = 0 \\ (i = 1, 2, \cdots, n, j = 1, 2 \cdots, 5; m = 1, 2, \cdots, 7) \end{cases} \tag{5.16}$$

模型(5.16)中，W'_{ij}为第i个省区第j个用水行业重新配置的水权量；ΔW_i为第i个省区的农业水权减少量。目标函数表示居民生活、农田基本灌溉、服务业、环境建设的初始水权配置量恰好等于模型(3.40)的初始水权配置结果，目标函数的工业水权至少应不小于模型(3.40)的初始水权配置结果。

基于用水行业的水权交互式配置模型有两个核心思想：第一，充分考虑产业高质量发展目标，防止工业用水挤占农业用水、生产用水挤占生态环境用水；第二，为避免新模型与旧模型的解重复，对改变了要求的目标函数的权规定为零，用ΔW_{ij}修正约束条件。

根据模型(5.16)，得到调整后的流域初始水权与产业结构适配方案，并进行匹配性诊断。

如果未通过匹配性诊断，则需再次调整"第二优先级分配单元"中水权配置量最大的省区和水权配置量最小的省区，适度减少水权配置量最大省区的水权，适度增加水权配置量最小省区的水权，最终保障调整后的流域初始水权与产业结构适配方案通过匹配性诊断，获得推荐的流域初始水权与产业结构优化适配方案。

5.3.2　适配方案优化的水权置换

5.3.2.1　适配方案优化的节水激励机制

在进行用水行业的水权交互式配置基础上，目前解决各省区水资源短缺的出路是激励节水，而节水的重点在农业。但农田灌溉节水工程所需资金量很大，依靠财政投入的资金渠道根本不足以解决如此巨大的投资。为此，可建立一套"水权置换、节水投资、适度补偿"的节水激励机制，运用水权理论和市场机制，实现各省区内不同用水行业之间的水资源优化配置，强化各省区的节水激励，提高各省区的水资源利用效率和综合用水效益。

"水权置换、节水投资、适度补偿"的节水激励机制是在满足保障粮食生产安全的农田基本灌溉水权需求的基础上，将农业水权优先转让给用水效率较高的其他产业，满足其他产业发展的水权需求，同时由其他产业投资农田灌溉节水改造工程项目，通过高效节水和加强管理，把农田灌溉过程中渗漏蒸发的无效水量节约下来，进一步保障新增农田灌溉面积的水权需求，并对农业用水户进行适度补偿。"水权置换、节水投资、适度补偿"的节水激励机制有效地引导了水资源由水资源利用效率与效益较低的农业用水有序地向水资源利用效率与效益较高的产业发展用水转移，形成以农业水权置换支持高效用水行业的发展用水、以高效用水行业的发展反哺农业、促进产业均衡发展、经济社会与资源环境协调发展的良性轨道。

"水权置换、节水投资、适度补偿"的节水激励机制,一方面,强调政府在水资源优化配置中的宏观调控作用。由于水权置换涉及政府、企业、农民用水户、水管单位等多个主体,影响面广,不能完全由市场调节,必须加强政府的宏观调控作用,实现政府宏观调控和市场调节相结合。也就是说,节水激励机制中提出的农业水权置换是在政府宏观调控下,利用市场机制对水资源进行优化配置的运行机制,通过把水权置换和节水投资、利益补偿有机结合,建立符合市场规律的节水激励机制和投入管理体制,拓宽农田灌溉工程节水改造的投资渠道,极大地弥补农业发展资金缺口。另一方面,节水激励机制中提出的农业水权置换机制强调"农业水权置换"与"高效用水行业反哺农业"并行,也就是说,农业水权置换的同时,高效用水行业反哺农业,通过高效用水行业的节水投资,提高农业节水量,获得保障农业发展的水权需求。同时,节水激励机制的运行必须以基于规划导向的水权分配模型得出的水权分配结果为指导,进行农业水权置换和投资补偿。

"水权置换、节水投资、适度补偿"的节水激励机制使水资源的利用从低效益的经济领域转向高效益的经济领域,提高了水资源的利用效率。且投资较少,成本较低,易于实现各省区内不同用水行业之间水资源的优化配置,成功解决各省区经济社会发展中水资源短缺的难题。通过充分调动节水的积极性,为节水型社会建设提供了重要支撑。

此外,水资源是产业发展最主要的投入要素,而价格是水资源管理的重要手段,长期以来,我国一直执行低水价政策,无法形成人们节约用水的思想,难以调动用水户节水的积极性,造成水资源极大的浪费。利用水价政策管水是实现节水及水资源可持续利用的最有效的经济手段。

5.3.2.2 基于节水激励机制的适配方案优化

依据"水权置换、节水投资、适度补偿"的节水激励机制,农业水权置出方会因为失去这部分被置换的水权而使自己的供水保证率降低,用水风险提高,因此需要高效用水行业水权置入方对农业水权置出方的这部分风险损失进行适度补偿。

根据模型(5.16)的结果,通过高效用水行业投资农田灌溉节水工程,设定农田灌溉节水量为 ΔW_{i2},若高效用水行业投资农田灌溉节水工程时的单位节水成本定为 c_{i2}(节水成本包括节水工程建设投资、更新改造和运行维护费等),农田灌溉节水工程获得的节水投资额则为 $\Delta W_{i2} \cdot c_{i2}$。令 λ_i 为高效用水行业单位水权增加的用水效益,e_i 为高效用水行业对农业的单位水权补偿单价,经过水权优化配置,一方面,实现高效用水行业水权置入方对农业水权置出方进行利益补偿,另一方面,提高高效用水行业用水净效益,高效用水行业发展增加的用水净效益为 $\Delta f_{i3} = \Delta W_{i2} \cdot (\lambda_i - c_{i2} - e_i)$。

高效用水行业发展对农业发展的节水利益补偿值同时受到农业水价、高效用水行业水价、高效用水行业发展增加的用水效益、高效用水行业投资农业节水增加的成本等诸多因素的影响。为此,水权配置实践中,需要进一步完善农业水权置换的利益补偿机制。

第六章

黄河流域初始水权与产业结构优化适配研究

黄河流域涉及青海、四川、甘肃、宁夏、内蒙古、陕西、山西、河南和山东 9 个省区。黄河流域水资源供需矛盾突出，如何配置其有限的水资源是流域水资源管理的核心。1987 年国务院以国办发〔1987〕61 号文批准了南水北调工程生效前的《黄河可供水量分配方案》(以下简称"87 分水方案")，规定了各省区的分配水量，为黄河流域的有序用水发挥了重要的历史作用；编制完成的《黄河可供水量年度分配及干流水量调度方案》，于 1998 年经国务院批准，由国家计委和水利部联合颁布实施，为黄河水资源的管理和调度奠定了基础，1999 年开始了全河干流的水量统一调度。2006 年国务院颁布了《黄河水量调度条例》，进一步确立了黄河水量调度的法律依据。同时，取水许可、建设项目水资源论证、水权转换试点等多项工作都卓有成效。2021 年中共中央、国务院印发的《黄河流域生态保护和高质量发展规划纲要》明确了强化水资源刚性约束，科学配置全流域水资源，优化水资源配置格局，以节约用水扩大发展空间。本书拟将提议的流域初始水权与产业结构优化适配方法，实证应用于黄河流域，以检验新思路和新方法的可行性，为流域分水实践提供参考依据。

6.1 黄河流域发展概况

6.1.1 流域经济社会现状

6.1.1.1 经济发展布局

黄河流域大部地处我国中西部地区，由于历史、自然条件等原因，经济社会发展相对滞后,与东部地区相比存在着明显的差距。但随着西部大开发、中部崛起等发展战略的大力实施,国家经济政策向中西部倾斜,黄河流域经济社会得到快速发展。

根据国家宏观经济政策及区域发展战略,要求流域内各省区在进一步巩固和发展现有工业、农业、畜牧业等产业的基础上,依据资源环境条件,形成资源节约、环境友好、符合各自发展特点的区域产业布局:

第一,青海以湟水河谷为重点发展区域,利用黄河干流水电资源优势,促进电力工业和有色金属工业的联合,进一步形成铝、锌、铜等有色金属生产与加工工业基地。

第二,甘肃以石油化工、有色冶金、装备制造等产业为重点,建设全国重要的石油化工、有色金属、新材料基地,加快陇东煤电、石油、天然气能源基地建设。

第三,宁夏以煤电、原材料工业和特色农业为重点,加快建设沿黄城市带,把宁东建设成为国家重要的大型煤炭基地、煤化工产业基地、西电东送火电基地,实现资源优势向经济优势转变,进一步发展有色金属材料及高技术加工产品系列;优化种植结构,发展以北部引黄灌区为重点的高效节水现代农业,进一步提高农业生产水平。

第四,内蒙古中西部以煤炭、电力、重化工、有色冶金等为重点,加快开发呼、包、鄂"金三角"经济圈,建设鄂尔多斯、乌海、阿拉善盟等地区的国家级能源基地;加强河套灌区及土默川灌区节水改造,大力提高农业生产水平。

第五,陕西北部地区以煤炭、石油、天然气、重化工为重点,加快资源开发,推动煤电一体化、煤化一体化、油炼化一体化发展;关中地区以机械、电子、飞机制造等产业为重点,建成我国西部地区重要的装备制造业基地,发展高科技特色农业,加快第三产业发展。

第六,山西以太原、临汾、晋城等城市的能源、冶金和机械工业为依托,巩固以特钢和铝镁为主的冶金工业,重点发展以煤炭、电力为主的能源工业及重化工、装备制造和原材料工业。

第七,河南沿黄地区,加大豫西煤炭产业和中原城市群建设,进一步发展以铝业为主的有色工业和机械制造业,建设全国重要的有色工业、装备制造业和新兴纺织工业基地;建设国家粮食核心区,稳定提高粮食产量。

第八,山东沿黄地区及河口三角洲,依托资源优势,重点发展石油化工、海洋化工、电子信息产业;发展高效节水农业,进一步提高农业生产水平。

黄河流域经济发展呈"下强上弱"格局。黄河流域横跨中国西部、中部、东部的9个省区、91个地级行政区域,具有丰富的能源资源,生态地位突出,是国家区域协调发展战略与"一带一路"建设的关键区域,培育黄河流域高质量发展新动能,对中国平衡南北方发展、协调东中西部经济发展具有重要意义。黄河流域各省区正加快制造业转型升级步伐。与长三角等东部地区相比,黄河流域内青海、四川、甘肃、宁夏、内蒙古、山西等中西部地区资源丰富,地区仍主要处于工业化中期后半段,传统企业数量多。近年来,黄河流域各省区高度重视黄河流域环境保护工作,大量高耗能、高污染企业关停并转,促使黄河流域环境质量得到改善,生态环境有序恢复。随着黄河流域生态保护和高质量发展战略实施,流域内各省区不断深化结构新型改革,加快新旧动能转化步伐,区域产业升级效果明显。其中,山西实施"111""1331""136"创新工程,2020 年高新技术企业数量较 2015 年增长 3.5 倍,14 个战略性新兴产业集群加快形成。宁夏推进传统产业优化提升,电解锰、铁合金等传统产业装备技术水平在全国领先,宁东基地列入国家现代煤化工产业示范区。青海盐湖资源综合利用产业已成为全国有影响力的循环经济产业集群,锂电、新材料、盐湖化工、光伏光热四大产业集群加快构建,循环经济工业增加值占比超过 60%。

黄河流域中下游中心城市先进制造业初具规模。近年来,山东、河南、陕西作为黄河流域中下游产业人口核心聚集区,以济南、郑州、西安为核心,依托城市区位优势、工业基础和人才优势,聚焦黄河流域中下游中心城市建设,积极发展先进制造业,并取得较好成绩。其中,山东在持续做大规模效益、不断加快动能转换、全面实现数字赋能、逐步增强创新创业活力四个方面取得了显著成绩,工业经济规模居全国第 3 位,软件产业跻身国内第一梯队,山东半岛工业互联网示范区成为全国三大工业互联网示范区之一,济南市、青岛市先后被命名为"中国软件名城"。河南全面实施制造业"三大改造"战略,装备制造、食品制造产业加快跃向万亿级,战略性新兴产业和数字经济加速发展,鲲鹏计算产业初具规模,国家生物育种产业创新中心、国家农机装备创新中心等重大平台获批建设。陕西能源化工、航空航天、装备制造、电子信息等产业集群不断壮大,国家新一代人工智能创新发展试验区建设稳步推进,高技术产业、战略性新兴产业在"十三五"期间年均增长 16.4% 和 10.2%,全员劳动生产率增长 44.8%,研发经费投入强度位列全国第七。

6.1.1.2 省区经济发展现状

1) 城镇化率

2005—2020 年黄河流域各省区城镇化率见表 6.1。

表 6.1 2005—2020 年黄河流域各省区城镇化率 　　　　　单位:%

年份	青海	四川	甘肃	宁夏	内蒙古	陕西	山西	河南	山东
2005	39.23	33.00	30.02	42.28	47.19	37.24	42.12	30.65	45.00
2006	39.23	34.30	31.10	43.05	48.65	39.12	42.99	32.47	46.10
2007	40.04	35.60	32.26	44.10	50.14	40.61	44.03	34.34	46.75
2008	40.79	37.40	33.56	44.98	51.72	42.09	45.12	36.03	47.61
2009	42.01	38.70	34.87	46.08	53.42	43.49	45.99	37.70	48.32
2010	44.76	40.17	36.13	47.87	55.50	45.76	48.04	38.50	49.70
2011	46.48	41.85	37.26	50.15	57.04	47.36	49.80	40.47	50.86
2012	47.81	43.35	38.78	51.14	58.92	49.72	51.32	41.98	52.03
2013	49.21	44.96	40.48	52.85	59.84	51.58	52.87	43.60	53.46
2014	50.87	46.50	42.28	54.87	60.96	53.02	54.31	45.05	54.77
2015	51.65	48.27	44.23	57.02	62.09	54.73	55.87	47.02	56.97
2016	53.61	50.01	46.07	58.71	63.38	56.40	57.26	48.78	59.13
2017	55.46	51.78	48.14	60.99	64.61	58.07	58.60	50.56	60.79
2018	57.24	53.50	49.70	62.11	65.52	59.65	59.85	52.24	61.46
2019	58.81	55.36	50.70	63.60	66.46	61.28	61.28	54.01	61.86
2020	60.03	56.73	52.22	64.91	67.50	62.65	62.52	55.43	63.05

注:数据来源于国家统计局;数据因四舍五入,可能存在微小偏差,下同。

至 2020 年,仅四川、甘肃和河南城镇化率未达到 60%,其中甘肃低于 55%。

2) GDP 和人均 GDP 变化

2005—2020 年黄河流域各省区 GDP 占比见表 6.2。

表 6.2 2005—2020 年黄河流域各省区 GDP 占比 　　　　　单位:%

年份	青海	四川	甘肃	宁夏	内蒙古	陕西	山西	河南	山东
2005	1.05	15.07	3.90	1.21	7.38	7.99	8.54	21.45	33.40
2006	1.04	15.07	3.91	1.21	7.38	8.15	8.36	21.24	33.64
2007	1.04	15.27	3.87	1.27	7.47	8.22	8.58	21.43	32.85
2008	1.08	15.30	3.69	1.37	7.49	8.61	8.67	21.28	32.52
2009	1.04	15.66	3.61	1.40	7.84	8.82	7.89	21.16	32.59

续表

年份	青海	四川	甘肃	宁夏	内蒙古	陕西	山西	河南	山东
2010	1.07	16.04	3.67	1.46	7.63	9.17	8.29	21.09	31.58
2011	1.08	16.56	3.79	1.52	7.44	9.58	8.57	20.71	30.74
2012	1.08	16.94	3.82	1.51	7.42	10.02	8.27	20.51	30.43
2013	1.11	17.13	3.88	1.50	7.36	10.27	7.74	20.43	30.58
2014	1.11	17.33	3.91	1.48	7.29	10.44	7.25	20.74	30.45
2015	1.14	17.19	3.71	1.46	7.33	10.14	6.70	21.01	31.32
2016	1.20	17.54	3.66	1.47	7.30	10.08	6.32	21.31	31.11
2017	1.18	18.08	3.50	1.53	7.11	10.24	6.91	21.39	30.06
2018	1.20	18.66	3.53	1.53	7.02	10.41	6.94	21.72	28.99
2019	1.20	18.85	3.54	1.52	7.00	10.49	6.90	21.84	28.68
2020	1.19	19.20	3.55	1.57	6.83	10.30	7.06	21.48	28.82

注：数据来源于国家统计局。

对黄河流域所辖各省区人均 GDP 进行分析，至 2020 年，甘肃人均 GDP 较低，内蒙古人均 GDP 较高。

2005—2020 年黄河流域各省区人均 GDP 见表 6.3。

表 6.3　2005—2020 年黄河流域各省区人均 GDP　　　　单位：元

年份	青海	四川	甘肃	宁夏	内蒙古	陕西	山西	河南	山东
2005	9 197.05	8 762.66	7 326.52	9 729.87	14 663.75	10 344.72	12 159.17	10 920.58	17 244.27
2006	10 678.83	10 398.70	8 649.39	11 312.91	17 233.13	12 423.90	13 966.22	12 753.30	20 375.77
2007	13 045.29	12 996.31	10 498.82	14 386.89	21 271.72	15 323.09	17 493.66	15 838.14	24 253.34
2008	16 189.53	15 674.86	12 041.16	18 433.66	25 541.73	19 305.54	21 175.61	18 809.95	28 784.33
2009	16 870.74	17 337.32	12 791.78	20 267.20	28 902.36	21 459.08	20 856.73	20 218.19	31 194.09
2010	20 323.27	21 410.57	15 405.08	24 829.38	33 171.12	26 359.30	24 912.98	24 088.25	35 380.16
2011	24 126.76	26 104.79	18 875.00	29 811.73	38 291.90	32 337.58	30 585.06	27 818.10	40 418.93
2012	26 768.83	29 588.62	21 149.41	32 336.87	42 492.29	37 344.60	32 928.69	30 383.86	44 249.38
2013	30 005.25	32 701.94	23 707.13	34 950.45	46 404.89	41 812.30	33 910.04	33 043.46	48 578.19
2014	32 078.13	35 497.36	25 754.25	36 488.20	49 645.57	45 472.96	34 282.03	35 847.38	51 768.76
2015	34 852.69	37 020.50	25 987.32	37 710.53	53 069.67	46 538.74	33 635.69	38 227.09	56 039.73

续表

年份	青海	四川	甘肃	宁夏	内蒙古	陕西	山西	河南	山东
2016	38 800.69	40 163.01	27 412.30	40 020.14	56 606.32	49 163.14	33 996.59	41 163.12	58 921.59
2017	42 066.55	45 729.40	29 090.80	45 394.33	61 233.46	55 003.84	41 265.81	45 604.74	62 804.84
2018	46 814.31	51 558.83	32 223.06	49 439.44	66 642.44	60 905.37	45 568.53	50 624.39	66 139.62
2019	49 849.15	55 518.86	34 748.11	52 280.33	71 273.29	65 398.58	48 503.29	54 254.92	69 800.61
2020	50 755.48	57 940.03	35 904.44	54 872.40	71 818.56	65 775.22	51 104.87	54 581.43	71 616.53

注：数据来源于国家统计局。

2005—2020 年,黄河流域各省区 GDP 和人均 GDP 的年均增长率变化见表 6.4 和表 6.5。

表 6.4　2005—2020 年黄河流域各省区 GDP 的年均增长率　　单位：%

时期	青海	四川	甘肃	宁夏	内蒙古	陕西	山西	河南	山东
"十一五"	18.03	19.07	16.16	22.07	18.40	20.86	16.90	17.20	16.29
"十二五"	11.94	11.99	10.70	10.42	9.57	12.70	5.86	10.36	10.26
"十三五"	8.40	9.84	6.49	8.93	5.91	7.76	8.55	7.91	5.66

表 6.5　2005—2020 年黄河流域各省区人均 GDP 的年均增长率　　单位：%

时期	青海	四川	甘肃	宁夏	内蒙古	陕西	山西	河南	山东
"十一五"	17.18	19.56	16.03	20.61	17.73	20.57	15.43	17.14	15.46
"十二五"	11.39	11.57	11.02	8.72	9.85	12.04	6.19	9.68	9.63
"十三五"	7.81	9.37	6.68	7.79	6.24	7.16	8.73	7.38	5.03

3）产业结构变化

2005—2020 年,黄河流域各省区三次产业结构变化见表 6.6。

表 6.6　2005—2020 年黄河流域各省区产业结构占比　　单位：%

年份	占比	青海	四川	甘肃	宁夏	内蒙古	陕西	山西	河南	山东
2005	一产	12.58	19.50	16.32	12.04	16.73	10.97	6.07	18.00	12.09
	二产	38.11	41.15	41.41	44.80	39.10	47.36	58.57	50.79	55.44
	三产	49.32	39.35	42.27	43.16	44.17	41.67	35.35	31.21	32.47

年份	占比	青海	四川	甘肃	宁夏	内蒙古	陕西	山西	河南	山东
2010	一产	11.59	13.85	11.98	9.63	13.39	9.62	5.73	13.80	10.06
	二产	38.82	48.09	48.44	46.66	41.71	51.51	60.08	53.73	52.28
	三产	49.59	38.07	39.58	43.70	44.90	38.87	34.19	32.46	37.67
2015	一产	10.39	12.07	11.19	9.18	12.59	8.94	6.14	10.83	8.87
	二产	37.85	43.48	38.21	43.30	40.69	48.41	44.10	48.40	44.88
	三产	51.77	44.46	50.60	47.52	46.72	42.65	49.77	40.77	46.25
2020	一产	11.23	11.46	13.23	8.55	11.76	8.72	6.54	9.87	7.37
	二产	37.98	36.09	31.46	41.18	40.03	43.14	43.19	40.95	39.09
	三产	50.79	52.45	55.31	50.27	48.22	48.14	50.27	49.18	53.54

注:数据来源于国家统计局。

6.1.1.3 行业发展现状

1) 农业发展现状

黄河流域及相关地区是我国农业经济开发的重点地区,小麦、棉花、油料、烟叶、畜牧等主要农牧产品在全国占有重要地位。其上游青藏高原和内蒙古高原是我国主要的畜牧业基地;上游的宁蒙河套平原、中游汾渭盆地、下游防洪保护区范围内的黄淮海平原是我国主要的农业生产基地。黄河流域各地区自然条件差异较大,农作物种类及作物组成也有很大不同。黄河上游主要种植春小麦,播种面积占50%～70%,其他作物有旱玉米、高粱、谷类、豆类等,复种作物有糜子、蔬菜等,复种指数为1.0～1.2。中游的丘陵区主要种植早秋作物,有玉米、谷类、薯类,其次是小麦;晚秋作物以夏糜子为主,复种指数为1.2～1.3。汾渭盆地、下游沿黄平原、伊洛沁河及大汶河等地,主要种植冬小麦,占60%～70%,棉花占20%～30%;复种作物以玉米为主,复种指数约1.6。水稻种植面积不大,主要集中在宁夏平原灌区及下游沿黄平原。经济作物以棉花为主,种植面积占经济作物播种面积的86%,主要集中在关中及下游沿黄平原;油料、甜菜、大麻等经济作物主要分布在上游地区。黄河流域的河南、山东、内蒙古等省区为全国粮食生产核心区,有18个地市的53个县列入全国产粮大县的主产县。甘肃、宁夏、陕西、山西等省区的12个地市的28个县列入全国产粮大县的非主产县。

黄河流域灌溉事业得到了长足发展。2005—2020年,黄河流域各省区农田有效灌溉面积见表6.7。

表 6.7 2005—2020 年黄河流域各省区农田有效灌溉面积 单位：10^3 hm²

年份	青海	四川	甘肃	宁夏	内蒙古	陕西	山西	河南	山东
2005	176.5	2 508.25	1 030.43	423.53	2 702.19	1 298.84	1 088.59	4 864.12	4 789.96
2006	176.32	2 486.99	1 050.24	427.28	2 759.41	1 312.21	1 172.14	4 918.8	4 818.16
2007	176.59	2 499.8	1 063.04	426.2	2 816.62	1 287.43	1 255.69	4 955.84	4 836.78
2008	251.65	2 506.69	1 254.73	451.94	2 871.26	1 301.44	1 254.56	4 989.2	4 857.48
2009	251.67	2 523.66	1 264.17	453.55	2 949.75	1 293.34	1 260.99	5 033.03	4 896.92
2010	251.67	2 553.11	1 278.45	464.6	3 027.5	1 284.87	1 274.15	5 080.96	4 955.3
2011	251.67	2 600.75	1 291.82	477.59	3 072.39	1 274.34	1 319.85	5 150.44	4 986.88
2012	251.67	2 662.65	1 297.58	491.35	3 125.24	1 277.18	1 319.06	5 205.63	5 058.11
2013	186.9	2 616.54	1 284.08	498.56	2 957.76	1 209.94	1 382.79	4 969.11	4 729.03
2014	182.49	2 666.32	1 297.06	498.91	3 011.88	1 226.49	1 408.17	5 101.15	4 901.95
2015	196.99	2 735.09	1 306.72	506.53	3 086.9	1 236.77	1 460.28	5 210.64	4 964.43
2016	202.35	2 813.55	1 317.51	515.15	3 131.53	1 251.86	1 487.29	5 242.96	5 161.16
2017	206.61	2 873.1	1 331.43	511.45	3 174.83	1 263.09	1 511.21	5 273.63	5 191.06
2018	214.04	2 932.54	1 337.54	523.45	3 196.52	1 274.99	1 518.68	5 288.69	5 235.99
2019	213.33	2 954.09	1 328.86	538.29	3 199.19	1 285.16	1 519.34	5 328.95	5 271.37
2020	219.25	2 992.24	1 338.6	552.53	3 199.12	1 336.81	1 517.38	5 463.07	5 293.56

受水土资源条件的制约，大片灌区主要分布在黄河上游宁蒙平原、中游汾渭盆地和伊洛沁河、黄河下游的大汶河等干支流的平原地区，这些地区灌溉率一般在 70% 以上，有效灌溉面积占流域灌溉面积的 80% 左右。其余较为集中的地区还有青海湟水地区、甘肃中部炎黄高扬程提水地区。山区和丘陵地带灌区分布较少，耕地灌溉率为 5%～15%。

2015 年和 2020 年，黄河流域各省区农田灌溉水有效利用系数见表 6.8。

表 6.8 2015—2020 年黄河流域各省区农田灌溉水有效利用系数

年份	青海	四川	甘肃	宁夏	内蒙古	陕西	山西	河南	山东
2015	0.489	0.454	0.541	0.501	0.521	0.556	0.530	0.601	0.630
2020	0.501	0.484	0.570	0.551	0.564	0.579	0.551	0.617	0.646

从黄河流域省区农田灌溉分析来看，2015—2020 年，河南、山东的农田灌溉水有效利用系数较高，达到 0.600 以上，农田灌溉水有效利用系数较低的省

区为四川,未达到 0.500。

2005—2020 年,黄河流域各省区农业增加值占比见表 6.9。

表 6.9   2005—2020 年黄河流域各省区农业增加值占比   单位:%

年份	青海	四川	甘肃	宁夏	内蒙古	陕西	山西	河南	山东
2005	0.93	20.34	4.40	1.03	8.40	6.21	3.74	26.96	27.98
2006	0.89	21.64	4.42	1.05	8.38	6.40	3.66	25.31	28.25
2007	0.93	22.34	4.37	1.09	8.52	6.62	3.54	24.65	27.94
2008	1.01	20.75	3.99	1.14	8.61	7.19	3.75	25.09	28.46
2009	0.98	19.97	4.07	1.16	8.51	7.20	4.24	24.81	29.07
2010	1.07	19.28	3.99	1.27	8.73	7.87	4.27	25.39	28.14
2011	1.09	20.29	3.91	1.29	9.16	8.66	4.31	23.94	27.35
2012	1.14	20.57	4.03	1.28	9.34	8.82	4.34	23.49	26.99
2013	1.23	19.71	4.14	1.32	9.52	9.06	4.35	23.21	27.46
2014	1.23	20.21	4.15	1.29	9.33	9.20	4.36	22.96	27.27
2015	1.16	20.41	4.25	1.37	9.02	9.13	4.18	22.64	27.85
2016	1.19	21.21	4.43	1.36	8.91	9.45	4.07	22.41	26.95
2017	1.24	22.42	4.60	1.37	8.62	9.40	3.93	22.14	26.27
2018	1.34	22.34	4.73	1.46	8.75	9.48	3.88	22.12	25.92
2019	1.40	22.61	5.02	1.36	8.67	9.61	4.01	22.25	25.07
2020	1.39	23.13	4.98	1.45	8.36	9.66	5.00	22.72	23.33

2) 工业发展现状

中华人民共和国成立以来,依托丰富的煤炭、电力、石油和天然气等能源资源及有色金属矿产资源,黄河流域内建设了一大批能源和重化工基地、钢铁生产基地、铝业生产基地、机械制造和冶金工业基地,初步形成了工业门类比较齐全的格局,为流域经济的进一步发展奠定了基础;形成了以包头、太原等城市为中心的全国著名的钢铁生产基地和豫西、晋南等铝生产基地,以山西、内蒙古、宁夏、陕西、河南等省区为主的煤炭中化工生产基地,建成了我国著名的中原油田、胜利油田以及长庆和延长油气田,西安、太原、兰州、洛阳等城市机械制造业、冶金工业等也有很大发展。近年来,随着国家对煤炭、石油、天然气等能源需求的增加,黄河上中游地区的甘肃陇东、宁夏宁东、内蒙古西部、陕西陕北、山西离柳及晋南等能源基地建设速度加快,带动了区域经济的快速发展,与此同时,能源、冶金等行业增加值比重上升。

2005—2020年,黄河流域各省区工业增加值占比见表6.10。

表6.10 2005—2020年黄河流域各省区工业增加值占比 单位:%

年份	青海	四川	甘肃	宁夏	内蒙古	陕西	山西	河南	山东
2005	0.64	11.86	3.06	1.04	5.32	7.40	10.59	22.05	38.05
2006	0.66	12.10	3.24	1.06	5.52	7.69	10.20	22.09	37.45
2007	0.66	12.42	3.41	1.14	5.54	7.81	10.68	22.53	35.81
2008	0.71	12.87	3.14	1.25	5.48	8.18	10.72	22.77	34.88
2009	0.68	14.02	3.03	1.21	5.85	8.33	9.33	22.62	34.92
2010	0.69	14.80	3.40	1.26	5.73	8.99	10.36	22.27	32.51
2011	0.74	15.12	3.48	1.34	5.67	9.86	11.17	21.73	30.89
2012	0.77	15.56	3.48	1.33	5.90	10.76	10.47	21.28	30.46
2013	0.79	16.13	3.54	1.32	5.98	11.19	9.56	21.02	30.46
2014	0.76	16.15	3.58	1.33	6.05	11.52	8.70	21.47	30.44
2015	0.78	16.28	3.08	1.33	6.25	10.77	6.97	22.44	32.09
2016	0.88	15.97	2.95	1.37	6.45	10.70	6.57	22.99	32.11
2017	0.93	15.60	2.76	1.54	6.37	11.23	8.03	22.83	30.71
2018	1.01	16.06	2.93	1.55	6.63	11.81	8.13	22.51	29.38
2019	1.03	16.50	2.91	1.60	6.84	11.86	8.25	22.49	28.52
2020	1.00	16.96	2.87	1.65	7.09	11.06	8.57	21.70	29.09

通过对各省区工业增加值比较,至2020年,青海、宁夏工业增加值占比较低,分别为1.00%、1.65%;内蒙古、河南、山东工业增加值占比较大,分别为16.96%、21.70%、29.09%。

3)服务业发展现状

随着黄河流域城市化和工业化进程的加快,服务业发展迅速。2005—2020年黄河流域各省区服务业增加值占比见表6.11。

表 6.11　2005—2020 年黄河流域各省区服务业增加值占比　　　　单位：%

年份	青海	四川	甘肃	宁夏	内蒙古	陕西	山西	河南	山东
2005	1.73	16.42	4.80	1.75	9.17	9.37	8.52	18.50	29.75
2006	1.69	15.90	4.64	1.66	9.03	9.29	8.31	18.66	30.82
2007	1.66	15.96	4.39	1.66	9.23	9.12	8.23	19.02	30.75
2008	1.65	16.18	4.31	1.73	9.37	9.40	8.30	18.15	30.91
2009	1.54	15.93	4.20	1.79	9.70	9.63	7.83	18.31	31.07
2010	1.54	16.30	3.99	1.83	9.22	9.57	7.64	18.27	31.64
2011	1.48	16.92	4.23	1.84	8.55	9.37	7.43	18.50	31.69
2012	1.42	17.18	4.23	1.80	8.09	9.43	7.60	18.60	31.65
2013	1.39	17.14	4.31	1.75	7.86	9.56	7.33	18.67	31.98
2014	1.37	17.38	4.30	1.69	7.69	9.64	7.09	19.02	31.80
2015	1.38	16.96	4.23	1.61	7.65	9.63	7.45	19.01	32.09
2016	1.38	17.78	4.13	1.59	7.42	9.54	6.92	19.36	31.89
2017	1.29	18.85	3.96	1.58	7.32	9.54	7.08	19.52	30.86
2018	1.25	19.49	3.88	1.56	7.03	9.50	7.11	20.50	29.68
2019	1.23	19.44	3.86	1.54	6.88	9.62	6.95	20.78	29.70
2020	1.22	19.63	3.87	1.58	6.45	9.68	6.95	20.58	30.05

6.1.2　流域水资源开发利用概况

6.1.2.1　供水量

　　20 世纪 50 年代以来，随着国民经济的发展，黄河的供水量不断增加。1949 年，黄河流域内总供水量仅为 90 亿 m³，其中地表水供水量为 86.4 亿 m³，地下水供水量为 3.6 亿 m³；至 1950 年，黄河流域内总供水量达到 120 亿 m³，增加了 30%。1980 年，黄河流域内总供水量已经达到 342.95 亿 m³，为 1950 年的 2.86 倍。根据《黄河片水中长期供求计划报告》，截至 1993 年底，黄河流域地表水供水能力为 333.4 亿 m³（不包括向流域外供水），占供水能力的 71.5%；2000 年地表水供水能力为 327.9 亿 m³，占供水能力的 68.9%。地下水供水能力 1993 年为 133.0 亿 m^3，2000 年为 148.2 亿 m^3，供水能力变化均不太大。根据 1995—2007 年统计，黄河流域平均地表水资源量为 424.7 亿 m^3，平均地表水供水量为 366.7 亿 m^3，耗水量已达到 300 亿 m^3，地表水开发利用率和消耗率分别为 86%、71%，超过地表水可利用率。地下水供水量 140.1 亿 m^3，其中平原区浅层地下水开采量约 100 亿 m^3，占平原区地下水可开采量的 84%，但地区分布不平衡，部分地区地下水已经超采。

1）1980—2020 年总供水量

从 1980 年到 2020 年的 40 年间，黄河流域内总供水量从 342.95 亿 m^3 增加到 414.83 亿 m^3，增加了 71.88 亿 m^3，其中地表水供水量从 249.16 亿 m^3 增加到 304.85 亿 m^3，增加了 55.69 亿 m^3；地下水供水量从 93.27 增加到 109.98 亿 m^3，增加了 16.71 亿 m^3。1980—2020 年黄河流域总供水量变化情况见表 6.12。

表 6.12　1980—2020 年黄河流域总供水量变化情况　　　　单位：亿 m^3

年份	地表水	地下水	其他供水	合计
1980	249.16	93.27	0.52	342.95
1985	245.19	87.16	0.71	333.06
1990	271.75	108.71	0.66	381.12
1995	266.22	137.64	0.75	404.61
2000	272.22	145.47	1.07	418.76
2010	279.07	127.21	0	406.28
2015	292.0	123.27	0	415.27
2020	304.85	109.98	0	414.83

2）1987—2010 年供水量

1987—2010 年，黄河流域内各省区的供水情况见表 6.13。

从黄河流域内各省区的供水量变化来看，2000—2010 年，供水大户主要集中在宁夏、内蒙古、陕西三个省区，占黄河流域的比例为 56%～58%；其次是甘肃、陕西、河南三个省区，各占黄河流域的比例为 10% 左右；而青海、山东两个省区各占黄河流域的比例为 5% 左右。至 2010 年，黄河流域 9 个省级行政区中，内蒙古供水量最大，已超过 100 亿 m^3，达到 102 亿 m^3，占黄河流域的 25.28%，宁夏次之。除四川外，青海供水量最小，为 18.12 亿 m^3，占黄河流域的 4.46%。

表 6.13   1987—2010 年黄河流域内各省区的供水情况

省区	1987 年			2000 年			2006 年			2010 年	
	供水量/亿 m³	其中:地下水开采量/亿 m³	供水量占黄河流域的比例/%	供水量/亿 m³	其中:地下水开采量/亿 m³	供水量占黄河流域的比例/%	供水量/亿 m³	其中:地下水开采量/亿 m³	供水量占黄河流域的比例/%	供水量/亿 m³	供水量占黄河流域的比例/%
青海	14.1	1.7	3.81	16.90	3.3	4.04	20.39	1.84	4.82	18.12	4.46
四川	0.4	0	0.11	0.06	0	0.01	0.24	0.03	0.06	0.31	0.08
甘肃	30.4	4.4	8.22	43.96	6.2	10.50	44.16	4.29	10.45	44.56	10.97
宁夏	40.4	2.0	10.92	73.16	6.1	17.47	79.81	2.37	18.88	73.13	18.00
内蒙古	58.6	11.0	15.84	97.18	22.1	23.21	98.43	19.66	23.28	102.71	25.28
陕西	38	21.4	10.27	66.17	32.5	15.80	62.8	20.99	14.86	60.86	14.98
山西	43.1	19.8	11.65	47.40	26.8	11.32	40.42	20.04	9.56	44.55	10.97
河南	55.4	18.5	14.97	51.96	32.4	12.41	56.66	20.01	13.40	43.59	10.73
山东	70	10.8	18.92	21.97	16.1	5.25	19.83	7.76	4.69	18.45	4.54

3) 2010—2020 年供水量

2010 年黄河流域各类工程总供水量为 406.28 亿 m³,供水量中,地表水供水量为 279.07 亿 m³,占流域内总供水量的 68.69%;地下水供水量为 127.21 亿 m³,占流域内总供水量的 31.31%。2010 年黄河流域各省区的供水量与供水比例见表 6.14。

表 6.14   2010 年黄河流域各省区供水情况

省区	供水量/亿 m³			供水组成/%		占黄河流域的比例/%
	地表水	地下水	总供水量	地表水	地下水	
青海	14.52	3.60	18.12	80.13	19.87	4.46
四川	0.30	0.01	0.31	96.77	3.23	0.08
甘肃	38.40	6.16	44.56	86.18	13.82	10.97
宁夏	67.71	5.42	73.13	92.59	7.41	18.00
内蒙古	76.69	26.02	102.71	74.67	25.33	25.28
陕西	30.64	30.22	60.86	50.35	49.65	14.98
山西	21.07	23.48	44.55	47.30	52.70	10.97
河南	20.73	22.86	43.59	47.56	52.44	10.73
山东	9.01	9.44	18.45	48.83	51.17	4.54

注:数据来自《2010 年黄河水资源公报》,2010 年流域内其他供水量包含在地表水供水量中。

黄河流域以地表水供水为主,地表水供水中以引水为主,且主要集中在兰州—河口镇区间的宁夏和内蒙古自治区;地下水供水主要为浅层地下水,但深层承压水也有一定开采量,地下水供水主要集中在龙门—三门峡区间,陕西、河南和山西、内蒙古为地下水开采利用量较大的省份。

在黄河流域所辖 9 个省级行政区中,地表水供水量最大的为内蒙古,为 76.69 亿 m³;除四川外,地表水供水量最少的是山东,为 9.01 亿 m³。四川和宁夏的地表水供水量所占比例很高,在 92% 以上;山西、河南与山东的地表水供水量所占比例较低,分别为 47.30%、47.56% 和 48.83%;其他省区地表水供水量所占比例在 50%～85%。地下水供水量最大的为陕西,为 30.22 亿 m³;内蒙古、山西和河南的地下水供水量也较大,分别为 26.02 亿 m³、23.48 亿 m³、22.86 亿 m³。除四川外,地下水供水量最少的是青海,为 3.60 亿 m³。山西、河南与山东的地下水供水占比较大,分别为 52.70%、2.44% 与 51.17%,都已经达到一半以上;四川的地下水占比最小,仅为 3.23%。

2020 年,黄河流域各省区的供水量与供水比例见表 6.15。

表 6.15 2020 年黄河流域各省区供水情况

省区	供水量/亿 m³			供水组成/%		占黄河流域的比例/%
	地表水	地下水	总供水量	地表水	地下水	
青海	12.64	2.17	14.81	85.35	14.65	3.57
四川	0.24	0.01	0.25	96.00	4.00	0.06
甘肃	31.83	3.18	35.01	90.92	9.08	8.44
宁夏	65.07	6.15	71.22	91.36	8.64	17.17
内蒙古	87.79	23.63	111.42	78.79	21.21	26.86
陕西	36.56	28.34	64.9	56.33	43.67	15.64
山西	29.89	18.61	48.5	61.63	38.37	11.69
河南	29.03	21.19	50.22	57.81	42.19	12.11
山东	11.8	6.7	18.5	63.78	36.22	4.46

注:数据来自《2020 年黄河水资源公报》,2020 年流域内其他供水量包含在地表供水量中。

6.1.2.2 用水量

1980 年以前,黄河流域用水的主要特点是农田灌溉用水增长迅速。1980—2020 年,黄河流域用水量呈平稳上升的趋势。工业与生活用水增长较快,农田灌溉用水一直相对比较稳定,农田灌溉用水的比例虽有所下降,但仍然最大。1980—2020 年黄河流域各行业用水量见表 6.16。

表 6.16   1980—2020 年黄河流域各行业用水量   单位:亿 m³

行业	1980	1985	1990	1995	2000	2005	2010	2015	2020
城镇生活	5.8	8.0	10.8	14.1	18.1	18.8	19	34.30	49.92
农村生活	11.7	12.5	14.5	16.6	17.0	14.6	11.09	18.47	21.39
农田灌溉	290.6	266.2	294.7	299.2	296.5	276.22	269.47	360.20	314.21
林牧渔	7.7	14.3	18.3	20.8	27.7	29.645	26.44	30.66	26.75
农业	298.3	280.6	313.0	319.9	324.2	307.5	299.7	390.86	340.96
工业	27.2	32.0	42.8	54.1	59.5	58.8	61.8	67.17	56.96
生活	17.5	20.5	25.3	30.6	35.1	33.4	40.6	52.77	71.31
生态	0	0	0	0	0	3.3	10.2	18.64	48.59

注:农村生活用水包括牲畜用水。

1) 2000 年总用水量

2000 年黄河流域总用水量为 418.76 亿 m³。其中,居民生活用水 29.15 亿 m³,工业用水 59.50 亿 m³,农业用水 330.11 亿 m³。黄河流域总用水量中,居民生活用水占总用水量的 7.0%,工业用水占总用水量的 14.2%,农业用水占总用水量的 78.8%。2000 年黄河流域各省区用水量见表 6.17。

表 6.17   2000 年黄河流域各省区用水量   单位:亿 m³

省区	居民生活		工业	农业			总用水量
	城镇生活	农村生活		农田灌溉	林牧渔	牲畜	
青海	0.77	0.43	3.12	10.34	1.40	0.84	16.90
四川	0.01	0.02	0.01	0.02	0.00	0.00	0.06
甘肃	2.49	1.80	11.80	26.62	0.53	0.72	43.96
宁夏	1.30	0.47	4.49	58.14	8.47	0.29	73.16
内蒙古	1.99	0.58	5.64	80.38	7.77	0.82	97.18
陕西	4.73	2.68	12.54	40.85	4.50	0.87	66.17
山西	3.23	1.87	7.57	32.43	1.38	0.92	47.40
河南	2.09	2.35	9.29	34.62	2.67	0.94	51.96
山东	1.48	0.86	5.04	13.14	1.06	0.39	21.97

黄河流域所辖 9 个省级行政区中,用水量最大的是内蒙古,2000 年用水量为 97.18 亿 m³,占黄河流域总用水量的 23.2%;其次是宁夏,用水量为 73.16 亿 m³,占黄河流域总用水量的 17.5%;用水量最小的是四川,用水量为 0.06 亿 m³,占黄河流域总用水量的 0.1%。

2) 2006 年总用水量

2006 年黄河流域总用水量为 422.73 亿 m³,与 2000 年相比,增加了 3.97 亿 m³。其中,居民生活用水 29.45 亿 m³,增加了 0.30 亿 m³;工业用水 69.67 亿 m³,增加了 10.17 亿 m³;而农业用水 312.89 亿 m³,减少了 17.22 亿 m³;此外,建筑业及第三产业、生态环境用水纳入总用水量计量范围,服务业用水 7.00 亿 m³,生态环境用水 3.72 亿 m³。黄河流域总用水量中,居民生活用水占总用水量的 7.0%;工业用水占总用水量的 16.5%,比 2000 年增加了 2.3 个百分点;农业用水占总用水量的 74.0%,下降了 4.8 个百分点;服务业用水占总用水量的 1.6%,生态环境用水量占总用水量的 0.9%。2006 年黄河流域各省区用水量见表 6.18。

表 6.18 2006 年黄河流域各省区用水量 单位:亿 m³

省区	居民生活		工业	服务业	农业			生态环境	总用水量
	城镇生活	农村生活			农田灌溉	林牧渔	牲畜		
青海	0.62	0.51	3.35	0.35	13.26	1.48	0.76	0.06	20.39
四川	0.01	0.01	0.01	0	0.07	0	0.13	0	0.24
甘肃	2.18	2.07	12.73	0.93	23.62	1.23	1.01	0.4	44.16
宁夏	0.98	0.55	5.2	0.42	61.42	10.24	0.32	0.69	79.81
内蒙古	1.78	0.73	8.85	0.72	74.4	10.2	1.19	0.55	98.43
陕西	4.58	3.27	13.8	1.86	33.94	3.44	1.19	0.72	62.8
山西	3.05	2.31	9.38	1.22	22.83	0.54	0.81	0.28	40.42
河南	2.11	2.47	10.95	0.83	36.89	1.53	0.99	0.9	56.66
山东	1.34	0.88	5.4	0.67	9.79	0.99	0.64	0.12	19.83

黄河流域所辖 9 个省级行政区中,用水量最大的仍是内蒙古,2006 年用水量为 98.43 亿 m³,占黄河流域总用水量的 23.3%,与 2000 年相当;其次是宁夏,用水量为 79.81 亿 m³,占黄河流域总用水量的 18.9%,比 2000 年增长了 1.4 个百分点;用水量最小的是四川,用水量为 0.24 亿 m³,占黄河流域总用水量的 0.06%。

3) 2010 年总用水量

2010 年黄河流域总用水量为 406.28 亿 m³,与 2006 年相比,减少了 16.45 亿 m³。其中,居民生活用水 30.09 亿 m³,略有增长;工业用水 61.69 亿 m³,减少了近 8 亿 m³;农业用水 295.91 亿 m³,减少了 16.98 亿 m³;服务业用水 8.34 亿 m³,增加了 1.34 亿 m³;生态环境用水 10.25 亿 m³,为 2006 年的 2.76 倍。黄河流域总用水量中,居民生活用水占总用水量的 7.4%,略有上升;

工业用水占总用水量的 15.2%，比 2006 年下降了 1.3 个百分点；农业用水占总用水量的 72.8%，比 2006 年下降了 1.2 个百分点；服务业用水占总用水量的 2.1%，比 2006 年上升了 0.5 个百分点；生态环境用水占总用水量的 2.5%，比 2006 年上升了 1.6 个百分点。2010 年黄河流域各省区用水量见表 6.19。

表 6.19　2010 年黄河流域各省区用水量　　　　　单位:亿 m³

省区	居民生活		工业	服务业	农业		生态环境	总用水量
	城镇生活	农村生活			农田灌溉	林牧渔畜		
青海	0.91	0.54	2.19	0.48	11.52	2.34	0.14	18.12
四川	0.01	0.03	0.03	0.02	0.09	0.13	0.00	0.31
甘肃	2.73	2.16	10.01	1.42	25.71	1.37	1.16	44.56
宁夏	0.85	0.40	4.63	0.41	59.73	5.70	1.42	73.13
内蒙古	2.01	0.56	8.40	0.89	82.61	4.97	3.26	102.71
陕西	5.32	2.86	10.70	1.89	33.61	5.60	0.88	60.86
山西	3.57	1.57	8.83	1.65	24.32	2.37	2.24	44.55
河南	1.93	2.29	11.75	0.85	23.66	2.26	0.97	43.59
山东	1.67	0.68	5.15	0.85	8.22	1.70	0.18	18.45

黄河流域所辖 9 个省级行政区中，用水量最大的是内蒙古，2010 年用水量为 102.71 亿 m³，占黄河流域总用水量的 25.2%，比 2006 年略有上升；其次是宁夏，用水量为 73.13 亿 m³，占黄河流域总用水量的 18.0%，比 2006 年略有下降；用水量最小的是四川，用水量为 0.31 亿 m³，占黄河流域总用水量的 0.1%，与 2000 年相当。

4）2020 年总用水量

2020 年黄河流域各省区用水量见表 6.20。

表 6.20　2020 年黄河流域各省区用水量　　　　　单位:亿 m³

省区	农业			工业			生活			生态			总用水量		
	地表水	地下水	合计	地表水	地下水	合计	地表水	地下水	合计	地表水	地下水	合计	地表水	地下水	合计
青海	9.8	0.25	10.05	0.18	0.57	0.75	1.36	1.29	2.65	1.3	0.06	1.36	12.64	2.17	14.81
四川	0.15	0	0.15	0.01	0	0.01	0.08	0.01	0.09	0	0	0	0.24	0.01	0.25
甘肃	23.68	1.23	24.91	2.87	0.73	3.6	4.56	1.14	5.7	3.41	0.08	3.49	34.52	3.18	37.7
宁夏	56.18	2.47	58.65	3.8	1	4.8	1.74	2.37	4.11	3.35	0.31	3.66	65.07	6.15	71.22
内蒙古	73.5	17.97	91.47	4.76	1.03	5.79	2.34	3.7	6.04	7.71	0.93	8.64	88.31	23.63	111.94
陕西	19.06	16.37	35.43	4.73	4.76	9.49	8.48	6.73	15.21	4.29	0.48	4.77	36.56	28.34	64.9

省区	农业			工业			生活			生态			总用水量		
	地表水	地下水	合计	地表水	地下水	合计	地表水	地下水	合计	地表水	地下水	合计	地表水	地下水	合计
山西	18.16	9.69	27.85	4.6	2.6	7.2	4.38	6	10.38	5.01	0.32	5.33	32.15	18.61	50.76
河南	32.17	11.28	43.45	6.25	3.76	10.01	4.19	5.61	9.8	10.06	0.54	10.6	52.67	21.19	73.86
山东	44.9	4.1	49	14.32	0.99	15.31	15.75	1.58	17.33	10.71	0.03	10.74	85.68	6.7	92.38

黄河流域所辖 9 个省级行政区中,用水量最大的是内蒙古,2020 年用水量为 111.94 亿 m³,占黄河流域总用水量的 21.62%;其次是山东,用水量为 92.38 亿 m³,占黄河流域总用水量的 17.84%;用水量最小的是四川,用水量为 0.25 亿 m³,占黄河流域总用水量的 0.05%。

总体来看,黄河流域水资源分配不均,水资源利用率低,农业用水存在很大的节水空间,农田灌溉用水、工业用水、居民生活用水是影响黄河流域水资源利用的主要因素。随着经济社会的发展,城镇化、工业化发展迅速,对水资源的需求逐渐增加,水资源的可持续利用成为黄河流域水资源保护的关键环节。从近几年黄河流域水资源利用情况来看,黄河流域水资源利用结构逐渐朝着合理配置的方向发展,黄河流域水资源的可持续发展要顺应经济发展新形势,根据经济高质量可持续发展的新要求,调整流域水资源配置方案,促进水资源在各地区、各部门之间的合理配置,推动流域经济高质量发展,促进黄河流域水资源的可持续发展。

6.1.3 流域水资源与经济协调发展现状评价

6.1.3.1 评价体系设计

1) 评价指标体系设计

黄河中游地区水资源与经济协调发展机理表现为:黄河中游地区水资源系统与经济系统相互作用,一方面水资源供给为经济系统提供了有力支撑,另一方面,经济系统导致水资源需求增加,对水资源系统造成压力。通过水利科技创新、水资源管理、制定水利政策、发展水市场等水资源管理手段,优化黄河中游地区水资源系统供需结构,进行水资源的有序开发、稳定供给、高效配置和集约利用,不断提高黄河中游地区水资源系统与经济系统的协调性,促进水资源与经济协调发展。黄河中游地区水资源与经济协调机理如图 6.1 所示。

依据图 6.1,黄河中游地区水资源与经济协调发展机理符合 DPSIR 模型框架思路。通过识别黄河中游地区水资源与经济协调发展的关键变量,遵循科学性、动态性、数据可得性和层次性原则,对黄河流域所辖省区水资源与经济协调发展评价指标体系进行系统设计(见表 6.21)。

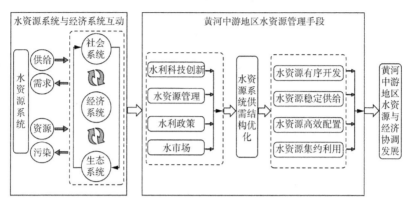

图 6.1　黄河中游地区水资源与经济协调发展机理

表 6.21　黄河流域水资源与经济协调发展评价指标体系

评价维度		评价指标	指标单位
一级维度	二级维度		
驱动力	地区经济发展水平	人均 GDP	元
	地区产业发展水平	第一产业增加值	亿元
		第二产业增加值	亿元
		第三产业增加值	亿元
压力	用水需求	第一产业用水比例	%
		第二产业用水比例	%
		第三产业用水比例	%
		生活用水比例	%
		生态环境用水比例	%
状态	水资源供给	地表水供水量占比	%
		地下水供水量占比	%
		再生水等其他供水量占比	%
影响	用水效率	万元 GDP 用水量	m^3
		人均用水量	m^3
		万元第二产业增加值用水量	m^3
		万元第三产业增加值用水量	m^3
	排污绩效	单位灌溉面积用水量	m^3
		人均居民生活用水量	m^3
		万元 GDP 废水排放量	t

续表

评价维度		评价指标	指标单位
一级维度	二级维度		
响应	产业结构优化	第一产业产值占 GDP 比重	%
		第三产业产值占 GDP 比重	%
		第二产业与第三产业结构比	
	产业发展质量	地区产业用水结构与产业结构匹配度	

注:将产业用水结构与产业结构匹配度作为反映产业发展质量的关键性指标,嵌入评价指标体系中。

2) 评价方法构建

根据表 6.21,应用匹配性评价法、灰关联分析法与耦合协调度模型,在确定不同时期黄河流域所辖省区产业用水结构与产业结构匹配度基础上,评价黄河流域所辖省区水资源与经济协调发展能力,具体步骤可表述为:

步骤 1,根据黄河流域所辖省区产业用水结构与产业结构变化特征,应用匹配性评价法,对黄河流域所辖省区产业用水结构与产业结构匹配度进行测算。可用公式表示为

$$\begin{cases} H_{it} = 1 - \sqrt{P_{it} \cdot C_{it}} \\ P_{it} = \dfrac{GDP_{it} \cdot L - \sum_{j=1}^{L}(GDP_{ijt} \cdot j)}{GDP_{it} \cdot (L-1)} \\ C_{it} = \dfrac{W_{it} \cdot L - \sum_{j=1}^{J}(W_{ijt} \cdot j)}{W_{it} \cdot (L-1)} \\ i = 1, 2, \cdots, n; j = 1, 2, 3; L = 3 \end{cases} \quad (6.1)$$

式(6.1)中: H_{it} 为第 t 时期第 i 个省区产业用水结构与产业结构匹配度, H_{it} 越大,则第 t 时期第 i 个省区的产业用水结构与产业结构越匹配; P_{it} 为第 t 时期第 i 个省区的产业结构偏水度; GDP_{it} 为第 t 时期第 i 个省区的经济生产总值; GDP_{ijt} 为第 t 时期第 i 个省区第 j 个产业的经济增加值; j 为第 i 个省区第 j 个产业的位置值,若第 i 个省区第 j 个产业的用水效率最低,则位置值为 1,依此类推; L 为产业总数; C_{it} 为第 t 时期第 i 个省区产业用水结构粗放度; W_{it} 为第 t 时期第 i 个省区用水总量; W_{ijt} 为第 t 时期第 i 个省区第 j 个产业的用水量。

步骤 2,采用灰关联分析法,确定不同时期黄河流域所辖省区评价指标与指标理想集的灰关联度,可用公式表示为

$$R_{it} = \frac{1}{m}\sum_{k=1}^{m} r_{itk} = \frac{1}{m}\sum_{j=1}^{m} \frac{\min\limits_{t}\min\limits_{k}|y_{itj} - \max\limits_{t=1}^{T}\{y_{itk}\}| + \rho\max\limits_{t}\max\limits_{k}|y_{itk} - \max\limits_{t=1}^{T}\{y_{itk}\}|}{|y_{itk} - \max\limits_{t=1}^{T}\{y_{itk}\}| + \rho\max\limits_{t}\max\limits_{k}|y_{itk} - \max\limits_{t=1}^{T}\{y_{itk}\}|}$$

$$(6.2)$$

式(6.2)中：R_{it} 为第 t 时期第 i 个省区指标与指标理想集的灰关联度；r_{itk} 为第 t 时期第 i 个省区第 k 指标与指标理想集的灰关联系数；$\max\{y_{itk}\}$ 为第 i 个省区第 k 个指标的指标理想值；y_{itk} 为标准化后的加权指标值，①正向指标标准化加权指标值：$y_{itk} = w_k \cdot \dfrac{c_{itk}}{\max\limits_{t=1}^{T}(c_{itk})}$；②逆向指标标准化加权指标值：$y_{itk} = w_k \cdot \dfrac{\min\limits_{t=1}^{T}(c_{itk})}{c_{itk}}$；$c_{itk}$ 为指标原始数据值；w_k 为第 k 个指标权重，为减少人为因素的干扰，依据表 6.21 采用层次等权法确定指标权重；ρ 为分辨系数，通常取 0.5。

步骤 3，采用耦合协调度模型，确定不同时期黄河流域所辖省区水资源与经济协调发展能力，可用公式表示为

$$D_{it} = \sqrt{U_{it} \cdot I_{it}}$$

$$\begin{cases} U_{it} = \dfrac{\prod\limits_{k=1}^{5} R_{itk}}{\left[\sum\limits_{k=1}^{5} R_{itk}/5\right]^5} \\[4mm] I_{it} = \sum\limits_{k=1}^{5} R_{itk}/5 \end{cases}$$

$$(6.3)$$

式(6.3)中：D_{it} 为第 t 时期第 i 个省区水资源与经济协调发展能力；U_{it} 为第 t 时期第 i 个省区水资源与经济协调指数；I_{it} 为第 t 时期第 i 个省区水资源与经济耦合指数。其中，R_{it1}、R_{it2}、R_{it3}、R_{it4}、R_{it5} 分别为第 t 时期第 i 个省区的驱动力指数、压力指数、状态指数、影响指数、响应指数。

6.1.3.2　实证结果与分析讨论

以黄河中游四个省区为例，开展黄河流域水资源与经济协调发展现状评价。黄河中游地区经济发展数据主要来自 2006—2019 年《中国统计年鉴》，黄河中游地区水资源数据主要来自 2006—2019 年《中国水利统计年鉴》《中国水

资源公报》。根据统计数据可知,首先,从用水结构来看,黄河中游地区呈现"一二三"态势,即第一产业用水比重高于第二产业用水比重、第二产业用水比重高于第三产业用水比重。第一产业用水比重,除山西外,其他三个地区均有所下降,其中,内蒙古自治区、陕西、河南分别从 80%、68%、62%降至 73%、60%、51%,山西维持在 58%左右。第二产业用水比重,山西下降较为明显,从 26%降至 18%,陕西稳定在 16%左右。内蒙古自治区、河南波动性较大且略有下降,分别从 9%、21%降至 8%、19%。第三产业用水比重,陕西、河南维持在 12%左右,山西从 9%增至 11%,内蒙古自治区从 6%降至 4%。总体来看,河南第一产业用水比重、山西第二产业用水比重的下降幅度最大,山西第三产业用水比重的上升幅度最大。其次,从产业结构来看,黄河中游地区呈现"三二一"态势,即第三产业比重高于第二产业比重、第二产业比重高于第一产业比重。且第一产业比重和第二产业比重均有所下降,第三产业比重均上升。第一产业比重,内蒙古自治区、陕西、河南分别从 15%、10%、16%降至 11%、8%、9%,山西维持在 5%左右。第二产业比重,内蒙古自治区、山西、陕西、河南分别从 41%、59%、49%、53%降至 39%、44%、46%、43%。第三产业比重,内蒙古自治区、山西、陕西、河南分别从 43%、35%、40%、32%增至 50%、51%、47%、48%。总体来看,河南第一产业比重、山西第二产业比重的下降幅度最大,河南第三产业比重的上升幅度最大。

1) 黄河中游地区产业用水结构与产业结构匹配度的时空分异特征

根据式(6.1),计算得到 2006—2019 年黄河中游地区产业用水结构与产业结构匹配度(见图 6.2)。

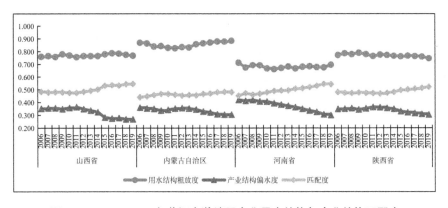

图 6.2　2006—2019 年黄河中游地区产业用水结构与产业结构匹配度

根据图 6.2 可知,2006—2019 年,从产业用水结构粗放度变化看,河南省的平均值最低(0.68),内蒙古自治区的平均值最高(0.86),河南省和陕西省有所下降,降幅分别为 2.49%、3.36%;从产业结构偏水度变化看,河南省下降最为显著(降幅 28.36%),其次依次为山西省(23.51%)、内蒙古自治区(15.24%)、陕西省(12.33%);从产业用水结构与产业结构匹配度变化看,河南省上升最为显著(升幅 19.83%),其次依次为山西省(12.90%)、内蒙古自治区(9.03%)、陕西省(8.59%)。研究表明,黄河中游地区用水效率不断提高,产业用水结构与产业结构不断优化,但产业用水结构与产业结构匹配度仍有待提升。

2) 黄河中游地区水资源与经济协调发展能力的时空分异特征

根据式(6.2)和式(6.3),计算得到 2006—2019 年黄河中游地区水资源与经济协调发展能力(见图 6.3)。

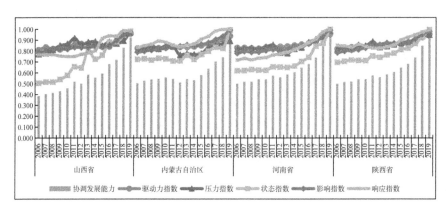

图 6.3　2006—2019 年黄河中游水资源与经济协调发展能力

根据图 6.3,从驱动力指数变化看,黄河中游地区均高于 0.80 且持续提高至 0.90 以上,表明地区经济发展水平均得到有效提升,其中山西省驱动力指数增幅最大(18.67%),其次依次为陕西省(16.93%)、河南省(15.46%)、内蒙古自治区(13.81%);从压力指数变化看,黄河中游地区均呈现"上升—下降—上升"变化趋势,表明地区应对用水需求压力的能力总体得到有效提升,其中山西省压力指数增幅最大(26.22%),其次依次为河南省(20.93%)、陕西省(16.68%)、内蒙古自治区(10.08%);从状态指数变化看,黄河中游地区均呈现上升态势,表明地区水资源供给能力均得到有效提高,其中山西省状态指数增幅最大(94.65%),其次依次为河南省(61.23%)、陕西省(43.39%)、内蒙古自治区(37.67%);从影响指数变化看,黄河中游地区均高于 0.78 且持续提高至0.95 以上,表明地区用水效率和排污绩效均持续提高,其中河南省影响指数增幅最大(27.37%),其次依次为内蒙古自治区(25.58%)、陕西省(24.93%)、山西省(24.04%);从响应指数变化看,黄河中游地区均持续提高,表明地区产业结构不断优化且产业发展质量不断提升,其中河南省响应指数增幅最大(39.31%),其次依次为山西省(28.44%)、内蒙古自治区(19.90%)、陕西省(16.91%)。

总体来看,2006—2019年,黄河中游地区水资源与经济协调发展能力均呈稳定增长态势,山西省、内蒙古自治区、河南省、陕西省分别从0.38、0.51、0.43、0.50增至0.93、0.89、0.97、0.93,其中山西省和河南省的增幅较大(分别为140.81%、125.83%)。若将黄河中游地区水资源与经济协调发展能力划分为[0.70,0.80)、[0.80,0.90)、[0.90,1.00]3个等级,分别对应一般协调、较协调、协调等级,则至2019年,内蒙古自治区为较协调等级,其他地区均为协调等级,且河南省水资源与经济协调发展能力等级最高。

研究表明,黄河中游地区用水效率不断提高,产业用水结构与产业结构不断优化。但总体来看,黄河中游地区产业用水结构与产业结构匹配度仍有待提升。黄河中游地区经济发展水平均得到有效提升,产业结构不断优化且产业发展质量不断提升,用水效率和排污绩效均持续提高,在用水需求压力不断增加的同时,水资源供给能力均得到有效提高。总体来看,黄河中游地区水资源与经济协调发展能力均呈稳定增长态势。基于DPSIR模型框架,从黄河中游地区水资源与经济协调发展评价结果来看,针对驱动力指标,黄河中游地区均受人均GDP的影响显著。针对压力指标,黄河中游地区均受生态环境用水的影响显著;同时,山西省受第二产业用水的影响显著,内蒙古自治区受第一产业用水的影响显著,河南省受第一产业用水的影响显著,陕西省受第一产业用水和生活用水的影响显著。针对状态指标,黄河中游地区均受地表水用水和地下水用水的影响显著。针对影响指标,黄河地区均受万元GDP用水量、人均用水量、万元第二产业产值用水量、万元第三产业产值用水量、万元GDP废水排放量的影响显著;同时,内蒙古自治区受单位灌溉面积用水量的影响显著。针对响应指标,黄河中游地区均受产业结构优化和产业发展质量指标的影响显著。

根据黄河中游地区水资源与经济协调发展评价结论,立足黄河中游地区经济发展特征与水资源禀赋,优化黄河中游地区水资源整体布局,因地制宜提出提升黄河中游地区水资源与经济协调发展能力的对策建议。一方面,针对黄河流域地区水资源系统供需结构优化,建立健全最严格水资源管理制度体系,强化双控行动方案,制定节水行动计划,加速推进节水技术创新,严格控制第一产业用水量;并利用工程技术手段,完善黄河中游地区水资源供给保障体系,减少地下水开采量,提高污水资源化与海水淡化技术手段,提高再生水与海水淡化等其他供水量占用水总量的比重。另一方面,针对黄河中游地区经济产业发展质量提升,推进产业结构优化升级,有效提升第二、第三产业用水效率。建立水资源刚性约束制度,把水污染排放绩效纳入黄河中游地区政府考核体系,严控水环境质量底线和水生态保护红线,在对口承接地区产业转移的同时,坚决避免水污染转移,降低万元 GDP 废水排放量,提升水环境承载能力。同时,完善水市场建设,通过水权转让等制度协调水资源在黄河中游地区及其产业之间配置比例,优化地区产业用水结构,降低产业用水结构粗放度和产业结构偏水度,提升产业用水结构与产业结构匹配度。

6.2 黄河流域"第一优先级分配单元"适配方案

以 2020 年为现状年,以 2030 年为规划年,开展黄河流域初始水权与产业结构优化适配研究。

6.2.1 生活水权配置方案

6.2.1.1 人口预测

人口预测主要是基于对一个国家或地区的现有人口状况及其未来增长变化趋势的判断,测算在未来某个时间的人口总量及其城乡分布。《国家人口发展规划(2016—2030 年)》预测,全国总人口将在 2030 年前后达到峰值,此后持续下降,峰值人口规模为 14.5 亿人。预测黄河流域基本保持同样趋势,人口峰值出现在 2030 年前后,此后逐渐下降。

人口预测一般有两类方法:其一为直接推算法,即根据基期的人口总数直接推算未来人口数;其二为分要素推算法,即先分别预测影响人口总数的各项要素,然后再合起来推算未来人口总数。这里,人口预测主要采用直接推算法。

预计规划年黄河流域总人口达到 13 093.86 万人,2020—2030 年的年均增长率为 3.39%,规划年黄河流域人口预测见表 6.22。

表 6.22　规划年黄河流域人口预测　　　　　　　　　　单位:万人

省区	总人口	城镇人口	农村人口
青海	531.91	324.50	207.41
四川	9.96	3.46	6.50
甘肃	2 097.37	1 028.62	1 068.75
宁夏	758.99	455.32	303.67
内蒙古	963.71	669.58	294.13
陕西	3 332.54	2 133.68	1 198.86

省区	总人口	城镇人口	农村人口
山西	2 638.24	1 425.00	1 213.24
河南	1 930.82	1 081.00	849.82
山东	830.32	582.77	247.55
黄河流域	13 093.86	7 703.93	5 389.93

6.2.1.2　生活水权配置

按照生活节水计算方法,黄河流域生活节水潜力约2亿 m³。通过工程、技术、管理等各种措施,黄河流域供水效率大幅提高。预计规划年管网输水漏失率降低为10.9%,生活节水量将达到1.7亿 m³。

规划年黄河流域生活节水量与节水潜力见表6.23。

表6.23　规划年黄河流域生活节水量与节水潜力

省区	节水器具普及率/%	管网漏失率/%	节水量/亿 m³	节水投资/亿元	节水潜力/亿 m³
青海	87.6	10.5	0.03	0.34	0.04
四川	77.0	11.0	0	0.01	0
甘肃	66.5	10.9	0.20	2.74	0.24
宁夏	73.8	11.5	0.15	2.06	0.16
内蒙古	80.7	11.3	0.13	1.69	0.15
陕西	86.8	10.3	0.56	7.60	0.68
山西	82.7	11.0	0.20	2.66	0.24
河南	75.8	10.7	0.21	2.76	0.24
山东	81.1	11.3	0.18	2.38	0.20
黄河流域	80.1	10.9	1.66	22.24	1.99

根据黄河流域人口发展规划,考虑未来生活质量不断提高,生活用水水平也会相应提高,需水定额逐步增大。在充分考虑节水的条件下,预计规划年,城镇居民生活需水定额为124 L/(人·d),根据式(3.1),需水量为34.8亿 m³;农村居民生活需水定额为72 L/(人·d),根据式(3.1),需水量为14.1亿 m³。规划年黄河流域生活需水量预测见表6.24。

表 6.24 规划年黄河流域生活需水量预测

省区	生活需水定额/[L/(人·d)]		生活需水量/亿 m³	
	城镇	农村	城镇	农村
青海	122	68	1.44	0.51
四川	98	68	0.01	0.02
甘肃	127	70	4.77	2.73
宁夏	115	64	1.91	0.71
内蒙古	132	72	3.23	0.77
陕西	126	72	9.81	3.15
山西	115	69	5.98	3.06
河南	129	77	5.09	2.39
山东	117	82	2.49	0.74
黄河流域	124	72	34.74	14.08

结合黄河流域生活需水量预测结果,将其确定为黄河流域内各省区的生活水权配置方案。

6.2.2 农田基本灌溉水权配置方案

6.2.2.1 农田灌溉面积发展预测

黄河流域灌溉面积占耕地面积的 32%,生产的粮食占流域总量的近 70%。近 30 多年来,黄河流域粮食生产有了很大提高。根据黄河流域粮食单产变化趋势分析,预测规划年流域灌溉地亩产 542 kg,非灌溉地亩产 197 kg。根据《国家粮食安全中长期规划纲要(2008—2020 年)》和《全国新增 1 000 亿斤粮食生产能力规划(2009—2020 年)》,规划年黄河流域按照人均 400 kg 的粮食消费水平,流域粮食综合生产能力需达到 525.5 亿 kg。由于受水资源短缺等影响因素制约,今后黄河流域粮食新增生产能力将主要依靠提高单产、提高灌溉保证率和适度发展灌溉面积来解决。根据规划水平年粮食单产及种植结构分析,规划年黄河流域农田有效灌溉面积需达到 8 700 万亩左右。

综合考虑黄河流域灌溉面积发展需求,今后农田灌溉发展的重点是加强现有灌区的改建、续建、配套和节水改造,提高管理水平,充分发挥现有有效灌溉面积的经济效益,在巩固已有灌区的基础上,根据各地区的水土资源条件,结合水源工程的兴建,适当发展部分新灌区。根据《全国大型灌区续建配套与节水改造规划报告》,黄河流域已被列入续建配套和节水改造的大型灌区有引大入秦、景泰川电灌、青铜峡、河套、汾河、尊村、宝鸡峡、泾惠渠、引沁、陆浑灌区等

33 处。通过节水改造和续建配套,考虑大型灌区续建与节水改造以及新建灌溉工程等,规划年农田有效灌溉面积达到 8 697 万亩。规划年黄河流域农田有效灌溉面积发展预测见表 6.25。

表 6.25　规划年黄河流域农田有效灌溉面积发展预测

省区	农田有效灌溉面积/万亩
青海	347.97
四川	0.41
甘肃	830.34
宁夏	797.8
内蒙古	1 693.69
陕西	1 847.43
山西	1 395.25
河南	1 271.81
山东	512.29
黄河流域	8 696.99

6.2.2.2　农田基本灌溉水权配置

按照农田灌溉节水计算方法,黄河流域农田灌溉节水潜力约 59.3 亿 m^3。按照节水工程和非工程节水措施安排实施,预计规划年全流域累计可节约灌溉用水量 54.2 亿 m^3,其中工程节水量为 46.0 亿 m^3,需节水投资 370.4 亿元,单方水投资为 8.1 元。规划年黄河流域农田灌溉的节水量与节水潜力见表 6.26。

表 6.26　规划年黄河流域农田灌溉的节水量与节水潜力

省区	节水工程措施/万亩	非节水工程措施/万亩	节水量/亿 m^3	节水潜力/亿 m^3
青海	251.68	251.68	3.74	3.93
四川	0.41	0.41	0	0
甘肃	711.29	711.29	3.90	4.14
宁夏	641.67	641.67	15.96	17.92
内蒙古	1 457.06	1 457.06	15.60	16.97
陕西	1 683.36	1 683.36	4.62	5.07

省区	节水工程措施/万亩	非节水工程措施/万亩	节水量/亿 m³	节水潜力/亿 m³
山西	1 315.87	1 315.87	3.27	3.54
河南	1 204.34	1 204.34	5.66	6.15
山东	493.86	493.86	1.50	1.59
黄河流域	7 759.54	7 759.54	54.25	59.31

规划年黄河流域农田灌溉的节水量与节水投资(节水工程措施)见表 6.27。

表 6.27　规划年黄河流域农田灌溉的节水量与节水投资(节水工程措施)

省区	节水工程措施/万亩	节灌率/%	节水量/亿 m³	节水投资/亿元
青海	251.68	72.3	2.57	18.02
四川	0.41	100.0	0	0.02
甘肃	711.29	91.2	3.47	32.24
宁夏	641.67	80.4	6.06	40.63
内蒙古	1 457.06	86.0	12.38	82.93
陕西	1 683.36	91.1	4.11	48.55
山西	1 315.87	94.3	3.27	49.90
河南	1 204.34	94.7	5.66	77.36
山东	493.86	96.4	1.50	20.79
黄河流域	7 759.54	89.7	45.96	370.44

按黄河流域的自然经济特点及水资源利用要求,分别研究各区的综合净灌溉定额。净灌溉定额是依据农作物需水量、有效降雨量、地下水利用量确定的,是满足作物对补充土壤水分要求的科学依据。它注重的是作物需水的科学性。本次计算采用水源充沛条件下节水灌溉制度要求的综合净灌溉定额。

根据气候条件和试验资料分析计算作物需水量,考虑不同降雨量,根据土壤水分平衡计算各种作物灌溉需水量及净灌溉定额。根据确定的不同水平年流域农田有效灌溉面积、农田综合净灌溉定额及灌溉水利用系数计算出不同水平年农田灌溉需水量。预计在强化节水模式的条件下,规划年黄河流域农田灌溉多年平均需水定额为 359 m³/亩,根据式(3.3)~式(3.6),多年平均总需水量为 312.5 亿 m³。规划年黄河流域农田基本灌溉需水量预测见表 6.28。

表 6.28 规划年黄河流域农田基本灌溉需水量预测

省区	农田灌溉需水定额/(m³/亩)	农田灌溉总需水量/亿 m³	农田基本灌溉需水量/亿 m³
青海	432	15.03	11.81
四川	254	0.01	0.01
甘肃	346	28.73	26.41
宁夏	806	64.30	53.91
内蒙古	420	71.13	65.47
陕西	262	48.40	43.31
山西	270	37.67	33.22
河南	280	35.61	31.22
山东	228	11.68	11.44
黄河流域	359	312.58	279.07

结合黄河流域农田基本灌溉需水量预测结果,将其确定为黄河流域内各省区的农田基本灌溉水权配置方案。

6.2.3 河流生态水权配置方案

对黄河水资源配置起关键作用的主要是干流的利津、河口镇和支流的渭河华县 3 个断面。根据式(3.9)~式(3.16),计算黄河流域各断面需水量。

6.2.3.1 利津断面需水量

黄河流域一直是国家水土保持工作的重点地区,从 20 世纪 50 年代起就制定了水土保持规划,70 多年来,黄土高原的水土流失治理取得了显著成效。根据黄河流域水土保持规划,随着各种水利水保措施的实施,黄河流域水土流失治理能力将进一步提升,重点地区治理不断巩固提高。

1)利津断面输沙及维持中水河槽需求量

(1)黄河下游输沙规律及水量

根据 1950—2002 年下游河道 3 年输沙率修正资料,考虑到汛期引沙后计算下游冲淤量,建立黄河下游汛期泥沙淤积与来水来沙间的关系,即

$$W_{ss} = 22W_s - 42.3Y_s + 86.8 \tag{6.4}$$

式(6.4)中:W_{ss} 为输沙水量(亿 m³);W_s 为来沙量(亿 t);Y_s 为下游河道在该来沙情况下的允许淤积量(亿 t)。

根据式(6.4),在已知来沙量和下游河道允许淤积量的前提下,可求得汛期花园口控制站输沙水量。

同样建立汛期利津站输沙水量与下游来沙量和水量的关系,即

$$\frac{W_\text{利}}{W_\text{s利}} = 21.84 W_\text{s}^{-0.5179} \cdot W_\text{ss}^{0.2643} \tag{6.5}$$

式(6.5)中:$W_\text{利}$为汛期利津站输沙水量(亿 m^3);$W_\text{s利}$为汛期利津站沙量(亿 t);W_s为汛期下游来沙量(亿 t);W_ss为汛期花园口站输沙水量(亿 m^3)。

根据 1950 年以来的实测资料,对式(6.4)、式(6.5)进行了检验。由各时期计算值与实测输沙水量对比结果(见表 6.29)可见,除 1961—1964 年三门峡水库拦沙期下游输沙水量计算值较实测值偏大外,其余时段均吻合较好。因此,利用公式计算不同来沙及河道淤积情况下各控制站输沙水量是可信的。

表 6.29　不同时期黄河下游汛期输沙水量计算值与实测值比较

时期	平均沙量/亿 t	年均汛期淤积量/亿 t	花园口			利津		
			实测水量/亿 m^3	计算水量/亿 m^3	相对差/%	实测水量/亿 m^3	计算水量/亿 m^3	相对差/%
1950—1960 年	14.7	3.1	280	283	1.1	278	260	−6.5
1961—1964 年	4.3	−4.4	339	367	8.3	377	403	6.9
1965—1980 年	12.5	3.2	230	226	−1.7	207	206	−0.5
1981—1985 年	9.4	−0.03	319	295	−7.5	272	268	−1.5
1986—1999 年	7.2	2.7	131	131	0	93	100	7.5

为此,对 2020—2030 年(小浪底水库高滩深槽形成时期)进行输沙需水预测。根据对未来来沙量的预测,2030 年下游年来沙量约为 9 亿 t,其中汛期 8.7 亿 t。在一定来沙量条件下,由式(6.4)、式(6.5)计算汛期下游河道不同淤积水平需要的利津输沙水量。在下游河道年淤积量为 2.0 亿 t 左右时,利津断面汛期输沙水量为 143 亿 m^3;在下游河道年淤积量为 1.5 亿 t 左右时,利津断面汛期输沙水量为 163 亿 m^3;在下游河道年淤积量为 1.0 亿 t 左右时,利津断面汛期输沙水量为 184 亿 m^3。黄河下游河道不同淤积水平利津断面汛期输沙水量见表 6.30。

表 6.30　黄河下游河道不同淤积水平利津断面汛期输沙水量

时段	下游年来沙量/亿 t	下游年淤积量/亿 t	输沙水量/亿 m^3		
			全年	汛期	非汛期
2020—2030 年(小浪底水库高滩深槽形成时期)	9	2.0	193	143	50
	9	1.5	213	163	50
	9	1.0	234	184	50

（2）维持中水河槽需水量

水沙条件对平滩流量的影响较大,其中水流又是塑造河槽的最主要动力。随着水量的增大,平滩流量增大,但水量越大,平滩流量的增幅越小。根据与现状比较接近的 1974 年三门峡水库蓄清排浑控制运用以后的规律,可以估算如果要维持平滩流量分别为 4 000 m³/s、5 000 m³/s、6 000 m³/s 的中水河槽,平均需要利津汛期水量 130 亿 m³、180 亿 m³、240 亿 m³ 左右。数学模型计算表明,在维持中水河槽阶段（小浪底水库拦沙期结束后）,维持黄河下游全河段 4 000 m³/s 左右的平滩流量,需要入海水量约 200 亿 m³,其中汛期 150 亿 m³。

综合分析,黄河下游河道多年平均输沙用水量利津断面应在 220 亿 m³ 左右,其中汛期在 170 亿 m³ 左右;考虑国民经济发展对黄河水资源的需求和黄河水资源的供需形势,黄河下游年平均输沙用水量不宜少于 200 亿 m³,其中汛期不宜少于 150 亿 m³。

2）利津断面非汛期生态环境需水量

利津断面非汛期生态环境需水量主要包括河道不断流、河口三角洲湿地、生物需水量等。

20 世纪 80 年代以来,围绕河道不断流、河口生态、水质等方面相继开展了多项研究,取得了一系列成果。主要研究成果见表 6.31。

表 6.31　利津断面非汛期生态环境需水量研究成果

成果名称	低限生态需水量		适宜生态需水量	
	流量/(m³/s)	水量/亿 m³	流量/(m³/s)	水量/亿 m³
《黄河流域生态环境需水研究》	162	34	371	78
《黄河健康修复目标和对策研究》	75～150	20	120～250	38
《黄河三门峡以下非汛期水量调度系统关键问题研究》	50～87	42.3		58.3

依据 1956—2000 年 45 年水文系列,利津断面多年平均天然水量 534.79 亿 m³,其中汛期 307.63 亿 m³,非汛期 227.16 亿 m³,按照河道内生态环境状况"好"的标准,利用 Tennant 法计算,利津断面非汛期河道内生态环境需水量为 45.6 亿 m³。

利用 10 年最小月平均流量法和 Q_{95} 法计算,利津断面"维持河床基本形态、防治河道断流、保持水体天然自净能力和避免河流水体生物群落遭到无法恢复的破坏而保留在河道中的最小水量"分别为 48.0 亿 m³ 和 45.4 亿 m³。考虑黄河输沙用水主要在汛期,且三角洲湿地生态需水量为 7.4 亿 m³,相应上述两种方法计算的利津断面非汛期河道内生态环境需水量分别为 55.4 亿 m³ 和 52.8 亿 m³。

利津断面非汛期河道内生态环境需水量应为 45.6 亿 m³～55.4 亿 m³,考虑到黄河水资源现状利用情况及未来水资源供需形势,利津断面非汛期生态环境需水量宜在 50 亿 m³ 左右。

6.2.3.2 河口镇断面输沙水量和生态环境需水量

1) 河口镇断面输沙水量

宁蒙河道为典型的冲积性河道。自上游干流修建了刘家峡、龙羊峡水利枢纽后,受来水来沙条件变化和干流水库调节的共同影响,宁蒙河道冲淤发生了明显变化。1961 年至 1986 年 10 月龙羊峡水库投入运用前,宁蒙河道一般发生冲刷或微淤。龙羊峡水库建成生效后,水库调节改变了径流汛期和非汛期分配过程,宁蒙河道淤积量增加,1986—1991 年内蒙古河道年均泥沙淤积 0.65 亿 t,年均主槽淤积 0.44 亿 t,占全断面淤积量的 68%。1991—2004 年巴彦高勒—蒲滩拐(头道拐下 18 km)年均淤积量为 0.65 亿 t,87%的淤积量集中在主槽。

据龙羊峡水库生效后的 1986—2004 年实测资料分析,河口镇汛期、非汛期来水量和输沙量关系可表示为

$$\begin{cases} W_{sx} = 0.000\ 277 W_x^{1.646} \\ W_{sf} = 0.000\ 012 W_f^{2.13} \end{cases} \tag{6.6}$$

式(6.6)中:W_{sx} 为河口镇汛期输沙量(亿 t);W_x 为汛期来水量(亿 m³);W_{sf} 为河口镇非汛期输沙量(亿 t);W_f 为非汛期来水量(亿 m³)。

以 1986—2004 年内蒙古河道来沙情况不变、年均淤积 0.66 亿 t(断面法)为基础,根据河口镇水沙关系[式(6.6)]计算不同淤积水平内蒙古河道的淤积状况和河口镇沙量及输沙水量,见表 6.32。

表 6.32 内蒙古河道不同冲淤量时的河口镇水沙量

汛期			非汛期			全年		
淤积量/亿 t	河口镇沙量/亿 t	河口镇输沙水量/亿 m³	淤积量/亿 t	河口镇沙量/亿 t	河口镇输沙水量/亿 m³	淤积量/亿 t	河口镇沙量/亿 t	河口镇输沙水量/亿 m³
0.6	0.25	62	0.07	0.16	86	0.67	0.41	148
			0	0.23	102	0.6	0.48	164
0.4	0.45	89	0.07	0.16	86	0.47	0.61	175
			0	0.23	102	0.4	0.68	191
0.2	0.65	112	0.07	0.16	86	0.27	0.81	198
			0	0.23	102	0.2	0.88	214

汛期			非汛期			全年		
淤积量/亿 t	河口镇输沙量/亿 t	河口镇输沙水量/亿 m³	淤积量/亿 t	河口镇输沙量/亿 t	河口镇输沙水量/亿 m³	淤积量/亿 t	河口镇输沙量/亿 t	河口镇输沙水量/亿 m³
0.13	0.72	119	0.07	0.16	86	0.2	0.88	205
			0	0.23	102	0.13	0.95	221
0	0.85	131	0.07	0.16	86	0.07	1.01	217
			0	0.23	102	0	1.08	233

鉴于内蒙古河道现状淤积量较大,需要改变这种局面,而如果维持不淤积则需水量较大,不易实现,经分析全年淤积量为 0.2 亿 t 比较合适。计算时考虑两种情况,一种是维持现状,非汛期淤积量 0.07 亿 t,另一种是保持非汛期不淤积。相对来说,在年淤积量一样的条件下,后者需水量大于前者。在非汛期淤积 0.07 亿 t 条件下,汛期输沙水量 112 亿 m³,非汛期水量 86 亿 m³,全年水量 198 亿 m³。

综合分析,为恢复宁蒙河段(主要为内蒙古河段)主槽的行洪排沙能力,减少宁蒙河段的淤积,河口镇断面控制汛期输沙塑槽水量应在 120 亿 m³ 左右。

2)河口镇断面非汛期生态环境需水量

河口镇断面非汛期生态环境需水量主要包括河道不断流、防凌流量,河流生态等需水量,有关研究成果见表 6.33。

表 6.33 河口镇断面非汛期生态环境需水量研究成果

成果名称	低限生态需水量		适宜生态需水量	
	流量/(m³/s)	水量/亿 m³	流量/(m³/s)	水量/亿 m³
《黄河流域生态环境需水研究》	96	20	244	51
《黄河健康修复目标和对策研究》	75~50	20	120~480	59
《黄河黑山峡河段开发方案补充论证报告》			250~510	77

依据 1956—2000 年 45 年水文系列,河口镇断面多年平均天然水量 331.75 亿 m³,其中汛期 196.56 亿 m³,非汛期 135.19 亿 m³,按照河道内生态环境状况"好"的标准,利用 Tennant 法计算,利津断面非汛期河道内生态环境需水量为 27.0 亿 m³。

利用 10 年最小月平均流量法和 Q_{95} 法计算,河口镇断面"维持河床基本形态、防治河道断流、保持水体天然自净能力和避免河流水体生物群落遭到无法恢复的破坏而保留在河道中的最小水量"分别为 11.0 亿 m³ 和 11.5 亿 m³。考虑黄河输沙用水主要在汛期,且三角洲湿地生态需水量为 57 亿 m³,相应上述两种方法计算的利津断面非汛期河道内生态环境需水量分别为 68.0 亿 m³ 和 68.5 亿 m³。

鉴于宁蒙河段存在防凌的特殊需求,河口镇断面非汛期河道内生态环境需水量应为 68.0 亿 m³ ~ 77.0 亿 m³,同时考虑到宁蒙河道、北干流河段水生态环境状况的不明确性,河口镇断面非汛期河道内生态环境需水量应取合理的高值。研究认为,在满足防凌要求和生态环境要求的情况下,河口镇断面非汛期生态环境需水量为 77.0 亿 m³,考虑到生态环境和中下游用水要求,最小流量为 250 m³/s。

3)华县断面输沙水量和生态环境需水量

渭河下游不同水平年来沙量采用黄河及渭河流域重点治理规划成果,渭河下游(咸阳+张家山)规划年汛期和非汛期 6 月来沙量分别为 2.69 亿 t、0.29 亿 t。

考虑渭河下游中常洪水不漫滩、与河道治理工程标准衔接、与防洪续建工程配套等多方面因素,渭河下游中水河槽的标准按华县断面流量 3 000 m³/s 考虑。

根据计算条件,利用推导的汛期及非汛期 6 月的输沙用水量计算公式,求得规划年渭河下游(华县断面)汛期 7—10 月及非汛期 6 月的输沙用水量,见表 6.34。

表 6.34　规划年华县断面生态环境需水量　　　　　　单位:亿 m³

汛期 7—10 月	非汛期 6 月	11 月至次年 5 月低限生态用水量	合计
42.9	5.5	6.13	54.53

结合渭河的实际情况,确定渭河下游河道内低限生态环境需水量时,主要考虑了维持渭河河道基本形态、保证一定基流量、维持渭河一定的稀释自净能力、维持渭河基本的生态环境和满足景观用水等方面,根据渭河生态环境基本需要,初步确定非汛期 11 月至次年 5 月渭河低限生态环境需水量为 6.13 亿 m³。综合以上分析,渭河下游(华县断面)以汛期和非汛期 6 月输沙水量、11 月至次年 5 月河道内生态环境需水量作为河道内生态环境需水量低限要求。

4)其他断面生态环境需水量

在所选的 15 个断面中,除利津、河口镇、渭河华县断面外,其余断面没有输沙水量要求,河道内生态环境需水量按 Tennant 法和分项计算法计算。

采用 Tennant 法计算河道内生态环境需水量时,按多水期和少水期分别计算,结合黄河水资源的特性,多水期选择 7—10 月四个月,少水期选择 11 月至次年 6 月八个月。河道内生态环境状况选择"好",即多水期选取多年平均流量的 40％,少水期选择多年平均流量的 20％。

采用分项计算法计算河道内生态环境需水量时,主要考虑生态基流和输沙用水。生态基流主要考虑维持河流的基本功能,如河道不断流、避免河流水体生物群落遭到无法恢复的破坏等,计算方法采用最枯 10 年最小月平均流量法、Q_{95}(年、月)法等。

在确定断面河道内生态环境需水量时,综合考虑 Tennant 法和分项计算法的计算成果,取每月各种成果中的最大值作为该月河道内生态环境需水量,各断面计算结果见表 6.35。

表 6.35　黄河流域干支流主要断面河道内生态环境需水量　　　　单位:亿 m³

河流名称	断面名称	多年平均天然径流量			河道内生态环境需水量			备注
		全年	汛期	非汛期	全年	汛期	非汛期	
黄河干流	唐乃亥	205.15	122.83	82.32	65.59	49.13	16.46	
	兰州	329.88	191.81	138.07	104.34	76.73	27.61	
	河口镇	331.75	196.56	135.19	197.00	120.00	77.00	
	利津	534.80	307.64	227.16	200~220	150~170	50.00	
湟水	民和	20.53	10.79	9.74	8.27	6.32	1.95	
洮河	红旗	48.26	27.23	21.03	22.10	17.89	4.21	
无定河	白家川	11.51	5.10	6.41	3.32	2.04	1.28	
渭河	北道	14.12	7.47	6.65	4.32	2.99	1.33	
	华县	80.94	45.68	35.26	54~64	43~52	11~12	非汛期需水含6月输沙水量
北洛河	状头	8.96	4.87	4.09	2.77	1.95	0.82	
汾河	汾河水库	3.62	2.13	1.49	1.15	0.85	0.30	
	汾河	河津	18.47	10.12	8.35	5.70	4.00	1.70
伊洛河	黑石关	28.32	16.12	12.20	12.90	10.50	2.40	
沁河	武陟	13.01	7.55	5.46	4.10	3.00	1.10	非汛期最小流量 3.0 m³/s
大汶河	戴村坝	13.69	10.81	2.88	4.15	3.57	0.58	

根据河流生态环境需水分析,黄河多年平均河流生态环境需水量为 200 亿~220 亿 m³,考虑黄河流域的缺水情况,河流生态环境需水量不宜少于 200 亿 m³,各水平年相应的地表水可利用量、地表水可利用率、水资源可利用总量、水资源总量可利用率见表 6.36。

表 6.36　规划年黄河流域水资源可利用情况

天然径流量/亿 m³	水资源总量/亿 m³	河流生态环境需水量/亿 m³	地表水可利用量/亿 m³	地表水可利用率/%	水资源可利用总量/亿 m³	水资源总量可利用率/%
514.79	627.00	200~220	314.79~294.79	61.1~57.3	396.33~376.33	63.2~60.0

结合黄河流域河道内生态环境需水量预测结果,将其确定为黄河流域的河流生态水权配置方案。

6.3　黄河流域"第二优先级分配单元"适配方案

6.3.1　适配方案设计

6.3.1.1　可供水量确定

1)地表水可供水量

考虑到黄河流域及邻近地区国民经济发展和河道内生态环境改善对水资源的需求,经长系列调算,在没有跨流域调水的情况下,规划年正常来水年份黄河地表水可供水量为 390.0 亿 m³,入海水量为 185.8 亿 m³。其中,流域内地表水供水量为 297.54 亿 m³。

规划年,考虑引汉济渭二期增加 5 亿 m³、南水北调西线一期工程增加 80 亿 m³,调入水量增加到 97.6 亿 m³。调入水量的一部分用于河道内生态环境建设,一部分用于工农业生产,地表水可供水量达到 472.5 亿 m³,其中流域内地表水供水量为 375.12 亿 m³。

2)地下水规划开采量

黄河流域平原区多年平均(1980—2000 年)浅层地下水资源量(矿化度≤2 g/L)为 54.6 亿 m³,可开采量为 119.4 亿 m³。地下水规划开采量的原则:逐步退还深层地下水开采量和平原区浅层地下水超采量;宁蒙地区适当增加地下水开采量;山丘区地下水开采量基本维持现状开采量。规划年浅层地下水开采量为 125.28 亿 m³,见表 6.37。

表 6.37　规划年黄河流域地下水开采量(上限)　　　　　单位:亿 m³

省区	地下水开采量(上限)
青海	3.27
四川	0.02
甘肃	5.68
宁夏	7.68

省区	地下水开采量（上限）
内蒙古	25.08
陕西	29.61
山西	21.06
河南	21.55
山东	11.44
黄河流域	125.28

3）其他水源供水量

根据国家对污水处理再利用的要求，规划年污水处理率达到 90% 以上，再生利用率达到 40%～50%。预计规划年黄河流域污水再生利用量为 18.8 亿 m^3。预计规划年黄河流域雨水利用量为 1.6 亿 m^3。

综上，规划年黄河流域可供水量见表 6.38。

表 6.38 规划年黄河流域可供水量 单位：亿 m^3

年份	流域内供水量				流域外供水量	入海水量
	地表水供水量	地下水开采量	其他水源供水量	合计		
规划年	297.54	125.28	20.36	443.18	92.42	185.79
规划年引汉西线一期	375.12			520.76	97.34	211.37

6.3.1.2 方案设计

采用"第二优先级分配单元"的水资源多目标优化模型对黄河流域各省区的水权进行配置。首先，针对黄河流域各省区的初始水权配置，需要确定黄河流域各省区的现状用水比例，见表 6.39。

表 6.39 黄河流域各省区现状用水比例 单位：%

青海	四川	甘肃	宁夏	内蒙古	陕西	山西	河南	山东
4.46	0.08	10.97	18	25.28	14.98	10.97	10.73	4.54

其次，针对黄河流域各省区的初始水权配置，需要确定规划年黄河流域各省区人口、面积和产值，见表 6.40。

表 6.40 规划年黄河流域各省区人口、面积和产值

省区	总人口/万人	耕地面积/万亩	产值/亿元
青海	531.91	837	2 127.68
四川	9.96	9	17.88
甘肃	2 097.37	5 222	9 323.78
宁夏	758.99	1 940	3 568.61
内蒙古	963.71	3 267	10 598.34
陕西	3 332.54	5 841	18 703.17
山西	2 638.24	4 270	13 697.31
河南	1 930.82	2 140	9 891.91
山东	830.32	836	8 870.58
黄河流域	13 093.86	24 362	76 799.25

然后,针对黄河流域各省区的初始水权配置,需要确定黄河流域各省区单方水 GDP 产出量,见表 6.41。

表 6.41 黄河流域各省区单方水 GDP 产出量　　　　　　　　单位:元/m³

省区	青海	四川	甘肃	宁夏	内蒙古	陕西	山西	河南	山东	黄河流域
单方水 GDP 产出量	76.89	49.67	148.92	39.15	97.37	190.66	196.04	156.37	348.19	140.31

同时,针对黄河流域各省区的初始水权配置,需要确定规划年黄河流域各省区的需水量,见表 6.42。

表 6.42 规划年黄河流域各省区需水量

省区	万元 GDP 需水量/(m³/万元)	需水量/亿 m³
青海	130.05	27.67
四川	201.33	0.36
甘肃	67.15	62.61
宁夏	255.45	91.16
内蒙古	102.70	108.85
陕西	52.45	98.09
山西	51.01	69.87
河南	63.95	63.26
山东	28.72	25.48
黄河流域	71.27	547.33

最后,针对黄河流域各省区的初始水权配置,需要确定黄河流域各省区社会经济发展的政府弱势群体保护度。流域各省区的地理位置指数、地区开发指数、生态保护指数与水源依赖程度见表 6.43～表 6.46。

表 6.43　黄河流域各省区的地理位置指数

省区	青海	四川	甘肃	宁夏	内蒙古	陕西	山西	河南	山东	合计
地理位置指数	5	4.5	4	3.5	3	2.5	2	1.5	1	27

表 6.44　黄河流域各省区的地区开发指数　　单位:亿元

省区	青海	四川	甘肃	宁夏	内蒙古	陕西	山西	河南	山东	合计
地区开发指数	2 008.5	13.9	8 922.9	3 418.7	10 333.4	18 142.1	13 396.0	9 407.2	8 577.9	74 220.5

表 6.45　黄河流域各省区的生态保护指数　　单位:万 km²

省区	青海	四川	甘肃	宁夏	内蒙古	陕西	山西	河南	山东	合计
生态保护指数	1.38	0.21	5.08	2.30	4.37	6.32	7.36	1.27	0.46	28.75

表 6.46　黄河流域各省区的水源依赖程度

省区	青海	四川	甘肃	宁夏	内蒙古	陕西	山西	河南	山东	合计
平均取水量	17.56	0.22	41.92	74.33	102.44	63.68	45.22	50.61	19.69	415.65
平均水资源量	621.60	47.5	202.95	101.14	382.75	276.42	73.51	364.26	225.77	2 295.9
水源依赖程度	0.012	0.002	0.089	0.318	0.116	0.100	0.266	0.060	0.038	1.000

最终,计算得到规划年黄河流域各省区之间初始水权适配方案,见表 6.47。

表 6.47　规划年黄河流域各省区之间初始水权适配方案　　单位:亿 m³

省区	规划年(方案一)	规划年引汉西线一期(方案二)
青海	21.73	27.67
四川	0.36	0.36
甘肃	52.24	58.23
宁夏	67.5	82.06
内蒙古	84.23	103.19
陕西	80.52	95.20
山西	60.82	68.10

省区	规划年(方案一)	规划年引汉西线一期(方案二)
河南	53.27	60.47
山东	22.5	25.48
黄河流域	443.18	520.76

表 6.47 的方案一和方案二中,基于适配原则的目标总体满意度分别为 0.916、0.945,超过设定的阈值 0.90。

同时,针对规划年黄河流域各省区之间的初始水权适配方案,规划年黄河流域各省区地下水供水量见表 6.48。

表 6.48　规划年黄河流域各省区地下水供水量　　　单位:亿 m³

省区	青海	四川	甘肃	宁夏	内蒙古	陕西	山西	河南	山东	合计
地下水供水量	3.27	0.02	5.68	7.68	25.08	29.51	21.06	21.55	11.44	125.28

6.3.2　适配方案诊断

6.3.2.1　适应性诊断

根据表 6.47,对规划年黄河流域各省区之间初始水权适配方案进行适应性诊断。首先,获取适应性诊断指标的基础数据,见表 6.49～表 6.52。

表 6.49　用水现状指标特征值

省区	多年平均水资源量/亿 m³	现状用水比例/%	多年平均供水量/亿 m³	农田灌溉水有效利用系数	耗水率/%
青海	208.5	4.46	17.56	0.501	71.89
四川	47.5	0.08	0.22	0.484	80.00
甘肃	124.7	10.97	41.92	0.57	80.37
宁夏	10.9	18	74.33	0.551	62.05
内蒙古	56.2	25.28	102.44	0.564	75.50
陕西	116.6	14.98	63.68	0.579	77.18
山西	73.7	10.97	45.22	0.551	84.77
河南	58.5	10.73	50.61	0.617	88.25
山东	23.6	4.54	19.69	0.646	96.20

表 6.50　经济发展水平指标特征值

省区	多年平均GDP增长率/%	万元GDP需水量/(m³/万元)	万元工业增加值用水量/(m³/万元)	万元服务业增加值用水量/(m³/万元)
青海	5.76	130.05	69.5	5.4
四川	5.58	201.33	37.6	5.6
甘肃	7.75	67.15	42.7	4.7
宁夏	7.15	255.45	58.6	4.1
内蒙古	6.06	102.70	25.7	3.3
陕西	6.03	52.45	29.2	5
山西	6.62	51.01	24	4.4
河南	6.56	63.95	30.2	4.8
山东	6.37	28.72	19.4	3.6

表 6.51　社会保障水平指标特征值

省区	耕地面积/万亩	人均需水量/(m³/人)	农田灌溉亩均需水量/(m³/亩)	城镇供水管网漏失率/%
青海	837	520.20	432	10.5
四川	9	361.45	254	11
甘肃	5 222	298.52	346	10.9
宁夏	1 940	1 201.07	806	11.5
内蒙古	3 267	1 129.49	420	11.3
陕西	5 841	294.34	262	10.3
山西	4 270	264.84	270	11
河南	2 140	327.63	280	10.7
山东	836	306.87	228	11.3

表 6.52　生态环境建设水平指标特征值

省区	地下水供水占比/%		水土流失面积占比/%
	方案一	方案二	
青海	15.05	12.75	23.20
四川	5.56	5.56	22.27
甘肃	10.87	9.43	40.16

省区	地下水供水占比/%		水土流失面积占比/%
	方案一	方案二	
宁夏	11.38	9.36	23.63
内蒙古	29.78	24.30	48.61
陕西	36.65	31.00	31.18
山西	34.63	30.93	37.62
河南	40.45	35.64	12.65
山东	50.84	44.90	15.03

经计算,适应性诊断指标的权重见 6.53。

表 6.53 适应性诊断指标的权重

诊断指标	基于二元比较法确定的指标权重	基于熵权法确定的指标权重		指标综合权重	
		方案一	方案二	方案一	方案二
多年平均径流量	0.034 7	0.078 9	0.079 2	0.056 8	0.056 9
现状用水比例	0.085 3	0.078 7	0.079 0	0.082 0	0.082 2
多年平均供水量	0.104 3	0.078 6	0.078 8	0.091 4	0.091 5
农田灌溉水有效利用系数	0.056 1	0.053 4	0.053 6	0.054 8	0.054 8
多年平均耗水率	0.034 7	0.053 8	0.054 0	0.044 3	0.044 4
多年平均 GDP 增长率	0.038 9	0.053 6	0.053 8	0.046 2	0.046 3
万元 GDP 需水量	0.116 9	0.072 3	0.072 6	0.094 6	0.094 8
万元工业增加值用水量	0.062 9	0.060 1	0.060 3	0.061 5	0.061 6
万元服务业增加值用水量	0.038 9	0.054 6	0.054 8	0.046 8	0.046 9
耕地面积	0.078 4	0.084 2	0.084 5	0.081 3	0.081 5
人均需水量	0.095 8	0.072 9	0.073 2	0.084 4	0.084 5
农田灌溉亩均需水量	0.051 6	0.062 4	0.062 6	0.057 0	0.057 1
城镇供水管网漏失率	0.031 9	0.053 1	0.053 3	0.042 5	0.042 6
地下水供水占比	0.084 8	0.080 9	0.077 6	0.082 8	0.081 2
水土流失面积占比	0.084 8	0.062 5	0.062 7	0.073 6	0.073 7

在此基础上,采用半结构多目标模糊优选模型确定规划年黄河流域各区的综合加权指标值,见表 6.54。

表 6.54　规划年黄河流域各省区的综合加权指标值

方案	青海	四川	甘肃	宁夏	内蒙古	陕西	山西	河南	山东
方案一	0.375	0.304	0.442	0.571	0.580	0.460	0.412	0.386	0.353
方案二	0.373	0.305	0.442	0.570	0.576	0.457	0.411	0.384	0.350

在此基础上,依据流域和区域的特点,采用 4 种基本配置模式计算得到 $\eta_{min}=0.7$, $\eta_{max}=1.9$。确定规划年黄河流域各省区之间水权分配比例与其综合加权指标值比例的比值,见表 6.55。

表 6.55　规划年省区之间水权配置比例与其综合加权指标值比例的比值

方案一		方案二	
省区	比值	省区	比值
内蒙古—陕西	0.83	内蒙古—陕西	0.86
陕西—宁夏	1.48	陕西—宁夏	1.45
宁夏—山西	0.80	宁夏—山西	0.87
山西—河南	1.07	山西—河南	1.05
河南—甘肃	1.17	河南—甘肃	1.19
甘肃—山东	1.85	甘肃—青海	1.77
山东—青海	1.10	青海—山东	1.02

由于四川的水权配置量满足其水权需求,因此,对四川不进行适应性诊断。经检验,方案一和方案二均通过了适应性诊断准则一。在此基础上,设定水权配置基尼系数的阈值为 $\gamma=0.2$。采用基尼系数法,确定方案一和方案二中基于各省区综合加权指标值的水权配置基尼系数分别为 0.109、0.101,均小于阈值 0.2,说明方案一和方案二均通过了适应性诊断准则二。因此,方案一和方案二均通过了适应性诊断准则。

6.3.2.2　公平性诊断

对黄河流域各省区之间初始水权适配方案的方案一和方案二进行公平性诊断。首先,获取四项公平性诊断指标的基础数据,见表 6.56。

表 6.56　规划年黄河流域公平性诊断指标特征值

省区	多年平均供水量 H_1/亿 m³	需水量 H_2/亿 m³	GDP H_3/亿元	耕地面积 H_4/万亩
青海	17.38	27.67	2 127.68	837
四川	0.25	0.36	17.88	9

省区	多年平均供水量 H_1/亿 m³	需水量 H_2/亿 m³	GDP H_3/亿元	耕地面积 H_4/万亩
甘肃	40.77	62.61	9 323.78	5 222
宁夏	66.63	91.16	3 568.61	1 940
内蒙古	89.23	108.85	10 598.34	3 267
陕西	56.96	98.09	18 703.17	5841
山西	43.87	69.87	13 697.31	4 270
河南	51.90	63.26	9 891.91	2 140
山东	32.56	25.48	8 870.58	836

根据公平性诊断准则,进行公平性诊断,步骤如下:

步骤 1,确定四项公平性诊断指标的权重。根据黄河流域所辖省区特点,确定四项公平性诊断指标(H_1,H_2,H_3,H_4)的权重分别为(0.35,0.25,0.25,0.15)。

步骤 2,寻找存在 $W_i \geqslant W_k$ 关系的省区,设定阈值 $\delta = 0.6$,计算不同省区之间的相对公平性指数 I_{ik} 和 $\hat{I}_{ik}$,结果见表 6.57。

表 6.57 不同省区之间的相对公平性指数 I_{ik} 和 $\hat{I}_{ik}$

方案一			方案二		
省区	相对公平性指数 I_{ik}	相对公平性指数 $\hat{I}_{ik}$	省区	相对公平性指数 I_{ik}	相对公平性指数 $\hat{I}_{ik}$
内蒙古—陕西	0.60	1.50	内蒙古—陕西	0.60	1.50
陕西—宁夏	0.65	1.86	陕西—宁夏	0.65	1.86
宁夏—山西	0.60	1.50	宁夏—山西	0.60	1.50
山西—河南	0.65	1.86	山西—河南	0.65	1.86
河南—甘肃	0.85	5.67	河南—甘肃	0.85	5.67
甘肃—山东	0.75	3.00			

由于甘肃、四川、山东的水权配置量满足其水权需求,因此,甘肃、四川、山东不参与公平性诊断。

步骤 3,寻找存在 $W_i \geqslant W_k$ 关系的省区,设定阈值 $\varepsilon_j = 3$,计算规划年黄河流域不同省区之间的相对公平性指数 I_{kij},结果见表 6.58。

表 6.58　规划年黄河流域各省区之间的相对公平性指数 I_{kij}

省区	I_{ki1}	I_{ki2}	I_{ki3}	I_{ki4}
内蒙古—陕西	—	—	0.765	0.788
陕西—宁夏	0.170	—	—	—
宁夏—山西	—	—	2.838	1.201
山西—河南	0.183	—	—	—
河南—甘肃	—	—	—	1.440

从表 6.58 中可以看出,经检验,所有指标均通过了公平性诊断准则。

6.3.3　适配方案优化

6.3.3.1　适配方案调整

在确定规划年黄河流域各省区之间初始水权适配方案的基础上,进一步加强各省区之间的政治民主协商,对黄河流域各省区的水权分配量进行适应性调整。最终,得到规划年黄河流域各省区调整的适配方案,见表 6.59。

表 6.59　规划年黄河流域各省区调整的适配方案　　　　单位:亿 m³

省区	规划年(方案一)	规划年引汉西线一期(方案二)
青海	21.73	27.67
四川	0.36	0.36
甘肃	53.24	58.23
宁夏	67.5	82.06
内蒙古	84.23	101.42
陕西	80.52	95.2
山西	60.82	69.87
河南	53.27	60.47
山东	21.5	25.48
黄河流域	443.18	520.76

根据表 6.59,针对方案一,在不考虑南水北调西线调水工程,也不考虑引汉济渭调水工程的情况下,流域内多年平均供水量仅为 443.18 亿 m³,缺水量高达 104.15 亿 m³,各省区水权分配量均无法满足其基本用水需求,因此,方案一仍采用适配方案作为优化适配方案。

针对方案二,将内蒙古和山西的水权分配量调整为 101.42 亿 m³、69.87 亿 m³。也就是说,内蒙古减少了 1.77 亿 m³ 的水权分配量,而山西增加了 1.77 亿 m³ 的水权分配量。相应的,内蒙古的 GDP 减少了 172.34 亿元,而山西的 GDP 增加了 346.99 亿元。为此,将山西对内蒙古的水权补偿单价定为两省区单方水利用效益的均值,则山西对内蒙古的水权补偿总效益为 259.665 亿元,山西与内蒙古的 GDP 各增加了 87.325 亿元。

6.3.3.2 适配方案诊断

首先,对调整后的方案二进行适应性诊断,确定规划年黄河流域各省区之间水权分配比例与其综合加权指标值比例的比值,见表 6.60。

表 6.60　规划年省区之间水权配置比例与其综合加权指标值比例的比值

省区	比值
内蒙古—陕西	0.84
陕西—宁夏	1.45
宁夏—山西	0.84
山西—河南	1.08
河南—甘肃	1.19
甘肃—青海	1.77
青海—山东	1.02

经检验,方案二通过了适应性诊断准则一。在此基础上,采用基尼系数法,确定方案二中基于各省区综合加权指标值的水权配置基尼系数为 0.104,小于阈值 0.2,说明方案二通过了适应性诊断准则二。因此,方案二通过了适应性诊断准则。此外,根据表 6.60,方案二中,基于适配原则的目标总体满意度为 0.943,超过设定的阈值 0.90。

其次,对调整后的方案二进行公平性诊断,诊断结果与表 6.58 相同,即方案二通过了公平性诊断准则。

最终,可认定表 6.59 中的方案一和方案二为黄河流域各省区的优化适配方案。

6.4　黄河流域"第三优先级分配单元"适配方案

在确定黄河流域各省区之间初始水权优化适配方案的基础上,可结合各省区的经济社会发展状况、水资源需求情况,确定各省区工业、服务业、农业等不同行业的发展参数,对各省区不同行业的水权进行优化分配。

6.4.1　适配参数确定

6.4.1.1　工业发展的参数确定

黄河流域资源条件雄厚,拥有"能源流域"的美称,经济发展潜力巨大。随着国家产业结构的调整,国家投资力度向中西部地区倾斜。第二条欧亚大陆桥的贯通,使整个黄河流域经济带都在大陆桥的辐射之内,这些都为黄河流域经济发展提供了良好的机遇。按照工业节水计算方法,黄河流域工业节水潜力约22.3亿 m^3。预计规划年万元工业增加值用水定额降至 $30.4m^3$,重复利用率提高到79.8%,可节约水量 $20.5m^3$,需节水投资283.4亿元,单方水投资为13.8亿元。

规划年黄河流域工业节水量与节水潜力见表6.61。

表 6.61　规划年黄河流域工业节水量与节水潜力

省区	节水量/亿 m^3	节水投资/亿元	重复利用率/%	综合用水定额/（m^3/万元）	节水潜力/亿 m^3
青海	0.90	12.60	79.9	69.5	0.91
四川	0	0.02	75.0	37.6	0
甘肃	1.86	26.01	66.7	42.7	1.94
宁夏	1.39	18.73	75.4	58.6	1.42
内蒙古	2.96	41.50	79.3	25.7	3.00
陕西	3.06	42.88	75.6	29.2	3.83
山西	3.57	50.02	88.0	24.0	4.04
河南	4.09	55.21	87.0	30.2	4.41
山东	2.70	36.45	88.9	19.4	2.72
黄河流域	20.53	283.42	79.8	30.4	22.27

针对"第三优先级分配单元"的初始水权分配,需要确定黄河流域各省区的工业增加值、单方水工业产值等参数。工业发展包括非火电工业与火电工业发展两部分。非火电工业包括一般工业和高耗水工业两部分:一般工业包括采掘业、制造业和其他工业,高耗水工业包括纺织、石化、化学、冶金、造纸和食品工业。

预计规划年黄河流域非火电工业增加值将分别达到 35 687.4 亿元,

2020—2030 年年均增长率为 6.9%,2030 年与 2020 年相比增长了近 1 倍。2030 年非火电工业增加值主要分布在龙门—三门峡区间、兰州—河口镇区间和三门峡—花园口区间,占流域总量的 71%;84% 的非火电工业增加值分别在陕西、山西、河南、内蒙古、甘肃等省区。

根据国家火电发展政策和各省区火电发展规划,预计规划年黄河流域火电装机容量达到 17 631 万 kW。规划年 80% 左右的火电装机集中在兰州—河口镇、河口镇—龙门和龙门—三门峡三个河段,76% 的火电装机分布在宁夏、内蒙古、陕西和山西四省区。

规划年黄河流域非火电工业与火电工业发展指标预测见表 6.62。

表 6.62　规划年黄河流域非火电工业与火电工业发展指标预测

省区	非火电工业增加值/亿元	火电装机/万 kW	单方水工业产值/(元/m³)
青海	756.28	313.00	142.2
四川	2.47	0.00	266.0
甘肃	4 286.10	1 438.00	233.8
宁夏	1 409.57	1 970.00	160.2
内蒙古	5 477.80	3 667.00	371.1
陕西	8 157.90	3 281.00	341.4
山西	7 262.91	4 451.00	413.5
河南	4 768.31	1 509.00	327.1
山东	3 566.11	1 002.00	504.9
黄河流域	35 687.45	17 631.00	323.5

6.4.1.2　服务业发展的参数确定

2020—2030 年是我国工业化、城市化、现代化水平快速提高的关键时期,与此相适应的工业交通重要设施的建设、重大装备的安装、城乡基础设施建设都将进入一个高峰期。2020—2030 年是我国人民生活水平不断提高的时期。社会事业的发展和人民生活水平的提高,将持续扩大全社会对建筑业和第三产业的需求。随着城市化和工业化进程的加快,预计规划年建筑业和第三产业的增加值将分别达到 4 152.7 亿元、32 730.3 亿元。规划年黄河流域服务业发展指标预测见表 6.63。

表 6.63 规划年黄河流域服务业发展指标预测

省区	建筑业增加值/亿元	第三产业增加值/亿元	单方水服务业产值/(元/m³)
青海	250.87	1 070.16	1 851.9
四川	2.48	8.05	1 785.7
甘肃	655.96	4 168.24	2 127.7
宁夏	271.32	1 818.01	2 439.0
内蒙古	493.31	4 287.95	3 030.3
陕西	1 131.94	8 401.93	2 000.0
山西	530.47	5 432.45	2 272.7
河南	545.98	3 910.36	2 083.3
山东	270.34	3 633.12	2 777.8
黄河流域	4 152.67	32 730.27	2 255.0

6.4.1.3 农业发展的参数确定

农业发展需水主要包括农业灌溉需水、林果灌溉需水、鱼塘补水和牲畜需水。预计规划年农田有效灌溉面积达到 8 697 万亩。规划年黄河流域农田灌溉指标预测见表 6.64。

表 6.64 规划年黄河流域农田灌溉指标预测

省区	农田灌溉面积/万亩	单方水灌溉面积/(亩/万 m³)
青海	347.97	23.1
四川	0.41	39.4
甘肃	830.34	28.9
宁夏	797.8	12.4
内蒙古	1 693.69	23.8
陕西	1 847.43	38.2
山西	1 395.25	37.0
河南	1 271.81	35.7
山东	512.29	43.9
黄河流域	8 696.99	27.8

在确定黄河流域各省区的农田灌溉需水量基础上(见表 6.28),进一步确

定各省区的林果灌溉需水量。林果灌溉用水定额主要参考水利部水资源司组织编制的各省区用水定额、各省区典型灌区林果灌溉制度以及近20年林果实际灌溉定额确定。预计规划年黄河流域林果灌溉需水定额为287m³/亩,需水量为16.90亿m³。规划年黄河流域林果灌溉需水量预测见表6.65。

表 6.65　规划年黄河流域林果灌溉需水量预测

省区	林果灌溉定额/(m³/亩)	林果灌溉需水量/亿m³
青海	285	0.1
四川	88	0
甘肃	303	1.50
宁夏	494	5.80
内蒙古	286	4.10
陕西	177	3.00
山西	215	1.00
河南	155	0.90
山东	112	0.50
黄河流域	287	16.90

预计规划年黄河流域鱼塘补水定额为925 m³/亩,补水量增加到6.46亿m³。见表6.66。

表 6.66　规划年黄河流域鱼塘补水量

省区	鱼塘补水量/亿m³
青海	0.01
四川	0.02
甘肃	0.37
宁夏	2.69
内蒙古	0.81
陕西	0.82
山西	0.29
河南	0.83
山东	0.64
黄河流域	6.46

预计规划年黄河流域牲畜总头数发展到 13 286.4 万头（只），大牲畜需水定额为 49 L/(d·头（只）)，小牲畜需水定额为 18 L/(d·头（只）)。规划年大小牲畜需水量分别增加为 3.81 亿 m^3、7.44 亿 m^3。规划年黄河流域牲畜需水量预测见表 6.67。

表 6.67　规划年黄河流域牲畜需水量预测

省区	大牲畜		小牲畜	
	需水量/亿 m^3	定额/[L/(d·头（只）)]	需水量/亿 m^3	定额/[L/(d·头（只）)]
青海	0.45	48	0.46	13
四川	0.16	40	0.04	15
甘肃	1.10	52	0.96	18
宁夏	0.23	39	0.66	15
内蒙古	0.40	66	1.54	15
陕西	0.67	53	1.77	30
山西	0.28	40	0.59	15
河南	0.33	50	0.83	20
山东	0.18	40	0.58	20
黄河流域	3.81	49	7.44	18

6.4.1.4　环境建设的参数确定

黄河流域河道外环境需水量包括城镇环境需水量和农村环境需水量两部分，其中，城镇环境需水指标包括城镇绿化、河湖补水和环境卫生等需水，农村环境需水指标主要包括人工湖泊和湿地补水、人工生态林草建设、人工地下水回补等三部分需水。

预计规划年黄河流域城镇绿化面积为 111.1 万亩，河湖补水面积为 20.2 万亩，环境卫生面积为 83.5 万亩。通过对城镇和农村分别计算，规划年黄河流域河道外环境需水量为 24.66 亿 m^3，其中城镇环境为 4.23 亿 m^3，农村环境为 20.43 亿 m^3。尽管黄河流域河道外环境需水量占需水总量的比例不大，但增长较快，说明对于河道外环境的重视程度有所提高。规划年黄河流域环境建设需水量预测结果见表 6.68。

表 6.68 规划年黄河流域环境建设需水量预测

省区	城镇环境/万 m³	农村环境/万 m³	合计/亿 m³
青海	1 002	35 212.3	3.62
四川	0	871.5	0.09
甘肃	4 888.4	13 541.7	1.84
宁夏	4 735.8	47 215.5	5.20
内蒙古	4 656.2	100 576.4	10.52
陕西	11 743.5	6 245.4	1.80
山西	7 525.5	594.5	0.81
河南	5 611.3	0	0.56
山东	2 109.5	4.4	0.21
黄河流域	42 272.2	204 261.7	24.65

6.4.2 适配方案设计

针对方案一和方案二,将流域各省区的适配参数代入公式(3.40),计算得到基于规划导向的"第三优先级分配单元"适配方案,见表 6.69 和表 6.70。

表 6.69 基于规划导向的"第三优先级分配单元"适配方案(方案一)

省区	居民生活水权	农田基本灌溉水权	工业水权	服务业水权	环境建设水权	农业水权	总计	农业缺水量	总缺水量
青海	1.96	11.81	4.26	0.71	2.23	12.57	21.73	3.48	5.94
四川	0.03	0.01	0.01	0.01	0.09	0.23	0.36	0.00	0.00
甘肃	7.5	26.41	14.66	2.27	1.4	26.41	52.24	6.26	10.37
宁夏	2.62	53.91	7.04	0.86	1.31	55.67	67.5	18.01	23.66
内蒙古	4	65.47	11.81	1.58	1.37	65.47	84.23	12.52	24.62
陕西	12.96	43.31	19.11	4.77	0.37	43.31	80.52	11.36	17.57
山西	9.04	33.22	14.05	2.62	0.81	34.30	60.82	5.54	9.05
河南	7.48	31.22	11.66	2.14	0.55	31.44	53.27	7.06	9.99
山东	3.23	11.44	5.65	1.41	0.21	12.00	22.5	1.57	2.98

表 6.70　基于规划导向的"第三优先级分配单元"适配方案(方案二)

省区	居民生活水权	农田基本灌溉水权	工业水权	服务业水权	环境建设水权	农业水权	总计	农业缺水量	总缺水量
青海	1.96	11.81	5.32	0.71	3.62	16.06	27.67	0.00	0.00
四川	0.03	0.01	0.01	0.01	0.09	0.23	0.36	0.00	0.00
甘肃	7.5	26.41	14.66	2.27	1.84	31.96	58.23	0.72	4.38
宁夏	2.62	53.91	7.04	0.86	5.20	66.35	82.06	7.34	9.10
内蒙古	4	67.24	11.81	1.58	10.52	75.28	103.19	2.71	5.66
陕西	12.96	43.31	21.01	4.77	1.80	54.67	95.2	0.00	2.89
山西	9.04	33.22	15.79	2.62	0.81	39.83	68.1	0.00	1.77
河南	7.48	31.22	11.79	2.14	0.56	38.50	60.47	0.00	2.79
山东	3.23	11.44	7.06	1.41	0.21	13.57	25.48	0.00	0.00

6.4.3　适配方案诊断

对表 6.69、表 6.70 中黄河流域初始水权与产业结构适配方案进行匹配性和协调性诊断。

6.4.3.1　匹配性诊断

针对方案一和方案二,诊断黄河流域各省区不同产业水权配置与其产业发展目标之间的匹配度,见表 6.71。

表 6.71　规划年黄河流域各省区不同产业水权配置与其产业发展目标之间的匹配度

省区	方案一			方案二		
	农业	工业	服务业	农业	工业	服务业
青海	0.997 7	1.000 0	1.000 0	0.999 8	0.985 6	1.000
四川	0.999 4	0.999 9	1.000 0	1.000 0	1.000 0	1.000
甘肃	0.994 8	1.000 0	1.000 0	0.997 5	0.962 0	1.000
宁夏	0.995 3	1.000 0	1.000 0	0.995 3	0.987 5	1.000
内蒙古	0.999 7	1.000 0	1.000 0	0.992 9	0.951 4	1.000
陕西	0.962 1	1.000 0	1.000 0	0.996 0	0.982 3	1.000
山西	0.991 4	1.000 0	1.000 0	0.998 1	0.964 1	1.000
河南	0.988 2	1.000 0	1.000 0	0.997 4	0.963 3	1.000
山东	0.947 7	1.000 0	1.000 0	0.994 4	0.932 2	1.000

设定黄河流域各省区不同产业水权配置与其产业发展目标之间的匹配度阈值为 $\lambda = 0.9$。经检验，黄河流域各省区不同产业水权配置与其产业发展目标之间为高度匹配，匹配度均大于 0.9。即方案一和方案二均通过了匹配性诊断准则。

6.4.3.2　协调性诊断

首先，针对方案一和方案二，计算得到黄河流域各省区水权配置与产业结构优化之间协调发展度，见表 6.72 和表 6.73。

表 6.72　规划年黄河流域各省区水权配置与产业结构优化之间协调发展度（方案一）

省区	四川	甘肃	宁夏	内蒙古	陕西	山西	河南	山东
青海	0.965	0.949	0.982	0.948	0.940	0.947	0.945	0.935
四川		0.949	0.982	0.948	0.939	0.946	0.945	0.934
甘肃			0.965	0.933	0.925	0.932	0.930	0.921
宁夏				0.965	0.955	0.963	0.961	0.950
内蒙古					0.924	0.931	0.930	0.920
陕西						0.923	0.921	0.912
山西							0.928	0.918
河南								0.917

表 6.73　规划年黄河流域各省区水权配置与产业结构优化之间协调发展度（方案二）

省区	四川	甘肃	宁夏	内蒙古	陕西	山西	河南	山东
青海	0.958	0.951	0.988	0.955	0.948	0.948	0.945	0.938
四川		0.934	0.969	0.937	0.931	0.931	0.928	0.922
甘肃			0.962	0.931	0.925	0.925	0.922	0.916
宁夏				0.966	0.959	0.959	0.956	0.949
内蒙古					0.929	0.929	0.926	0.919
陕西						0.923	0.920	0.913
山西							0.920	0.914
河南								0.911

设定黄河流域各省区水权配置与产业结构优化之间的协调度阈值为 $\gamma = 0.90$。同时，针对方案一和方案二，计算得到黄河流域各省区水权配置与产业

结构优化之间的协调发展度均大于 0.90,处于高度协调态势。说明方案一和方案二均通过了协调性诊断准则。

6.4.4　适配方案优化

从表 6.70 中可以看出,在规划导向的作用下,各省区水资源需求量的严重稀缺导致各省区工业用水不足。因此,基于规划导向的适配模型对行业水权进行配置时,容易导致行业之间的用水冲突。为此,在优化黄河流域各省区的水权量基础上,加强用水行业的水权交互式配置,对各省区不同行业的水权配置量进行调整与优化。

6.4.4.1　适配方案调整

针对方案二,依据表 6.59,根据公式(5.16),通过用水行业水权交互式配置,得到调整后的"第三优先级分配单元"适配方案,见表 6.74。

表 6.74　基于水权交互式配置的"第三优先级分配单元"适配方案(方案二)

省区	居民生活水权	农田基本灌溉水权	工业水权	服务业水权	环境建设水权	农业水权	总计	农业缺水量	总缺水量
青海	1.96	11.81	5.32	0.71	3.62	16.06	27.67	0.00	0.00
四川	0.03	0.01	0.01	0.01	0.09	0.23	0.36	0.00	0.00
甘肃	7.5	26.41	14.66	2.27	1.84	31.96	58.23	0.72	4.38
宁夏	2.62	53.91	7.04	0.86	5.20	66.35	82.06	7.34	9.10
内蒙古	4	65.47	11.81	1.58	10.52	73.51	101.42	4.48	7.43
陕西	12.96	43.31	21.01	4.77	1.80	54.67	95.2	0	2.89
山西	9.04	33.22	17.56	2.62	0.81	39.83	69.87	0.00	0.00
河南	7.48	31.22	11.79	2.14	0.56	38.50	60.47	0	2.79
山东	3.23	11.44	7.06	1.41	0.21	13.57	25.48	0	0

6.4.4.2　适配方案诊断

首先,对调整后的方案二重新进行匹配性诊断,诊断黄河流域各省区不同产业水权配置与其产业发展目标之间的匹配度,见表 6.75。

表 6.75　规划年黄河流域各省区不同产业水权配置与其产业发展目标之间的匹配度

省区	农业	工业	服务业
青海	0.999 7	0.987 9	1.000

省区	农业	工业	服务业
四川	1.000 0	1.000 0	1.000
甘肃	0.997 8	0.950 3	1.000
宁夏	0.995 4	0.983 7	1.000
内蒙古	0.987 8	0.936 5	1.000
陕西	0.994 7	0.994 4	1.000
山西	0.997 5	0.884 3	1.000
河南	0.996 5	0.950 3	1.000
山东	0.992 6	0.943 1	1.000

经检验,除山西的工业水权配置与其工业发展目标之间的匹配度略低于0.9,黄河流域各省区不同产业水权配置与其产业发展目标之间为高度匹配,匹配度均大于0.9,但山西的工业水权配置量已满足其水权需求量。因此,可认为方案二通过了匹配性诊断准则。

其次,对调整后的方案二重新进行协调性诊断,计算得到黄河流域各省区水权配置与产业结构优化之间协调发展度,见表6.76。

表 6.76　规划年黄河流域各省区水权配置与产业结构优化之间协调发展度

省区	四川	甘肃	宁夏	内蒙古	陕西	山西	河南	山东
青海	0.958	0.951	0.988	0.954	0.948	0.951	0.945	0.938
四川		0.934	0.969	0.936	0.931	0.934	0.928	0.922
甘肃			0.961	0.930	0.924	0.927	0.922	0.915
宁夏				0.964	0.959	0.962	0.955	0.949
内蒙古					0.927	0.930	0.924	0.918
陕西						0.925	0.919	0.913
山西							0.922	0.916
河南								0.910

计算得到黄河流域各省区水权配置与产业结构优化之间的协调发展度均大于0.9,处于高度协调态势。说明方案二通过了协调性诊断准则。

6.4.4.3　适配方案优化

依据表6.74,通过水权置换,得到优化后的"第三优先级分配单元"适配方案,见表 6.77。

表 6.77　基于节水激励机制的"第三优先级分配单元"优化适配方案(方案二)

省区	居民生活水权	农田基本灌溉水权	工农业水权			服务业水权	环境建设水权	总计
			农业水权	工农业置换水权	工业水权			
青海	1.96	11.81	16.06	0.00	5.32	0.71	3.62	27.67
四川	0.03	0.01	0.23	0.00	0.01	0.01	0.09	0.36
甘肃	7.50	26.41	31.96	3.67	18.33	2.27	1.84	58.23
宁夏	2.62	53.91	66.35	1.76	8.80	0.86	5.20	82.06
内蒙古	4.00	65.47	73.51	2.95	14.76	1.58	10.52	101.42
陕西	12.96	43.31	54.67	2.89	23.89	4.77	1.80	95.2
山西	9.04	33.22	39.83	0.00	17.56	2.62	0.81	69.87
河南	7.48	31.22	38.50	2.79	14.58	2.14	0.56	60.47
山东	3.23	11.44	13.57	0.00	7.06	1.41	0.21	25.48

根据表 6.77,通过工农业水权置换,甘肃、宁夏、内蒙古、山西、河南的工业效益增加值分别为 858.15 亿元、281.91 亿元、1 094.76 亿元、986.78 亿元、912.51 亿元,甘肃、宁夏、内蒙古、山西、河南的农业效益减少值分别为 23.98 亿元、1.66 亿元、12.83 亿元、53.47 亿元、48.35 亿元。一方面,甘肃、宁夏、内蒙古、山西、河南的工业效益增加值需要弥补其农业效益减少值。另一方面,甘肃、宁夏、内蒙古、山西、河南的工业效益增加值需要用于其农业的节水成本(包括节水工程建设投资、更新改造和运行维护费等)。此外,甘肃、宁夏、内蒙古、山西、河南的工业效益增加值需要对农业进行利益补偿。

6.5　黄河流域初始水权与产业结构优化适配方案实施的制度保障

在水资源刚性约束下,通过对黄河流域"第一优先级分配单元""第二优先级分配单元""第三优先级分配单元"构成的嵌套式层级结构概念模型进行初始水权与产业结构优化适配,最终得到推荐的黄河流域初始水权与产业结构优化适配方案。但是,黄河流域初始水权经分配给"第一优先级分配单元""第二优先级分配单元""第三优先级分配单元"具体的水权后,"第一优先级分配单元""第二优先级分配单元""第三优先级分配单元"如何根据水权得到实际的水量,是水权制度建设面临的关键问题。在保障黄河流域初始水权与产业结构优化适配的同时,当前更需要关注黄河流域初始水权与产业结构优化适配方案的实施问题。为此,本书研究结合黄河流域的自然条件和区域经济特点,从公共政策与公共管理视角,提出建立一套黄河流域初始水权与产业结构优化适配方案实施的配套制度,主要包括三个维度,即事前控制制度、事中控制制度和事后控制制度,涉及监控调度管理机制、惩罚机制、激励机制、信息机制、利益整合机制等多个方面,实现分配制度在实践中的作用从软约束转变为硬约束,以保障黄河流域初始水权与产业结构优化适配方案的顺利实施。

6.5.1　适配方案实施的事前控制制度

事前控制制度主要是指黄河流域初始水权与产业结构优化适配方案制定并实施前与之相关的控制制度,实际上也是从源头上保障黄河流域初始水权与产业结构优化适配方案得以合理制定,并对其加以控制的相关制度。

6.5.1.1　总量控制和定额管理制度

由于黄河流域初始水权与产业结构优化适配时行政方式仍占据绝对支配地位,因此必须加强政府宏观调控,强化水资源刚性约束,充分贯彻落实总量控制制度。同时,将总量控制和定额管理有机结合起来,结合总量控制指标,核定不同用水行业的用水定额。为此,在进行黄河流域初始水权与产业结构优化适配时,应严格遵循《中华人民共和国水法》中"对用水实行总量控制和定额管理相结合"的制度规定,确定各类用水户的合理用水量,为黄河流域初始水权与产业结构优化适配奠定基础。认真修订各地区、各行业的用水定额,实行农业、工业、服务业等行业定额管理,以各行业的用水定额为主要依据核算各地区的用水总量,将其作为宏观总量控制指标。黄河流域"第一优先级分配单元""第二优先级分配单元""第三优先级分配单元"的水权配置量之和不可超过黄河流域可分配的水资源总量控制指标,"第一优先级分配单元""第二优先级分配单元""第三优先级分配单元"的水权配置量不可超过可分配的水资源总量控制指标。在总量控制的基础上,以水定需,以水定产,以水定发展,使人口数量、经济发展规模、生态环境保护在水资源可承载能力范围之内。

严格执行黄河流域综合规划规定的用水总量控制指标和节约用水控制指标,科学地进行黄河流域初始水权与产业结构优化适配。黄河流域初始水权与产业结构优化适配的宏观控制指标体系主要包括水量类指标和水质类指标。其中,水量类指标:以控制断面的径流量和控制断面以上的水资源可利用量、取水量与耗水量、下泄量作为水量控制指标。水质类指标:根据水功能区确定的水质保护目标,以主要污染物指标作为水质的控制性指标。在黄河流域水量与水质的控制中,必须按照黄河流域综合规划设定的指标,如限制排污总量与水功能区达标率、省际边界重点地区河流断面水质控制浓度,确定不同河流的水资源承载能力;并根据水功能区,规定其职权范围内不同河段的排污限额,促进黄河流域初始水权与产业结构优化适配顺利实施。

6.5.1.2　政治民主协商与用水户参与制度

从宏观和微观两个层面,达成黄河流域初始水权与产业结构优化适配方案制定的共识机制。宏观层面上,设立沿黄各省区水权相关利益主体平等参与的流域水资源协调委员会,完善流域用水政治民主协商制度,明确规定协商原则和程序,加强工业和农业、生产用水和生态环境用水、省区之间和部门之间用水冲突的政治民主协商。微观层面上,加强用水户的广泛参与,积极鼓励基层用水户建立各种形式的用水组织,逐步完善各级用水户委员会,使其积极参与整个流域的水事务管理和共同治理。

6.5.1.3　动态分水方案制定制度

充分考虑不同枯水年份黄河流域各省区的降雨特征和用水过程,制定符合流域水资源变化规律的动态分水方案。在新一轮的流域水资源调查评价的基础上,将流域地表水资源、地下水资源、污水处理回用的再生水资源、外调水资源统一纳入分水方案,建立并完善地下水可开采总量控制制度。

6.5.2　适配方案实施的事中控制制度

事中控制制度主要是指黄河流域初始水权与产业结构优化适配方案制定并实施时与之相关的控制制度,实际上也是保障制定好的黄河流域初始水权与产业结构优化适配方案得以顺利实施的相关制度。黄河流域初始水权与产业结构优化适配方案实施时,应将政府调控与市场机制相结合,充分发挥政府"有形之手"和市场"无形之手"的共同作用。

6.5.2.1　监控调度管理机制

1) 建立科学的监察监控机制

黄河流域管理机构负责黄河流域初始水权与产业结构优化适配的年度方案的落实和对地方分水、配水情况进行监督检查。黄河流域初始水权与产业结构优化适配方案在调度实施过程中,需要有效的监控机制作为保障。为确保黄河流域初始水权与产业结构优化适配方案的实施,应依靠科学的监控机制、先进的监控设备,建立集降雨、径流预报、用水预测、水库调度、河段配水模型于一体的具有现代化手段和设备的水量调度系统,加强黄河水利委员会的监控能力,及时采集并处理各种水资源信息,实现对水库、取水口以及水利工程的控制和调节。

完善用水监测网络,在流域各取水口设立闸管所,监控辖区内取用水情况。通过取水口的年审工作监督取水口用水计划的落实情况,实时执行黄河水行政主管部门的水量调度指令,同时负责各省区内供水工程的运行观测、维修养护等日常工作,最终确保黄河流域"第一优先级分配单元""第二优先级分配单元""第三优先级分配单元"获得相应的水权。同时建立水量调度快速反应机制,以水利工程体系为基础,设计黄河流域水量调度管理系统,借助模拟优化仿真,实现科学调度,以保证黄河流域初始水权与产业结构优化适配方案的全面落实。

2)建立灵活的调度管理机制

黄河流域初始水权与产业结构优化适配方案的实施靠严格的调度实现,这是一个复杂的系统工程,必须通过强有力的管理措施和监测手段才能达到。因此,可按照"丰增枯减"的调度原则,编制黄河流域年度配置和调度方案,并报水利部批准,组织月、旬水量调度方案和实时调度方案的编制和实施。同时,将年度水量配置作为"原则性"控制指标,督促省区调度部门做好年度用水计划,以更充分发挥月、旬调度的"灵活性"。并随着调度水平的提高,进一步将月度水量配置上升为"原则性"控制指标。

此外,黄河流域水情复杂,水资源具有年际和年内变化大的特点,水资源利用还需协调防洪防凌、抗旱排涝、生态和发电等多目标,黄委水量调度部门应制定水量调度应急对策预案,加强对水资源危机管理的能力建设和特殊情况下的对策措施,保证紧急用水状态下的供水优先顺序和用水计划的执行。对关键性的枢纽工程和取水闸门,应由黄河水利委员会(以下简称黄委)直接调度或实行管制。对于目前难以直接管制的重要取水口,如果连续超指标取水,应临时收归黄委直接管制。

6.5.2.2 取水许可统计制度

黄河流域机构负责各省区用水总量控制指标的落实,根据黄河流域初始水权与产业结构优化适配方案的总量指标,流域内水资源开发利用项目须经黄委审查同意后,才能按基本建设程序履行审批程序。有关部门需严格审批新改扩建项目的取水许可预申请和取水许可申请。对未经黄委审查同意违法建设的项目,由黄委提出处理意见,地方政府和有关司法部门应采取措施,责令停止违法行为并采取补救措施。

同时,加强黄河流域取水计量设施的监督管理,建立和完善取水统计制度,加强各省区上报引用水数据的复核,严厉处罚用水信息弄虚作假行为。在完善流域机构用水监测网络的前提下,各省区自报的用水数据仅作为重要参考,以黄委最终发布的数据作为奖惩依据。

6.5.2.3　水权置换制度

伴随水资源刚性约束制度的建立健全、全面落实与实行,黄河流域将加强对所辖省区的用水总量控制,水权调整的压力不断加大。通过市场机制培育省区间、省区内行业水权置换的情况将会越来越多。因此,必须建立并完善缺水地区的水权置换制度,通过行业水权置换来调整地区产业结构升级和优化。一方面,倒逼农户种植结构优化,减少种植高耗水农作物,扩大种植水耗少、效益高的经济作物,优化农业经济结构。另一方面,优化置入方产业结构和节水效率,根据产业转型升级要求,使水权置入方满足缺水地区产业政策导向。

6.5.3　适配方案实施的事后控制制度

事后控制制度主要是指黄河流域初始水权与产业结构优化适配方案制定并实施后与之相关的控制制度,实际上也是黄河流域初始水权与产业结构优化适配方案顺利实施后采取的相关制度。

6.5.3.1　激励惩罚机制

从奖励和惩罚两个方面,完善激励惩罚机制。一方面,对在执行年度分水方案中表现突出的省份,以及因主动节水而减少用水量的省份,应考虑给予一定的经济补偿或奖励。另一方面,为维护水权配置规则的权威性,在实际操作中严格执行处罚规定,即对不执行调度计划超指标用水的省区或单位,核减用水指标,在超计划月份之后相邻的一个月或几个月内扣除。同时,对超计划引水施行惩罚性加价收费,并建立行政领导责任追究制,重点惩罚超计划引水和隐瞒用水问题。制定较严厉的处罚规定,包括违约事实的认定标准,处罚等级的确定等,并赋予黄河水量调度管理部门相应的处罚权限。同时,对在调度过程中严重违反分水计划、拒不执行调度指令的用户,黄河水利委员会可以在媒体上对其进行曝光。

6.5.3.2　信息披露机制

黄河水利委员会应在每年的黄河水资源公报中对分水方案的年度执行情况进行明确反映。同时更为全面地定期公布沿黄各省区、重要引黄灌区和大的用水户的用水信息,包括分配水量、实际取水量和耗水量、排污量、用水效率、水价等相关指标,全面反映黄河的用水信息。此外,采取多种形式,向社会各阶层广泛深入开展黄河水情知识的宣传,普及水法律法规知识,通过长期的宣传教育,增强人们的水忧患意识、节水意识和水权意识。

6.5.3.3 利益整合机制

考虑引入年度水量结算制度,在下一年水量配置和调度预案实施之前,以上一年水量配置方案为依据进行年度水量结算。超引省份应对超指标水量付出代价,补偿收入定向用于对利益受损地区的事后补偿。建立健全利益补偿机制,逐步从事后补偿向事前协商补偿形式过渡。

第七章

结论与展望

流域初始水权与产业结构优化适配是一项多层次、多目标、多群体的复杂系统决策问题。本书基于水权配置理论、适应性管理理论和多目标决策理论，探讨了流域初始水权与产业结构优化适配方法，其目标是保障流域所辖各行政区域及其用水行业的初始水权得到合理配置，推进各行政区域的产业结构优化升级，实现各区域之间的协同有序发展，优化流域社会经济综合效益。

7.1　主要结论

（1）提出了"流域初始水权与产业结构优化适配"理论框架

在深入剖析我国水权配置理论的基础上，基于水权配置理论、适应性管理理论、多目标决策理论等基础理论，从适应性管理视角出发，构建了水资源刚性约束下流域初始水权与产业结构优化适配的理论框架，建立了流域初始水权与产业结构优化适配的"适配方案设计—适配方案诊断—适配方案优化"的"三步走"适应性管理思路：第一步，构建了流域初始水权与产业结构适配的嵌套式层级结构概念判别模型与适配模型，初步设计了流域初始水权与产业结构优化适配方案；第二步，构建了流域初始水权与产业结构优化适配诊断方法，对设计的流域初始水权与产业结构优化适配方案进行诊断；第三步，根据诊断结果，构建了流域初始水权与产业结构优化适配的优化机制与方法，对设计的流域初始水权与产业结构优化适配方案进行调整与优化。以此优化流域产业结构布局，实现流域所辖各选择区域及其产业初始水权的合理性配置。

（2）构建了流域初始水权与产业结构适配方案设计方法

首先，在对我国流域初始水权配置模式评判基础上，提出了流域初始水权与产业结构优化适配的嵌套式层级结构概念判别模型，确定了流域初始水权与

213

产业结构优化适配的嵌套式层级结构及其规则模式;其次,构建了"第一优先级分配单元"适配模型,确定了居民基本生活水权、农田基本灌溉水权和河流生态水权;再次,提出了"第二优先级分配单元"的适配原则,构建了基于适配原则的目标满意度函数和水资源多目标优化模型,初步确定了流域所辖各行政区域配置的水权;最后,系统分析了"第三优先级分配单元"的用水行业水权需求,构建了基于规划导向的适配模型,初步确定流域所辖各行政区域内不同用水行业配置的水权。最终,完成流域初始水权与产业结构优化适配方案的初步设计。

(3)构建了流域初始水权与产业结构优化适配方案诊断方法

针对初步设计的流域初始水权与产业结构优化适配方案,在水资源刚性约束下,首先,构造了适应性诊断准则,构建了基于适应性诊断准则的诊断指标与模型,结合各省区的用水现状、经济发展水平、社会保障水平、生态环境建设水平等方面,诊断各省区之间初始水权配置与其经济高质量发展目标的适应性。其次,构造了公平性诊断准则,采用 ELECTRE 法,构建了基于公平性诊断准则的诊断指标与模型,充分考虑各省区水权相关利益主体的利益诉求,诊断流域内各省区初始水权配置的相对公平性。再次,构造了匹配性与协调性诊断准则,构建了基于匹配性诊断准则的诊断指标与模型、基于协调性诊断准则的诊断指标与模型,诊断各省区水权配置与产业结构优化之间的匹配性与协调性。最终,诊断流域初始水权与产业结构优化适配方案的合理性。

(4)构建了流域初始水权与产业结构优化适配方案优化方法

首先,明晰了"流域—省区"层级和"省区—产业"层级适配方案优化路径。其次,开展"流域—省区"层级适配方案优化研究,明确了"流域—省区"层级适配方案优化的政治民主协商机制,剖析了"流域—省区"层级适配方案优化的协商博弈机理与潜在收益成本,提出了基于政治民主协商机制的"流域—省区"层级适配方案优化方法。再次,开展"省区—产业"层级适配方案优化研究,明确了"省区—产业"层级适配方案优化节水激励机制和水权配置原则,提出了基于节水激励机制的"省区—产业"层级适配方案优化方法。最终,通过对流域各省区及其各用水行业配置的初始水权进行调整,使流域初始水权与产业结构适配结果通过诊断体系,优化流域社会经济综合效益。

(5)开展了黄河流域初始水权与产业结构优化适配研究

本研究将提议构建的模型和方法实证应用于黄河流域,验证了方法的合理性和可行性。在分析黄河流域发展概况基础上,首先,确定了黄河流域"第一优先级分配单元"适配方案。其次,采用"流域—省区"层级适配方案设计、诊断与优化的研究思路,进行黄河流域"第二优先级分配单元"适配方案的设计、诊断与优化。再次,采用"省区—产业"层级适配方案设计、诊断与优化的研究思路,进行黄河流域"第三优先级分配单元"适配方案的设计、诊断与优化。最后,提出了黄河流域初始水权与产业结构优化适配方案实施的制度保障。

7.2　研究展望

我国流域初始水权与产业结构优化适配的理论和实践仍处于深入探索阶段,鉴于国内外流域初始水权与产业结构优化适配的相关理论和实践研究成果,本书是在适应性管理视角下,对流域初始水权与产业结构优化适配研究的一个深入探索。在学科交叉的背景下,由于自身知识的有限和现有资料的局限,本书的研究存在诸多不足,许多问题仍需要进一步拓展,以下一些方面尚待进一步深化:

(1)完善流域初始水权与产业结构优化适配方案的设计模式

针对流域初始水权与产业结构优化适配方案的设计,本书提出了流域初始水权与产业结构适配的嵌套式层级结构及其规则模式,以此为依据确定了"第一优先级分配单元""第二优先级分配单元""第三优先级分配单元"配置的水权。但现有的流域初始水权与产业结构优化适配的嵌套式层级结构相对简单,与水资源治理的社会生态系统(SES)框架没有有机融合。因此,如何将社会生态系统(SES)框架融入流域初始水权与产业结构优化适配过程中,形成更为完善的嵌套式层级结构及其规则模式,仍有待进一步深化研究。

(2)完善流域初始水权与产业结构优化适配方案的诊断方法

针对流域初始水权与产业结构优化适配方案的诊断,本书提出了公平性、适应性和协调性诊断准则,以此为依据相应设计公平性、适应性、匹配性和协调性诊断指标,并构建了对应的公平性、适应性、匹配性和协调性诊断模型,从而有效诊断流域内各省区的水权配置相对公平性、各省区之间水权配置与其经济高质量发展目标的适应性、各省区内不同产业的水权配置与其产业发展的匹配性以及各省区之间的协调性。但现有的诊断方法没有全面体现新时代"节水优先、空间均衡、系统治理、两手发力"的治水思路。因此,如何贯彻落实"十六字"治水思路,提高流域水资源配置的空间均衡性,仍有待进一步深化研究。

(3)完善流域初始水权与产业结构优化适配方案的优化机制

针对流域初始水权与产业结构优化适配方案的优化,本书提出了基于政治民主协商机制,对流域各省区及其各用水行业配置的水权进行调整,获得推荐的流域初始水权与产业结构优化适配方案,优化流域社会经济综合效益。但采用政治民主协商机制对流域初始水权与产业结构优化适配方案进行调整与优化时,水权减少群体获得的利益补偿仍属于依靠行政手段进行的利益调整,没有充分发挥市场在资源配置中的决定性作用。因此,如何完善水市场交易机制,优化流域水权交易模式,提高流域初始水权与产业结构优化适配效率,以及水权减少群体的利益补偿,仍有待进一步深化研究。

（4）推进黄河流域初始水权与产业结构优化适配

本书以黄河流域作为研究对象,将提议构建的流域初始水权与产业结构优化适配方法实证应用于黄河流域,明确了黄河流域"第一优先级分配单元""第二优先级分配单元"和"第三优先级分配单元"的适配方案,推进黄河流域产业结构优化布局,并提出了黄河流域初始水权与产业结构优化适配方案实施的制度保障。但现有的黄河流域初始水权与产业结构优化适配方案仍然是以年为单位的适配方案,由于水资源需求和来水量都存在时空的不均匀性,没有明确不同来水频率条件下以季度甚至月份为单位的适配方案。因此,在黄河流域初始水权与产业结构优化适配方案实施过程中,如何进一步细化到以季度甚至月份为单位的适配方案,并确定不同来水频率条件下的适配方案,仍有待进一步深化研究。同时,如何推进黄河流域初始水权与产业结构优化适配方案实施的制度创新,形成更为完善的黄河流域初始水权与产业结构优化适配方案实施的制度保障,仍有待进一步深化研究。

参考文献

[1] James L W, Sarah J H, Daanish M. Water Management in the Indus Basin of Pakistan: A Half-century Perspective[J]. International Journal of Water Resources Development[J]. 2000,16(3):391-406.

[2] Lessard G. An Adaptive Approach to Planning and Decision -Making[J]. Landscape and Urban Planning, 1998, 40:81-87.

[3] Milly P C D, Julio B, Malin F, et al. Stationarity is dead: whither water management? [J]. Science, 2008,319(5863):573-574.

[4] IPCC. Managing the Risks of Extreme Events and Disasters to Advance Climate Change Adaptation: a Special Report of Working Groups Ⅰ and Ⅱ of the Inter -governmental Panel on Climate Change [M]. Cambridge: Cambridge University Press, 2012.

[5] Syme G J. Acceptable risk and social values: struggling with uncertainty in Australian water allocation[J]. Stochastic Environmental Research and Risk Assessment, 2014, 28(1):113-121.

[6] Null S E, Prudencio L. Climate change effects on water allocations with season dependent water rights[J]. Science of the Total Environment, 2016,571:943-954.

[7] Molina-navarroe, Andersen H E, Nielsen A, et al. Quantifying the combined effects of land use and climate changes on stream flow and nutrient loads: A modelling approach in the Odense Fjord catchment (Denmark)[J]. Science of The Total Environment, 2018, 621: 253-264.

[8] Williams B K. Adaptive management of natural resources—Framework and issues [J]. Journal of Environmental Management, 2011, 92(5): 1346-1353.

[9] Gebrehiwot T, Veen A V D. Farm level adaptation to climate change: The case of farmer's in the Ethiopian highlands[J]. Environmental Management, 2013, 52 (1): 29-44.

[10] Burrows W, Doherty J. Gradient-based model calibration with proxy-model assistance [J]. Journal of Hydrology, 2015,533:114-127.

[11] Lempert R J, Groves D G. Identifying and evaluating robust adaptive policy responses to climate change for water management agencies in the American West[J]. Techno-

logical Forecasting and Social Change. ,2010,77(6): 960-974.

[12] Van Vliet M T H, Van Beek L P H, Eisner S, et al. Multi-model assessment of global hydropower and cooling water discharge potential under climate change[J]. Global Environmental Change, 2016(40): 156-170.

[13] Pande S, Moayeri M. Hydrological Interpretation of a Statistical Measure of Basin Complexity[J]. Water Resources Research,2018,54(10):7403-7416.

[14] Xevi E, Khan S. A multi-objective optimization approach to water management[J]. Journal of Environmental Management, 2005,77(4):269-277.

[15] Wang L, Fang L, Hipel K W. Basin-wide cooperative water resources allocation[J]. European Journal of Operational Research, 2008,190(3):798-817.

[16] Zhang W, Wang Y, Peng H, et al. A coupled water quantity - quality model for water allocation analysis[J]. Water Resources Management, 2010,24(3):485-511.

[17] Condon L E, Maxwell R M. Implementation of a linear optimization water allocation algorithm into a fully integrated physical hydrology model[J]. Advances in Water Resources, 2013,60:135-147.

[18] Campenhout B V, D'Exelle B, Lecoutere E. Equity - Efficiency optimizing resource allocation: the role of time preferences in a repeated irrigation game[J]. Oxford Bulletin of Economics and Statistics, 2015,77(2):234-253.

[19] Hu Z, Wei C, Yao L, et al. A multi-objective optimization model with conditional value-at-risk constraints for water allocation equality[J]. Journal of Hydrology, 2016, 542:330-342.

[20] Dadmand F, Naji-Azimi Z, Farimani N M, et al. Sustainable allocation of water resources in water-scarcity conditions using robust fuzzy stochastic programming[J]. Journal of Cleaner Production, 2020, 276(10): 123812.

[21] Hong S, Xia J, Chen J, et al. Multi-object approach and its application to adaptive water management under climate change[J]. Journal of Geographical Sciences, 2017, 27(3): 259-274.

[22] Feng J. Optimal allocation of regional water resources based on multi-objective dynamic equilibrium strategy[J]. Applied Mathematical Modelling, 2021, 90: 1183-1203.

[23] Kerachian R, Fallahnia M, Bazargan-Lari M R, et al. A fuzzy game theoretic approach for groundwater resources management: application of Rubinstein bargaining theory [J]. Resources, Conservation and Recycling, 2010,54(10):673-682.

[24] Read L, Madani K, Inanloo B. Optimality Versus Stability in Water Resource Allocation[J]. Journal of Environmental Management, 2014,133(15):343-354.

[25] Zeng X T, Li Y P, Huang G H, et al. Modeling of Water Resources Allocation and Water Quality Management for Supporting Regional Sustainability under Uncertainty in an Arid Region[J]. Water Resources Management, 2017, 31(12):3699-3721.

［26］ Xie Y L，Huang G H，Li W，et al. An inexact two-stage stochastic programming model for water resources management in Nansihu Lake Basin，China［J］. Journal of Environmental Management，2013,127:188-205.

［27］ Tooraj K，Seyed H M，Shahram A，et al. Optimal Allocation of Water Resources Using a Two-Stage Stochastic Programming Method with Interval and Fuzzy Parameters［J］. Natural Resources Research，2019,28(3):1107-1124.

［28］ Liu D，Ji X，Tang J，et al. A fuzzy cooperative game theoretic approach for multinational water resource spatiotemporal allocation［J］. European Journal of Operational Research，2020, 282(3):1025-1037.

［29］ Sechi G M，Sulis A. Mixed Simulation-Optimization Technique for Complex Water Resource System Analysis under Drought Condition［J］. Earth and Environmental Science，2007,62(3):217-237.

［30］ Scott C A,Banister J M. The Ditemma of Water Management "Regionalization" in Mexico under Centralized Resource Allocation［J］. International Journal of Water Resources Development，2008,24(1):61-74.

［31］ Taskhiri M S，Tan R R，Chiu A S F. Emergy-Based Fuzzy Optimization Approach for Water Reuse in An Eco-industrial Park Resources［J］. Conservation and Recycling，2011,55(7):730-737.

［32］ Gallagher L，Laflaive X，Zaeske A，et al. Embracing risk, uncertainty and water allocation reform when planning for Green Growth［J］. Aquatic Procedia，2016,6:23-29.

［33］ Zhang L N，Zhang X L，Wu F P，et al. Basin Initial Water Rights Allocation under Multiple Uncertainties：a Trade-off Analysis［J］. Water Resources Management，2020,34(2):955-988.

［34］ Le Bars M，Attonaty J M，Ferrand N，et al. An Agent-Based Simulation testing the impact of water allocation on collective farmers' Collective Behaviors［J］. Simulation，2005,81 (3):223-235.

［35］ Dau Q V，Momblanch A，Adeloye A J. Adaptation by Himalayan Water Resource System under a Sustainable Socioeconomic Pathway in a High-Emission Context［J］. Journal of Hydrologic Engineering，2021,26(3):50-55.

［36］ 胡鞍钢,王亚华. 转型期水资源配置的公共政策:准市场和政治民主协商［J］. 中国软科学，2000(5):5-11.

［37］ 胡继连,葛颜祥. 黄河水资源的分配模式与协调机制——兼论黄河水权市场的建设与管理［J］. 管理世界,2004(8)：43-52＋60.

［38］ 王浩,游进军. 中国水资源配置 30 年［J］. 水利学报，2016,47(3):265-271＋282.

［39］ 谭佳音,蒋大奎. 群链产业合作模式下"京津冀"区域水资源优化配置研究［J］. 中国人口·资源与环境［J］. 2017,27(4):160-166.

［40］ 王慧敏,佟金萍. 水资源适应性配置系统方法及应用［M］. 北京:科学出版社,2011.

[41] 夏军,石卫,雒新萍,等.气候变化下水资源脆弱性的适应性管理新认识[J].水科学进展,2015,26(2):279-286.

[42] 佟金萍,王慧敏.流域水资源适应性管理研究[J].软科学,2006,20(2):59-61.

[43] 吴丹,吴凤平.基于水权初始配置的区域协同发展效度评价[J].软科学,2011,25(2):80-83.

[44] 匡洋,李浩,夏军,等.气候变化对跨境水资源影响的适应性评估与管理框架[J].气候变化研究进展,2018,14(1):67-76.

[45] 左其亭,吴滨滨,张伟,等.跨界河流分水理论方法及黄河分水新方案计算[J].资源科学,2020,42(1):37-45.

[46] 张丽娜,吴凤平,张陈俊,等.流域水资源消耗结构与产业结构高级化适配性研究[J].系统工程理论与实践,2020,40(11):3009-3018.

[47] 支彦玲,陈军飞,王慧敏,等.共生视角下中国区域"水-能源-粮食"复合系统适配性评估[J].中国人口·资源与环境,2020,30(1):129-139.

[48] 张玲玲,王宗志,李晓惠,等.总量控制约束下区域用水结构调控策略及动态模拟[J].长江流域资源与环境,2015,24(1):90-96.

[49] 吴丹.京津冀地区产业结构与水资源的关联性分析及双向优化模型构建[J].中国人口·资源与环境,2018,28(9):158-166.

[50] 吴丹,吴凤平,陈艳萍.流域初始水权配置复合系统双层优化模型[J].系统工程理论与实践,2012,32(1):196-202.

[51] 张晓涛,于法稳.黄河流域经济发展与水资源匹配状况分析[J].中国人口·资源与环境,2012,22(10):1-6.

[52] 邓敏,王慧敏.气候变化下适应性治理的学习模式研究——以哈密地区水权转让为例[J].系统工程理论与实践,2014,34(1):215-222.

[53] 付湘,陆帆,胡铁松.利益相关者的水资源配置博弈[J].水利学报,2016,47(1):38-43.

[54] 褚钰.考虑用水主体满意度的流域水资源优化配置研究[J].资源科学,2018,40(1):117-124.

[55] 吴凤平,于倩雯,张丽娜.基于双子系统协调耦合的流域初始水权配置模型[J].长江流域资源与环境,2018,27(4):800-808.

[56] 吴丹,王亚华.双控行动下流域初始水权配分配的多层递阶决策模型[J].中国人口·资源与环境,2017,27(11):215-224.

[57] 李福林,杜贞栋,史同广,等.黄河三角洲水资源适应性管理技术[M].北京:中国水利水电出版社,2015.

[58] 王慧敏,于荣,牛文娟.基于强互惠理论的漳河流域跨界水资源冲突水量协调方案设计[J].系统工程理论与实践,2014,34(8):2170-2178.

[59] 张丽娜,吴凤平.基于GSR理论的省区初始水权量质耦合配置模型研究[J].资源科学,2017,39(3):461-472.

[60] 王慧敏.落实最严格水资源管理的适应性政策选择研究[J].河海大学学报(哲学社会

科学版),2016,18(3):38-43.

[61] 左其亭.水资源适应性利用理论的应用规则与关键问题[J].干旱区地理,2017,40(5):925-932.

[62] 王煜,彭少明,郑小康,等.黄河"八七"分水方案的适应性评价与提升策略[J].水科学进展,2019,30(5):632-642.

[63] 蒋晓辉,夏军,黄强,等.黑河"97"分水方案适应性分析[J].地理学报,2019,74(1):103-116.

[64] Howe C W,Schurmeier D S,Shaw W D. Innovative approaches to water allocation:The potential for water markets[J]. Water Resources Research,1986,22(4):439-445.

[65] Jerson Kelman. Water allocation for economic production in a semi-arid region[J].Water Resources Development,2002,18(3):391-407.

[66] 贺天明,王春霞,张佳.基于遗传算法投影寻踪模型优化的深层次农业用水初始水权分配——以新疆建设兵团第八师石河子灌区为例[J].中国农业资源与区划,2021,42(7):66-73.

[67] 汪恕诚.水权和水市场:谈实现水资源优化配置的经济手段[J].中国水利,2000(11):6-9.

[68] 陈广华,芮志文.水权交易模式的法学探析——以水银行制度构建为视角[J].河海大学学报(哲学社会科学版),2010,12(4):48-52+91.

[69] 曾玉珊,陆素艮.我国水权交易模式探析[J].徐州工程学院学报(社会科学版),2015,30(4):66-71.

[70] 王慧敏,佟金萍,林晨,等.基于CAS的水权交易模型设计与仿真[J].系统工程理论与实践,2007(11):164-170+176.

[71] 郑航,陈奔,林木.基于集市型水权交易模型的报价行为[J].清华大学学报(自然科学版),2017,57(4):351-356.

[72] 吴凤平,于倩雯,沈俊源,等.基于市场导向的水权交易价格形成机制理论框架研究[J].中国人口·资源与环境,2018,28(7):17-25.

[73] 刘悦忆,郑航,赵建世,等.中国水权交易研究进展综述[J].水利水电技术(中英文),2021,52(8):76-90.

[74] 吴凤平,葛敏.水权第一层次初始分配模型[J].河海大学学报(自然科学版),2005,33(2):216-219.

[75] 葛敏,吴凤平.水权第二层次初始分配模型[J].河海大学学报(自然科学版),2005,33(5):592-594.

[76] 尹明万,张延坤,王浩,等.流域水资源使用权定量分配方法初探[J].水利水电科技进展,2007,27(1):1-5.

[77] 王晓娟,王教河,杨彦明.松辽流域初始水权分配程序初探[J].中国水利,2005(9):10-12.

[78] 吴丹,吴凤平.基于双层优化模型的流域初始二维水权耦合配置[J].中国人口·资源与环境,2012,22(10):26-34.

[79] 张丽娜,吴凤平,贾鹏.基于耦合视角的流域初始水权配置框架初析——最严格水资源管理制度约束下[J].资源科学,2014,36(11):2240-2247.

[80] 王婷,方国华,刘羽,等.基于最严格水资源管理制度的初始水权分配研究[J].长江流域资源与环境,2015,24(11):1870-1875.

[81] 刘珏珏,汪妮,解建仓,等.基于蚁群算法的水资源优化配置博弈分析[J].西北农林科技大学学报(自然科版),2014,42(8):205-211+220.

[82] 刘佩贵,冯源,尚熳廷,等.考虑水量和排污量的城市二维初始水权分配优化模型[J].中国农村水利水电,2019(3):1-4+10.

[83] 袁缘,陈星,许钦,等.基于量质一体化的多目标水资源优化双层配置研究[J].中国农村水利水电,2021(12):129-134.